国家中职示范校机电类专业
优质核心专业课程系列教材

○一二基地高级技工学校
陕西航空技师学院
国家中职示范校建设项目

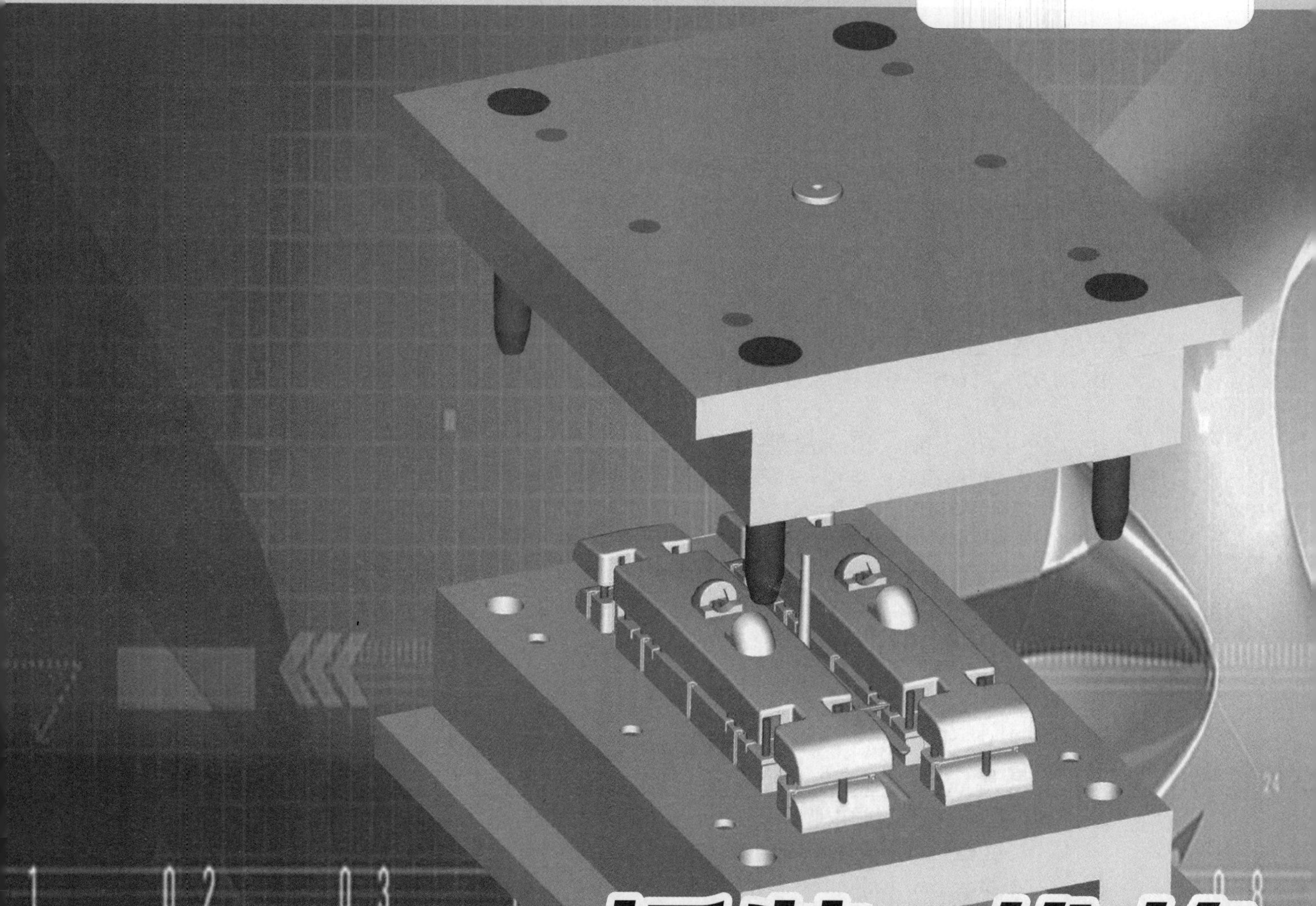

注射模具拆装与维修

◎主　编　付　军
◎副主编　张　涛　徐继青

西安交通大学出版社
XI'AN JIAOTONG UNIVERSITY PRESS

内容提要

本教材将技能训练和相关知识紧密结合，是按照企业实际生产任务转化为任务驱动教学模式而编写的一体化教材。编写中，编者在企业实际调研的基础上，结合技工院校塑料模具制造与装配高级工必备的知识目标和技能目标，然后按照既定的知识目标和技能目标设计相应的教学模块和工作任务，将知识和技能融入到工作任务中。全书共6个教学单元，内容包括模具的概述，注射模的种类、结构及主要零部件，注射模的制造与加工，注射模的装配，注射模的试模与型修及注射模的维护与保养。

本书可作为模具设计与制造专业教材，供各类技工院校、职业技术学院模具专业师生使用，也可供工程技术人员参考。

图书在版编目（CIP）数据

注射模具拆装与维修/ 付军主编.—西安：西安交通大学出版社，2014.1

ISBN 978-7-5605-6001-4

Ⅰ.①注… Ⅱ.①付… Ⅲ.①注塑—塑料模具—装配（机械）—高等职业教育—教材②注塑—塑料模具—维修—高等职业教育—教材 Ⅳ.①TQ320.5

中国版本图书馆 CIP 数据核字（2014）第020621号

书　　名　注射模具拆装与维修
主　　编　付　军
副 主 编　张　涛　徐继青
策划编辑　曹　昳
责任编辑　李　文

出版发行　西安交通大学出版社
（西安市兴庆南路10号　邮政编码710049）
网　　址　http://www.xjtupress.com
电　　话　（029）82668357　82667874（发行中心）
（029）82668315　82669096（总编办）
传　　真　（029）82668280
印　　刷　西安建科印务有限责任公司

开　　本　880mm×1230mm　1/16　印张　15.125　字数　309千字
版次印次　2014年9月第1版　2014年9月第1次印刷
书　　号　ISBN 978-7-5605-6001-4/TQ·14
定　　价　37.00元

读者购书、书店添货、如发现印装质量问题，请与本社发行中心联系、调换。
订购热线：（029）82665248　（029）82665249
投稿热线：（029）82668254　QQ：8377981
读者信箱：lg_book@163.com

《注射模具拆装与维修》编写组

主　编：付　军

副主编：张　涛　徐继青

主　审：朱　磊

前 言
Preface

本教材根据模具设计与制造专业的岗位要求、工作流程以及职业资格标准，组织教学内容，优化课程体系，突出国家职业资格标准和企业岗位要求。课程开发体现“在工作中学习，在学习中工作”的理念，明确职业导向，将具体的工作情景置于教学过程中，并以工作性思维来构建教学过程，将相应的理论知识与工作任务相结合，做到“用什么，学什么”，真正体现学以致用。工作任务的开发以“校企合作”为基础，将企业的工作形态和工作内容充分且有效地呈现于教学过程中。课程实施具有完整的工作过程：获取信息→制定计划→做出决策→实施计划→检查控制→评价反馈。

在编写过程中，教材内容是通过编者到企业挂职培训期间同企业相关技术人员一起收集的典型工作任务，再按照教学规律和学生的接受能力，将企业的典型工作任务转化为学生的学习任务而编写而成，同时编者始终坚持以下几个原则。

在教材内容上，坚持以就业为导向、贴近企业的原则，重视对学生操作技能的培养。在删除繁冗理论知识的同时，编入大量企业生产的实例。同时，贯彻国家最新技术标准，反映新知识、新工艺、新方法，力求传授给学生更符合企业实际需求的知识和技能。

在教材结构的构建上，坚持教学改革、为一体化教学服务的原则。本教材在编写时秉承任务驱动的先进理念，以经典的工作任务为载体，构建教学单元，有机融入理论知识和操作技能，使学生在完成岗位任务的情景中进行学习。每个单元的内容均按照循序渐进、层层深入的原则，即符合学生的认知规律，又将专业知识和技能结合起来。

在教材表现形式上，坚持直观生动、以学生为本的原则。本教材采用大量企业现场照片和三维造型图，便于学生认清模具结构，有利于学习；另外，本教材对重要的工艺过程采用了大量的图进行分步解析，并辅以文字说明，可显著提高技能训练的教学效果。

本教材的编写得到了陕西航空技师学院及谷崧企业集团的大力支持，在此致以诚挚的谢意。

本教材由陕西航空技师学院付军主编，陕西航空技师学院朱磊主审。全书共6个项目，其中付军编写项目1～4的内容，陕西航空技师学院张涛编写项目5～6的内容，谷崧企业集团曾强、黄亮、唐普、张济伟负责生产现场指导。

由于编者水平有限，错误和缺点在所难免，恳切希望广大读者批评指正。

编 者

2014/4/19

目录 Contents

项目一

模具的概述

知识目标

1.模具的概念、作用、分类、特点及发展方向。

2.模具制造及模具制造技术工艺。

技能目标

1.通过实物的认识熟练掌握模具的概念、分类、特点。

2.具备模具制造及模具制造技术工艺相关知识和能力。

一、任务描述

本任务主要介绍各种模具。通过本任务的学习，应重点掌握模具的类型、特点、作用及发展方向，熟悉模具制造及模具制造技术工艺相关知识。

二、任务分析

如图1-1所示，我们的生活、工作中常常遇见许多物品，其中大部分物品都是由模具制造获得的，了解与掌握模具的相关知识，有助于我们今后的学习与生活。

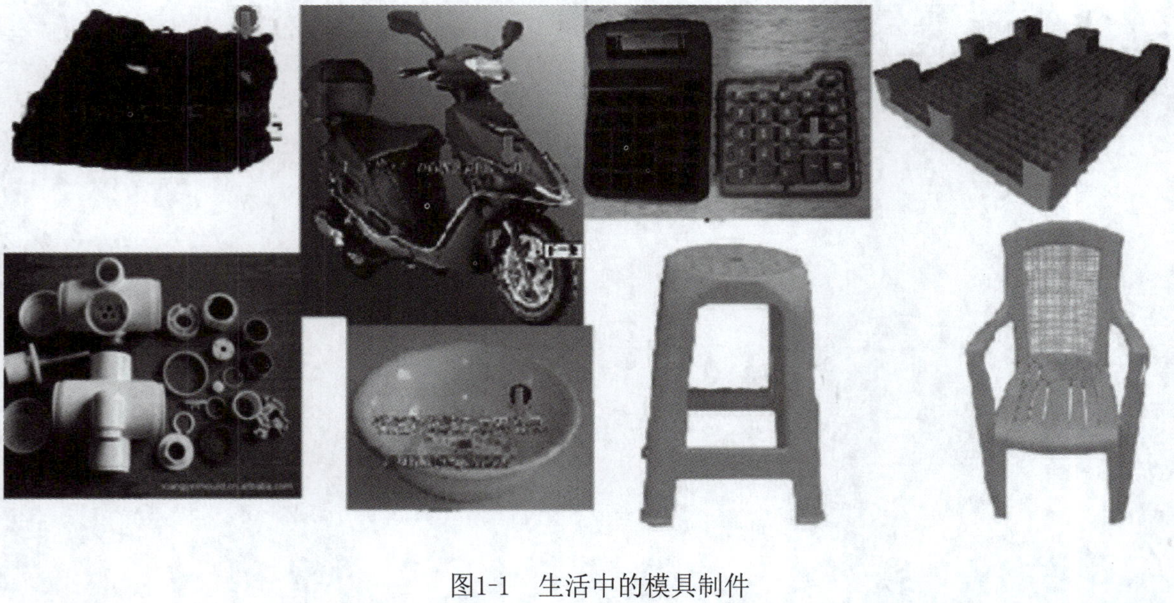

图1-1　生活中的模具制件

三、相关知识

1.模具及模具的类型

模具是由机械零件组成，在与相应的压力成形设备（如冲床、塑料注射机、压铸机等）相配合时，可直接改变金属或非金属的形状、尺寸、相对位置和性质，使之成为合格零件或半成品的成形工具。用模具成形的零件也称为“制件”。

模具的种类繁多，根据不同的分类方法可把模具分为以下不同的类型。

按成形材料的性质分为金属模具和非金属模具。

按材料在模具内成形的特点可分为冷冲模和型腔模两大类，其分类方法如下：

- 模具
  - 冷冲模
    - 冲裁模(落料模、冲孔模、切边模)
    - 拉伸模
    - 弯曲模（弯形模、卷边模、扭曲模）
    - 冷挤压模
    - 成形模具（整形模、缩口模、翻边模、压印模）
  - 型腔模
    - 锻模
    - 压铸模
    - 塑料模(压缩模、压注模、注射模、挤出模）
    - 粉末冶金模
    - 陶瓷模
    - 橡胶模

2.模具的特点

模具是以特定的结构形式通过一定的方式使材料成形为一种工业产品，同时也是能成批生产出具有一定形状和尺寸要求工业产品零部件的一种生产工具，模具成形可以应用在大到飞机、汽车，小到茶杯、钉子，几乎所有的工业产品的成形。用模具生产制件具有高精度、高一致性、高生产率，同时还具有质量好、成本低、节省能源和材料等优点。模具在很大的程度上决定着产品的质量、效率和新产品的开发能力，所以模具又有“工业之母”的美誉。

3.模具制造及模具制造技术

模具制造是指在相应的制造设备和制造工艺的条件下，直接对模具构件用材料（一般为金属材料）进行加工，改变其形状、尺寸、相对位置和性质，使之成为符合要求的构件，再将这些构件经配合、定位、连接并固定装配为模具的过程。这一过程，是通过各种专业工艺和工艺过程管理、工艺顺序进行加工、装配来实现的。

模具制造技术就是运用各类生产工艺装配和加工技术，生产出各种特定形状和加工作用的模具，并使其应用于实际生产中的一系列工程应用技术。它包括产品零件的分析技术、模具的设计、制造技术、模具的质量检测技术、模具的装配、调试技术和模具的使用、维护技术。

在工业生产中，各类零件或产品都是通过机械加工或模具成形获得的，其中模具成形具有优质、高产、省料和低成本的特点，所以模具已成为当代工业生产中使用最为广泛的重要工艺装备之一。利用模具成形来加工零部件的技术和工艺已在国民经济各个领域，特别是汽车、航空航天、仪器仪表、机械制造、石油化工、家用电器、轻工日用品等工业部门得到极为广泛的应用。在世界目前的工业生产领域内，机械零件粗加工的75%和精加工的50%都可以用模具来完成。模具制造技术已成为衡量一个国家机械制造水平的重要标志。

影响制品成形质量的因素很多，但影响成形的主要条件如图1-2所示。

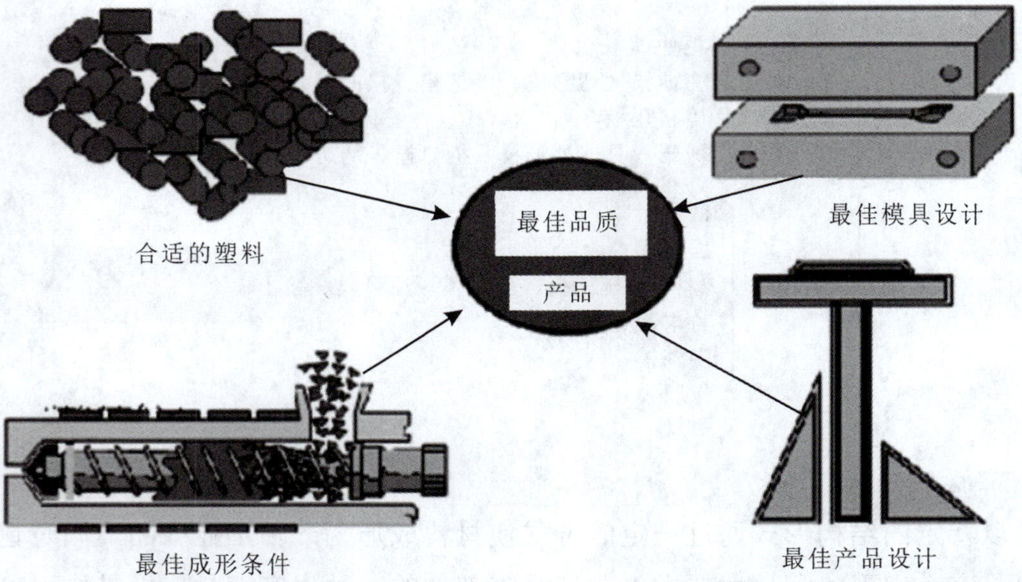

图1-2　最佳制品产生的条件

4.模具制造的特点

模具的制造基本上都是单件生产，每一幅模具都是一个新的项目，有着不同的结构特点，每一个模具的开发都是一项创造性的工作，模具的开发并非最终产品，而是为新产品的开发服务。而一般企业的新产品的开发在数量上、时间上并不固定，从而造成模具生产的随机性强、计划性差，包括客户变动性大、产品变化多。因此对模具制造企业的人员有更高的要求，要求模具企业的员工必须能快速反应，同时具有足够的基础知识和实践经验。

（1）制造周期短　随着新产品开发的周期越来越短，而模具又是在新产品开发中费时项目最多的项目之一，模具开发的周期随之缩短，因此模具在从报价到设计制造过程都要有很快速的反应。特别是模具制造的过程必须要快，才能达到客户的要求。所以就要求模具的加工工序应高度集成，并优化工艺过程，在最短的加工工艺流程中完成模具的尽量多的加工。

（2）制造质量要求高　模具的制造不仅要求加工精度高，而且还要求加工表面质量好。一般来说，模具工作部分的制造公差都应控制在0.1～0.01 mm以内，有的甚至要求在微米级范围内；模具加工的表面不仅不允许有任何缺陷，而且工作部分的表面粗糙度都要求小于0.8 μm。

（3）形状复杂　模具工作部分一般都是三维或二维的复杂曲面，而不是一般加工的几何体。

（4）模具结构不确定　模具需要按制件的形状和结构要素进行设计，同时由于模具所形成成形的产品的往往是新产品，所以在模具开发过程中常常有更改，或者在试模后，对产品的形状或结构进行调整，而这些更改需要进行重新加工。

（5）材料硬度高　模具实际上相当于一种机械加工工具，其硬度要求较高，一般都是由淬火工具钢或硬质合金等材料组成。

（6）对加工设备要求高

针对以上特点，若应用数控加工进行模具的制造，则可以大幅度地提高加工精度、减少人工操作、提高工作效率、缩短模具的制造周期。而同时，模具的数控加工工具有一定的典型性，并比普通产品的数控加工有更高的要求。

四、任务实施

随着科学技术的不断进步和工业生产的不断发展，在工业产品的品种和数量不断增加的同时，人们必然对产品的质量、结构式样及外观等项目提出新的标准和要求。这就使得模具制造技术处于不断更新和发展之中。

模具制造技术的工作性质表现为：模具制造方式和使用形式多样，技术含量高，生产工艺独特，所牵连的生产要素多，应用范围广等。另外，模具制造技术对生产者的业务能力和职业素质都有很高的要求。

模具制造技术具有以下两个方面的应用特点。第一，模具是单件生产的产品，即模具是根据成品制件的结构要求进行设计和制造的专用成形工具；第二，模具制造的关键主要是制造凸、凹模及其相关成形零件（如拼、镶块，模具卸料板、固定板等）的专门工艺，及其模具制造工艺过程的优化设计与高度节约化的问题。模具生产、制造、使用及维护和保养流程图如图1-3所示。

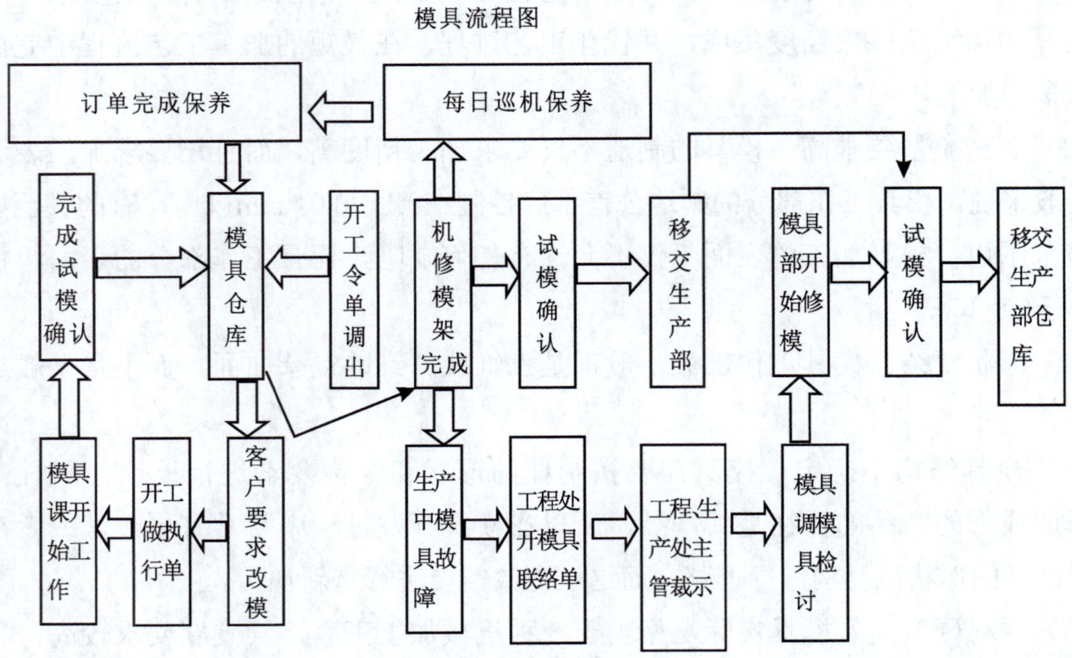

图1-3　模具制造的流程图

模具制造技术的应用　凸模和型芯的制造加工工艺过程：如图1-4所示的凸模加工的主要特点是：凸、凹模间隙均匀，加工精度高。若在成形设备不完善的条件下，其制造工艺过程如下：

①锯断下料。

②锻造毛坯。

③热处理退火。

④铣（刨）粗加工。铣（刨）削加工六个面，单面留余量0.4～0.5 mm，并做基准标记。

⑤磨削。磨削六个面，保证相互各面的垂直度和平行度，上下平面留余量0.1～0.2 mm。

⑥钳工划线。划凸模轮廓线和各孔的中心位置线。

⑦工作型面粗加工。按划线铣（刨）型面形状，留单面0.2 mm。

⑧钳工修整。修锉圆弧部分，去毛刺，钻、攻螺纹孔及冷却水路贯通孔。

⑨工作型面精加工。数控加工浇注流道及型面形状，单面留0.01～0.03 mm余量。

⑩热处理。淬火＋低温回火，保证硬度58～62 HRC。

⑪研磨。研磨型面及浇道部位，保证与凹模的配合间隙及表面质量要求。

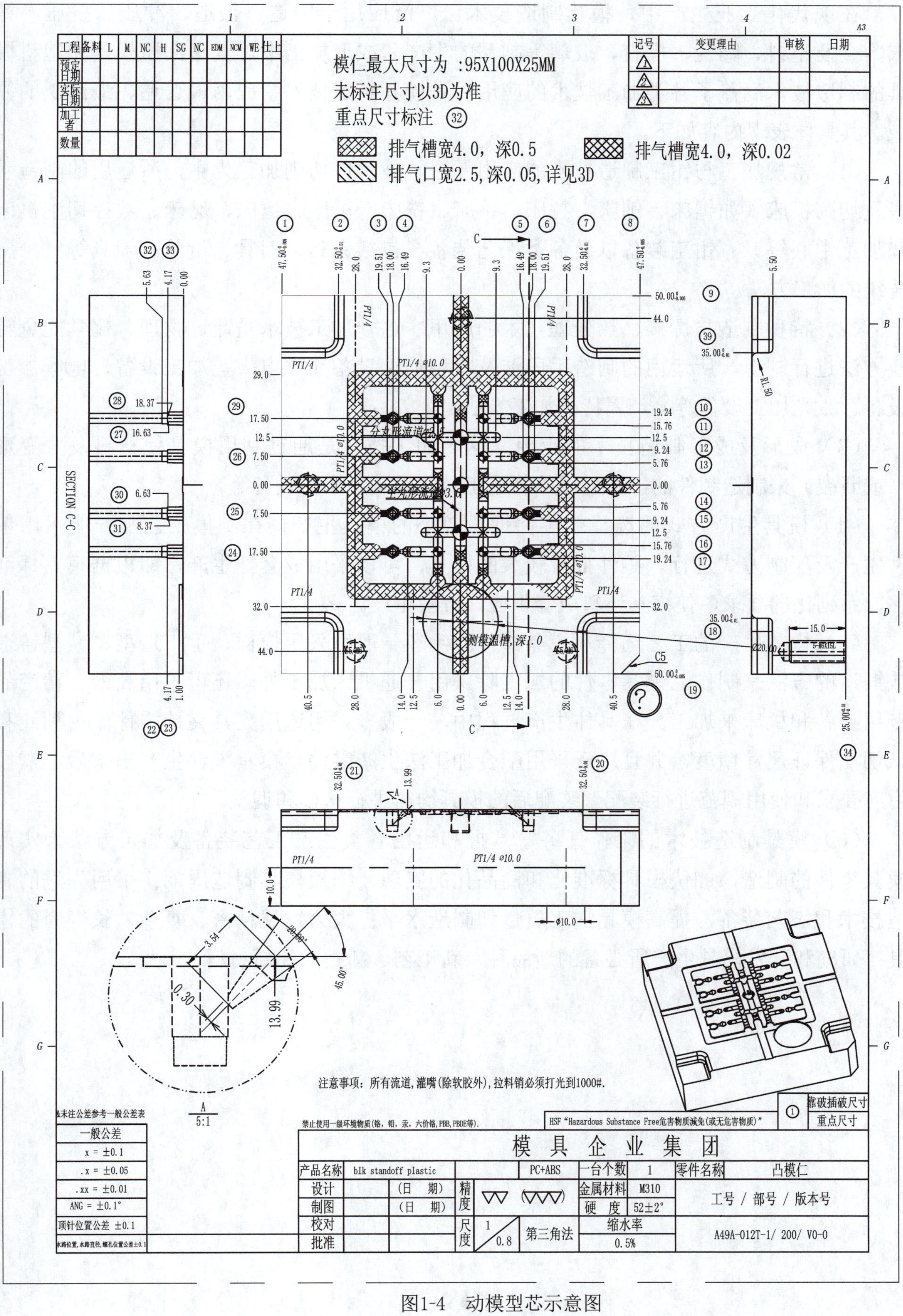
模仁最大尺寸为 :95X100X25MM
未标注尺寸以3D为准
重点尺寸标注 ㉜
排气槽宽4.0，深0.5
排气槽宽4.0，深0.02
排气口宽2.5,深0.05,详见3D
SECTION C-C
注意事项：所有流道，灌嘴(除软胶外)，拉料销必须打光到1000#.
禁止使用一级环境物质(铬，铅，汞，六价铬,PBB,PBDE等).
HSF“Hazardous Substance Free危害物质减免(或无危害物质)”
模具企业集团
产品名称 blk standoff plastic
PC+ABS
一台个数 1
零件名称 凸模仁
金属材料 M310
硬度 52±2°
第三角法
缩水率 0.5%
工号 / 部号 / 版本号
A49A-012T-1/ 200/ V0-0
一般公差
x = ±0.1
.x = ±0.05
.xx = ±0.01
ANG = ±0.1°
顶针位置公差 ±0.1
设计
制图
校对
批准
记号
变更理由
审核
日期
图1-4　动模型芯示意图

在现代化工业生产中，模具制造技术已广泛应用于铸造、锻造、冲压、挤压、粉末冶金及塑料、陶瓷、橡胶、玻璃等制品的生产和成形加工中，其中冲压模具和塑料模具的制造技术涵盖了各类加工技术的应用，是模具制造技术中应用最普遍、最活跃的领域。其具体表现内容如下。

（1）常规加工与钳工制造技术的应用　这一技术以切削加工为主，所运用的制造手段及切削机床（如锯床、刨床、拉床、钻床、铣床、车床、镗床、磨床、数控切削机床和加工中心等）、钳工装备以及各类工艺装备（包括夹具、刀具、量具、辅具等），属传统的加工方法。

（2）特种制造与焊接、热处理技术的应用　这一加工技术是通过物理、化学能量转换方法进行制造，所运用的制造手段涉及特种加工设备（如电火花加工设备、电解加工设备、激光加工设备等），属特种加工方法。

（3）成形及成形制造技术的应用　这一加工技术是通过利用模具使材料发生变形（或断裂）来制造制件的，所采用的制造工具有模具、压力设备等。

（4）模具生产方式的选择　零件批量较小的模具生产，在制模工艺上一般采用单件生产及配制方式进行。零件批量较大的模具，可以采用成套性生产，即根据模具标准化、系列化的要求，使模具坯料成套供应，分段生产。

（5）模具生产的工艺选择　模具部件的毛坯一般可采用模样、手工造型、砂型铸造或锻造的方法来制作。模具零件的加工除采用普通机床加工外，还可采用高效、精密的专用设备和机床来加工。在具体生产过程中，一般多采用通用夹具夹持零件，由划线和试切法保证尺寸精度，并且广泛采用配合加工法生产零件。模具零件生产出来后，需按生产要求和使用规范进行装配，装配后的模具均需进行试模和调整。

（6）模具制造技术的工作任务　掌握和运用各类生产工艺装备及加工方法来实现模具零件的制造，加快模具标准化和商品化的实现，缩短模具制造周期；采用先进的制造技术和工艺装备，提高模具加工质量和制造水平；大力发展精密、复杂、长寿命的模具；研究和开发模具生产所必备的新品种、新工艺、新技术和新材料。

五、检查与评议（表1-1）

表1-1　模具零件机械加工工艺规程的制定

班级________　姓名________　学号________　总分________

序号	考核项目	考核要求	配分	评分标准	实测记录	得分
1	制定前相关资料的准备	模具的零件图与装配图；产品的生产纲领；有关手册、图册、标准、类似模具的工艺资料和生产经验；工厂的生产条件以及国内外有关工艺技术的发展情况等	10	具备模具结构知识及识图能力；具备查阅手册、图册、国家标准的能力		
2	模具制造工艺规程的内容	各工序的加工内容；质量检验方法及精度要求；切削用量；时间定额；所采用的机械设备及工艺装备	10	能够具备正确认识工艺规程卡内容的能力		
3	编制工艺规程的要求	产品质量的可靠性；工艺技术的先进性；经济性；良好地劳动条件	10	具备判断工艺规程是否合理的能力		
4	模具零件的工艺性分析	分析模具零件图和装配图，熟悉模具用途、性能和工作条件；了解零件的装配关系及作用，分析各项技术要求是否合理；零件的结构工艺性是否良好。	10	通过分析能够找出主要的技术要求和关键技术问题，以便在加工中采取相应的技术措施		
5	毛坯的确定	熟悉本厂毛坯车间（或专业毛坯厂）的技术水平和生产能力；各种钢材、型材的规格及（锻件、铸件）毛坯的特点	10	根据零件图和加工时的工艺要求，能够确定合适的毛坯种类		
6	工艺路线的拟定	模具零件在生产过程中，由毛坯准备到成品包装入库所经过的所有有关部门及工序的先后顺序	20	应根据相关情况，制定几个不同的方案进行对比分析，选一个最佳的		
7	各工序加工余量的确定	能够根据经验或有关标准选取各工序的合适加工余量	10	根据各工序的加工余量，能够计算各工序尺寸及其公差		
8	机床设备及刀具、夹具、量具和辅助工具的选用	根据工艺路线选择相应的加工机床设备及刀具、夹具、量具和辅助工具	10	能够熟练和正确操作有关机床设备及刀具、夹具、量具和辅助工具		
9	切削用量及时间定额的确定	经济、科学、先进、合理	10	具备选择切削用量和确定时间定额的能力		

六、思考与练习

1.概述模具的概念、特点及类型？

2.概述模具制造及模具制造技术的概念？

3.模具制造的特点是什么？

4.如何选择模具制造的生产方式？

5.如何选择模具制造的加工方法？

6.如何选择模具生产工艺？

7.模具制造技术的工作任务是什么？

8.制定模具零件机械加工工艺规程的准备工作有哪些？

9.模具零件机械加工工艺规程的内容有哪些？

10.制定模具零件机械加工工艺规程的要求有哪些？

11.模具零件机械加工的方法有哪些？

12.模具制造技术的工作任务是什么？

13.简述图1-5所示的定模型芯机械制造工艺规程。

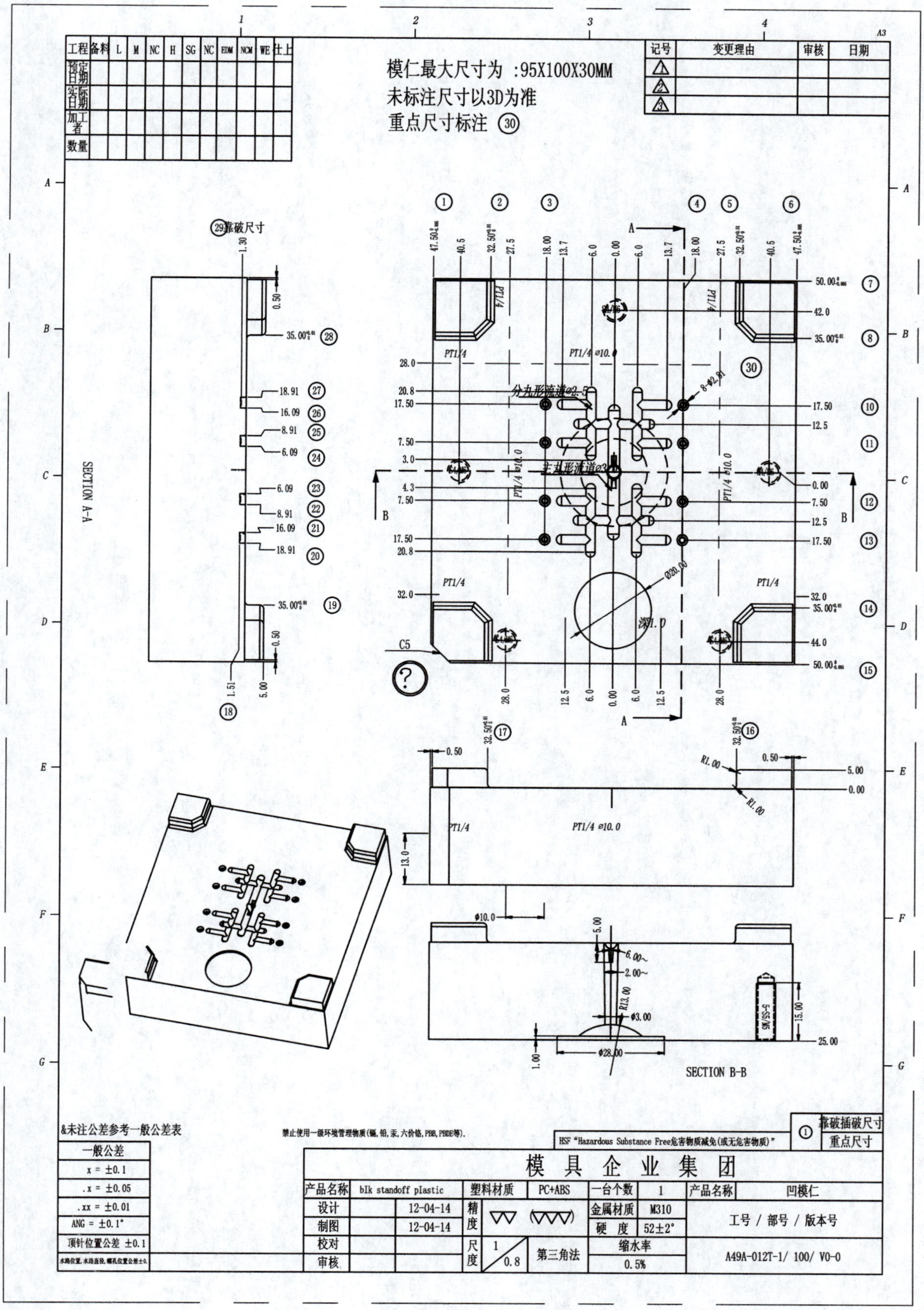
模仁最大尺寸为 :95X100X30MM
未标注尺寸以3D为准
重点尺寸标注 30
工程 备料 L M NC H SG NC EDM NCM WE 仕上
预定日期
实际日期
加工者
数量
记号 变更理由 审核 日期
A3
29靠破尺寸
SECTION A-A
SECTION B-B
分丸形流道ø2.5
主丸形流道ø3
PT1/4 ø10.0
PT1/4
8-ø2.81
ø20.00
深1.0
C5
&未注公差参考一般公差表
一般公差
x = ±0.1
.x = ±0.05
.xx = ±0.01
ANG = ±0.1°
顶针位置公差 ±0.1
水路位置,水路直径,螺孔位置公差±0.
禁止使用一级环境管理物质(镉,铅,汞,六价铬,PBB,PBDE等).
HSF "Hazardous Substance Free危害物质减免(或无危害物质)"
靠破插破尺寸
重点尺寸
模 具 企 业 集 团
产品名称 blk standoff plastic 塑料材质 PC+ABS 一台个数 1 产品名称 凹模仁
设计 12-04-14 精度 金属材质 M310
制图 12-04-14 硬 度 52±2°
校对 尺度 1 0.8 第三角法 缩水率 0.5%
审核
工号 / 部号 / 版本号
A49A-012T-1/ 100/ V0-0

图1-5　定模型芯示意图

项目二

塑料模具的类型及结构

知识目标

1.塑料模具的类型及其作用。
2.塑料模具的结构组成。
3.塑料模具的主要零部件的形状、特点及作用。

技能目标

1.通过参观实物，具备判断塑料模具类型的能力并能知道其作用。
2.通过拆装典型模具，具备辨别塑料模具主要结构组零部件的能力。
3.通过实践操作和理论学习，具备选用塑料模具主要零部件的能力。

任务一 塑料模具的类型

一、任务描述

本任务主要介绍各种塑料模具。通过本任务的学习，应重点掌握各种塑料模具的类型、结构及工作原理，具备熟练辨别塑料模具类型的能力。

二、任务分析

如图2-1所示的塑件都是由模具成形的，它们是如何成形的？成形时需用什么工具？这些成形工具的类型、特点及工作原理是怎样的？塑件的种类多种多样，同样也有相应的成形模具与之匹配，为了便于学习和掌握，我们必须具备塑料模具的相关知识。

图2-1 生活中的塑料模具制件

三、相关知识

1.塑料成形模具的概念

模具是成形产品零件的专用工具，是工业生产中的主要工艺装备，用塑料成形的模具就是塑料模具，用塑料模具成形出来的零件通常称为“塑件”。

2.塑料成形模具的分类

塑料模具的用途广泛，模具的种类繁多，科学地进行模具分类，对有计划地发展模具工业，系统地研究、开发模具生产技术，促进模具设计与制造技术的现代化，充分发挥模具的功能和作用，以及对研究、制定模具技术标准，提高模具的标准化水平和专业协作生产水平，提高模具的生产效率，缩短模具的制造周期，都具有十分重要的意义。

塑料模具的分类方法很多，常用的有以下几种方式。

（1）按成形的材料分为热塑性塑料模和热固性塑料模，其中热塑性塑料受热时可以塑化，冷却时则凝固成形，温度改变时可以反复变形。而热固性塑料受热时塑化和软化，发生化学反应，并固化成形，冷却后再加热时，不再发生塑化变形，如果温度继续升高就会发生分解。

（2）按注射机类型分为卧式注射模具、立式注射模具和角式注射模具。

（3）按成形工艺性质分为压缩模、压注模、注射模、挤出模、吹塑模等。

四、任务实施

1.压缩模

俗称压制成形模，用于压缩成形塑件。如图2-2所示，压缩成形是最早成形塑件的方法之一。压缩成形是将塑料直接加入到具有一定温度的敞开的模具型腔内，然后闭合模具，在热与压力作用下塑料熔融变成流动状态。由于物理及化学作用，而使塑料硬化成为具有一定形状和尺寸的常温保持不变的塑件。压缩成形主要是用于成形热固性塑料，如酚醛模塑粉、脲醛与三聚氰胺甲醛模塑粉、玻璃纤维增强酚醛塑料、环氧树脂、DAP树脂、有机硅树脂、聚酰亚胺等的模塑料，还可以成形加工不饱和聚酯料团（DMC）、片状模塑料（SMC）、预制整体模塑料（BMC）等。一般情况下，常常按压缩模上、下模的配合结构，将压缩模分为溢料式、不溢料式、半溢料式三类。

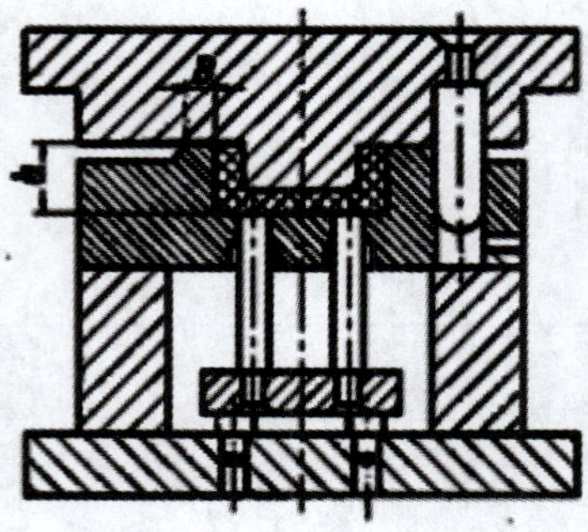

溢料式压缩模

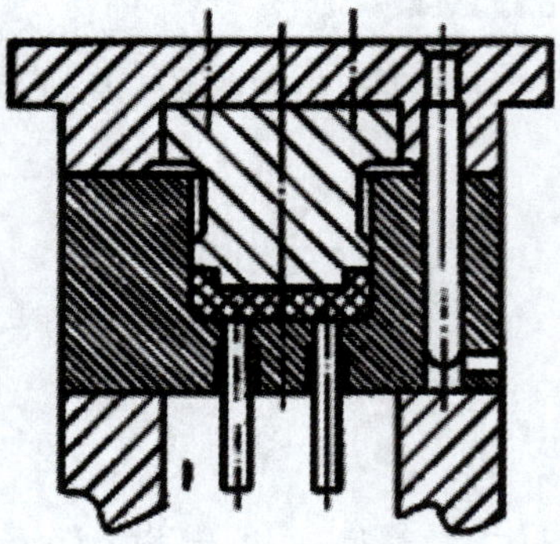

不溢料式压缩模

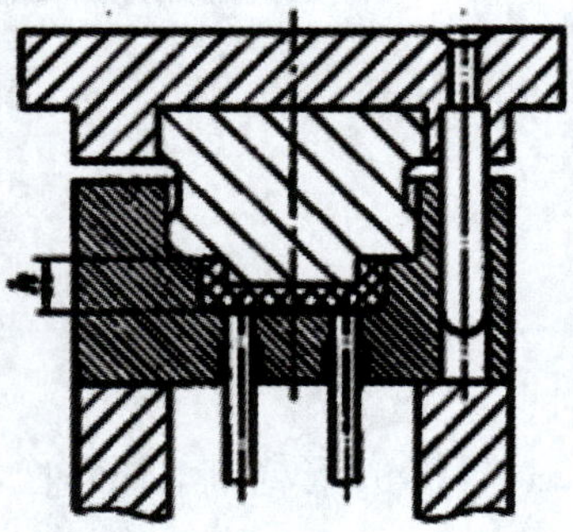

半溢料式压缩模

图2-2 压缩模工作示意图

2.压注模

亦称铸压成形模，用于压注成形塑件。如图2-3所示，压注成形是将塑料原料加入预热的加料室内，然后把压柱放入加料室中锁紧模具，通过压柱向塑料施加压力，塑料在高温、高压下熔化为流动状态，并通过浇注系统进入型腔逐渐固化成塑件。此种成形方法，也称传递模塑成形。压注成形适用于各低固性塑料，原则上能进行压缩成形的塑料，也可用压注法成形。但要求成形物料在低于固化温度时，熔融状态具有良好的流动性，在高于固化温度时，有较大的固化速率。

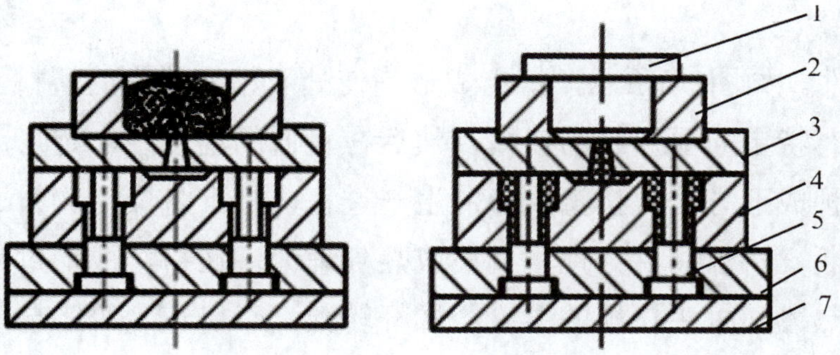

1—压柱；2—加料腔；3—上模板；4—凹模；5—型芯；6—固定板；7—下模板

图2-3　压注模工作示意图

3.注射模

用于注射成形塑件。如图2-4所示，注射成形是先把塑料加入到注射机的加热料筒内，塑料受热熔融，在注射机螺杆或柱塞的推动下，经喷嘴和模具浇注系统进入模具型腔，由于物理及化学作用而硬化定形成为注塑制品。注射成形由具有注射、保压（冷却）和塑件脱模过程所构成循环周期，因而注射成形具有周期性的特点。热塑性塑料注射成形的成形周期短、生产效率高，熔料对模具的磨损小，能大批量地成形形状复杂、表面图案与标记清晰、尺寸精度高的塑件；但是对于壁厚变化大的塑件，难以避免成形缺陷。塑件各向异性也是质量问题之一，应采用一切可能措施，尽量减小。

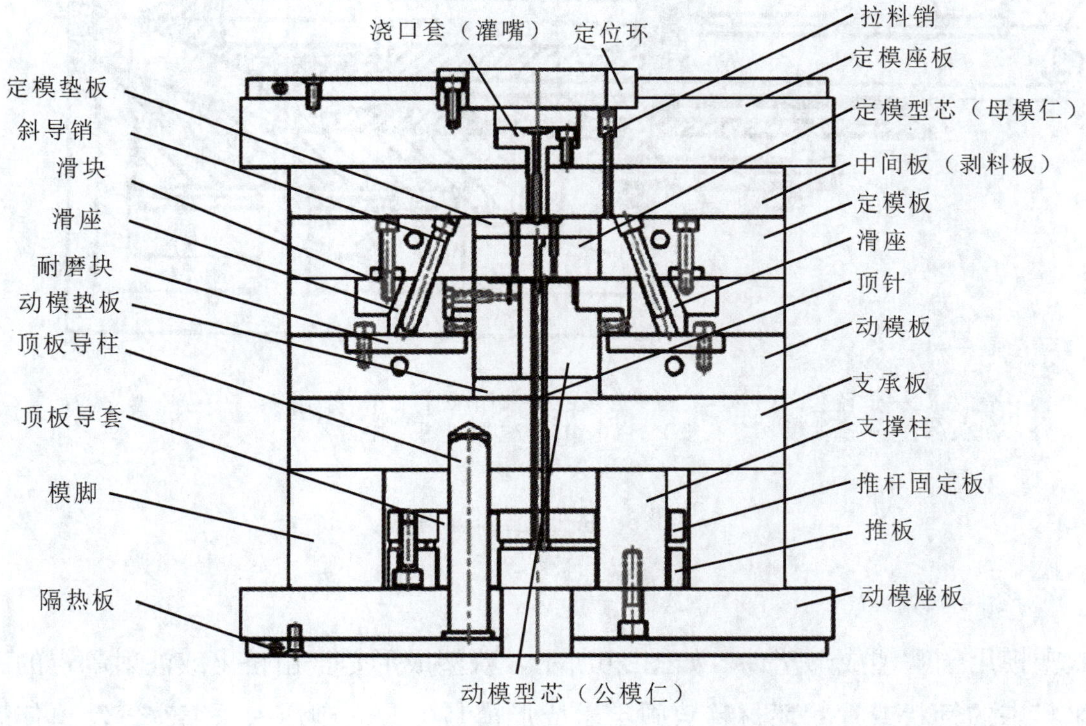

图2-4　注射模工作示意图

4.挤出模

挤出模用于挤出成形塑件。如图2-5所示，挤出成形是使处于粘流状态的塑料，在高温和一定的压力下，通过具有特定断面形状的口模，然后在较低的温度下，定形成为所需截面形状的连续型材的一种成形方法。挤塑成形的生产过程，是准备成形物料、挤出造型、冷却定形、牵引与切断、挤出品后处理（调质或热处理）。在挤塑成形过程中，注意调整好挤出机料筒各加热段和机头口模的温度、螺杆转数、牵引速度等工艺参数以便得到合格的挤塑型材。特别要注意调整好聚合物熔体由机头口模中挤出的速率。因为当熔融料挤出的速率较低时，挤出物具有光滑的表面、均匀的断面形状；但是当熔融物料挤出速率达到某一限度时，挤出物表面就会变得粗糙、失去光泽，出现鲨鱼皮、桔皮纹、形状扭曲等现象。当挤出速率进一步增大时，挤出物表面出现畸变，甚至支离和断裂成熔体碎片或圆柱。因此挤出速率的控制至关重要。

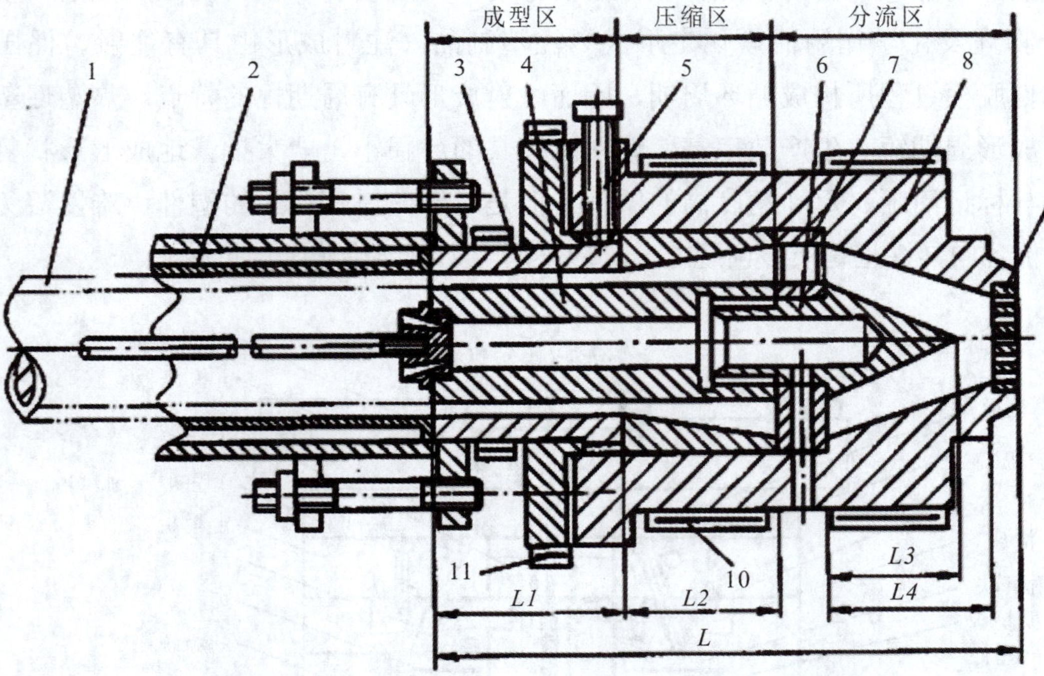

1—管材；2—定径套；3—口模；4—心棒；5—调节螺钉；6—分流器；7—分流器支器；8—机头体；9—过滤板（多孔板）；10、11—电加热圈（加热器）

图2-5　挤出模工作示意图

5.吹塑模（中空模）

吹塑模用于吹塑成形塑件。如图2-6所示，吹塑成形是把由挤出或注射制得的、尚处于塑化状态的管状或片状坯材趋势固定于成形模具中，立刻通入压缩空气，迫使坯材膨胀并贴于模具型腔壁面上，待冷却定形后脱模，即得所需中空制品的一种加工方法。适合中空成形的塑料为高压聚乙烯、低压聚乙烯、硬聚氯乙烯、软聚氯乙烯、聚苯乙烯、聚丙烯、聚碳酸酯等。根据型坯成形方法的不同，中空成形主要分为挤出吹塑中空成形和注射吹塑中空成形两种。挤出吹塑中空成形的优点是挤出机与挤出吹塑模的结构简单，缺点是型坯的壁厚不一致，容易造成塑料制品的壁厚不匀。注射吹塑中空成形的优点是型坯的壁厚均匀、无飞边，由于注射型坯有底面，因此中空制品的底部不会产生拼合缝，不仅美观而且强度高。缺点是所用的成形设备和模具价格贵，故这种成形方法多用于小型中空制品的大批量生产上，在使用上没有挤出吹塑中空成形方法广泛。

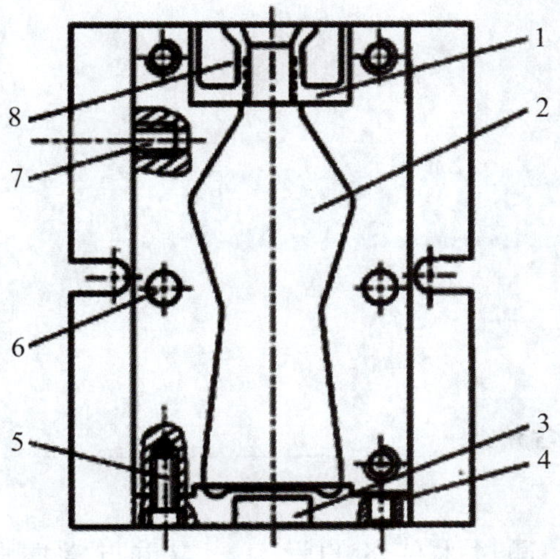

图2-6（a）上吹口模具结构

1—口部镶块；2—型腔；3、8—余料槽；4—底部镶块；5—紧固螺钉；6—导柱（孔）；7—冷却水道

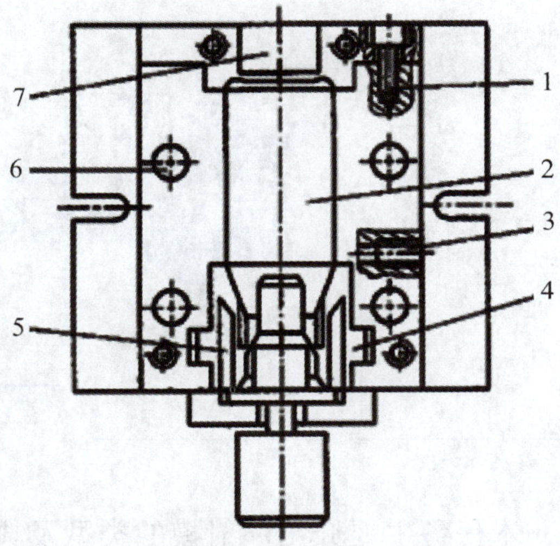

图2-6（b）下吹口模具结构

1—螺钉；2—型腔；3—冷却水道；4—底部镶块；5、7—余料槽；6—导柱（孔）

图2-6　吹塑中空成形

五、检查与评价

表2-1　塑料模具的类型

班级______ 姓名______ 学号______ 总分______				
项目与技术要求	配分	评定方法	实测记录	得分
按成形的材料类型	10	热塑性或热固性		
按所用注射机的类型	10	立式、卧式或角式		
按成形工艺特性	10	压注模、压缩模、注射模、挤出模、吹塑成形模或其他		
简述该模具的工作原理及过程	30	完整性、正确性、合理性		
简述该模具的结构组成及作用	10	完整性、正确性、合理性		
生产现场观察模具工作心得	20	完整性、正确性、合理性		

六、思考与练习

1.何谓塑料模具？

2.塑料模具的类型有哪些？简述其工作原理或过程？

3.简述常见的塑料模具结构组成？

任务二 注射模的类型及典型结构

一、任务描述

本任务主要介绍注射模的类型及典型结构。通过本任务的学习，应重点掌握典型注射模的工作过程及结构组成。

二、任务分析

塑料模具的种类虽然繁多，但在实际生活中注射模具应用最广，因此，通过注射模具类型及其典型结构的学习有助于进一步对塑料模具的了解。

三、相关知识

1.注射模具的类型

注射模的种类很多，按其所用注射机的类型分为卧式注射机用注射模、立式注射机用注射模、角式注射机用注射模；按模具的型腔数目分为单型腔注射模和多型腔注射模；按塑料品种分为热固性塑料和热塑性塑料注射模等；按注射模具总体结构特征分为单分型面注射模（两板模具）、双分型面注射模（三板模）、带活动成形零部件的注射模、带侧向分型与抽芯机构的注射模、自动卸螺纹注射模、定模侧设有推出机构的注射模、无流道注射模等。

2.注射模具的结构

注射模具总体结构包括动模和定模两部分，动模安装在注射机的移动板上，定模安装在注射机的固定板上。注射时动模与定模闭合构成形腔和浇注系统，开模时动模定模分离，以便取出塑料制品。模具的总体机构可分为三大系统：a）注射系统，塑胶从成形机料筒注入模具型腔之过程中各组成部分；b）冷却系统，塑料充填完成后从液态固化成形之过程中所需之辅助组成部分；c）顶出系统，待冷却完成后从开模至制品取出之过程中所需各结构部件。

四、任务实施

1.单分型面注射模

单分型面注射模又称两板模具（大水口模具），是注射模中最简单的一种，它以分型面为界面将整个模具分为两部分：动模和定模。一部分型腔在动模，另一部分型腔在定模。如图2-7所示，主流道在定模，分流道开设在分型面上，开模后，塑胶制品和流道留在动模，动模部分设有顶出系统。

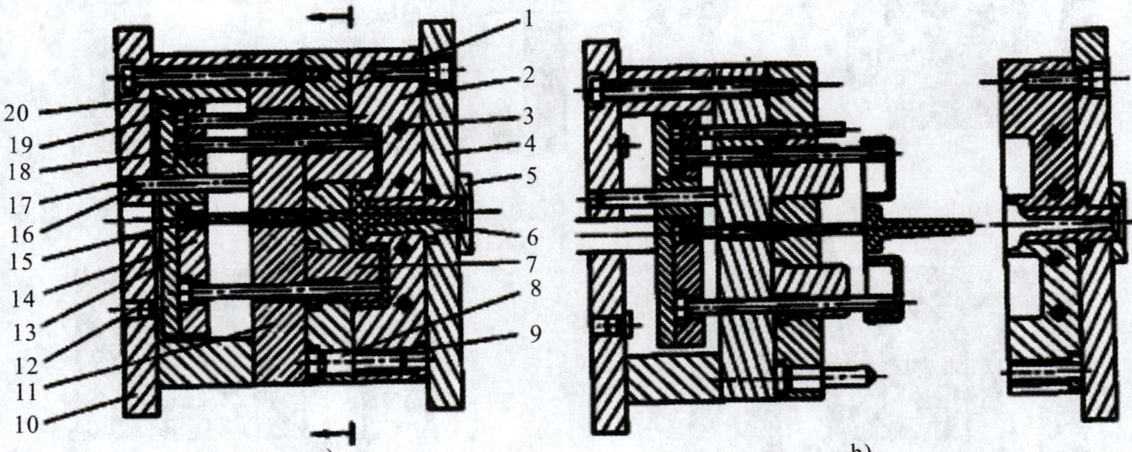

1—动模座板；2—定模板；3—冷却水孔；4—定模座板；5—定位圈；6—浇口套；7—型芯；8—导柱；9—导套；10—动模座板；11—支承板；12—限位钉；13—推板；14—推杆固定板；15—料杆；16—推板导柱；17—推板导套；18—推杆；19—复位杆；20—垫块

图2-7　单分型面注射模的机构示意图

（1）单分型面注射模的工作原理分为以下几个阶段：

①充填、保压、冷却完毕；②开模；③顶出产品；④产品与模具分离；⑤合模（单分型面注射模工作下一循环）；⑥合模完毕，准备注射。

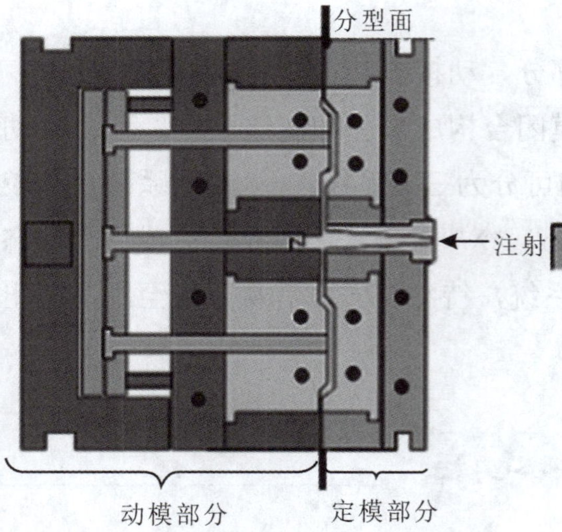

图2-8 充填、保压、冷却完毕

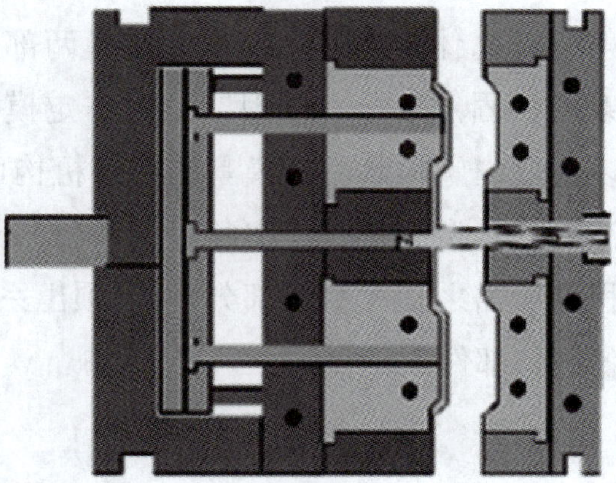

图2-9 单分型面注射模的开模示意图

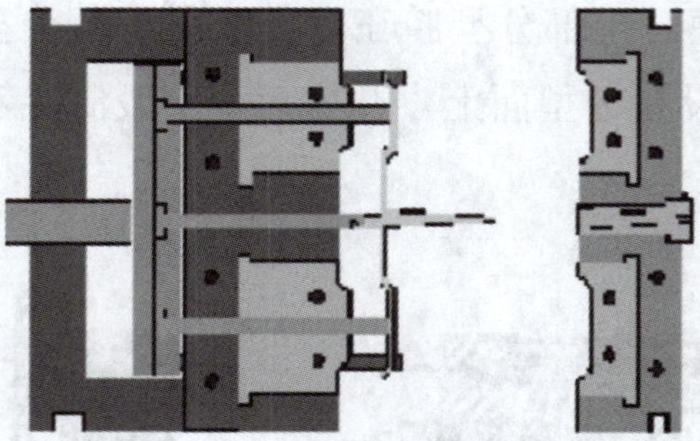

图2-10 产品与模具分离图

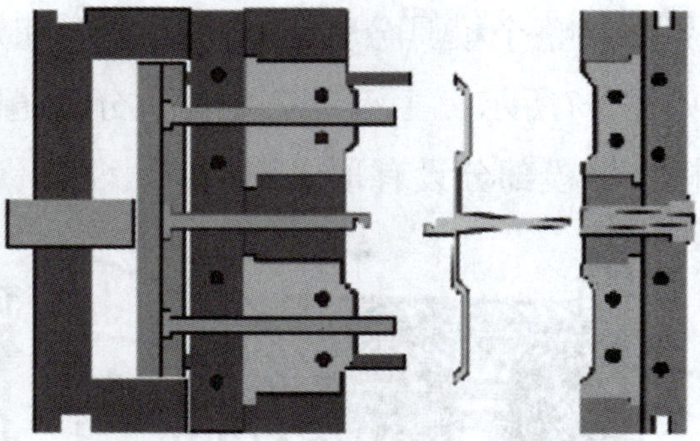

图2-11 单分型面注射模产品与模具分离示意图

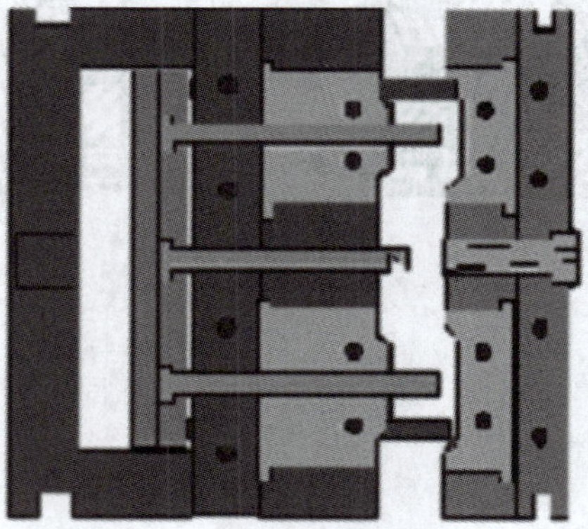

图2-12 注射模的合模示意图

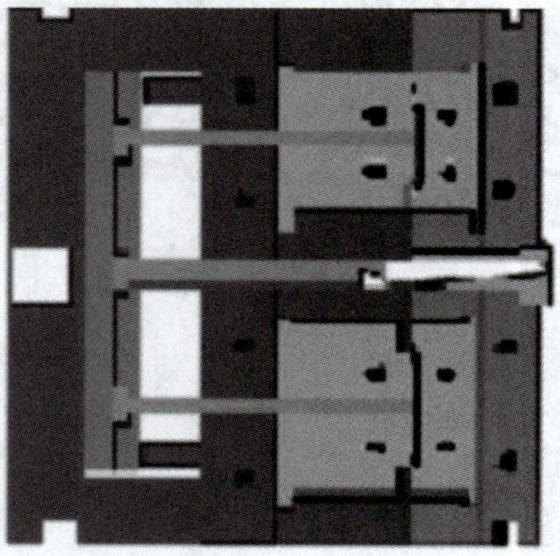

图2-13 注射模的合模完毕、准备注射示意图

（2）单分型面注射模的工作原理小结

①动模侧在成形机的拉动下与定模侧分开，分开到设定距离时停止不动。

②在成形机脊杆的推动下，顶出板带动顶出机构将成品顶出。

③在成形机的推动下，动模侧向定模侧运动，动模、定模完全合紧后，成形机上的

喷嘴与模具上的注口衬套密合，开始注塑。

（3）单分型面注射模的特点：①一般是在分型面处分开成定模板和动模板。②结构简单，操作方便。③成形后将注塑件和浇口切断并进行加工（如：边浇口、直浇口等）。④故障少，价格便宜。

2.双分型面注射模

双分型面注射模又称三板模（细水口模），如图2-14所示有两个分型面将模具分成三部分，比两板增加了中间板（剥料板），分型面1是定模边的一个分型面，该分型面是为了取出浇注系统凝料；分型面2是动模、定模之间的一个分型面，该分型面是为了取出塑件。

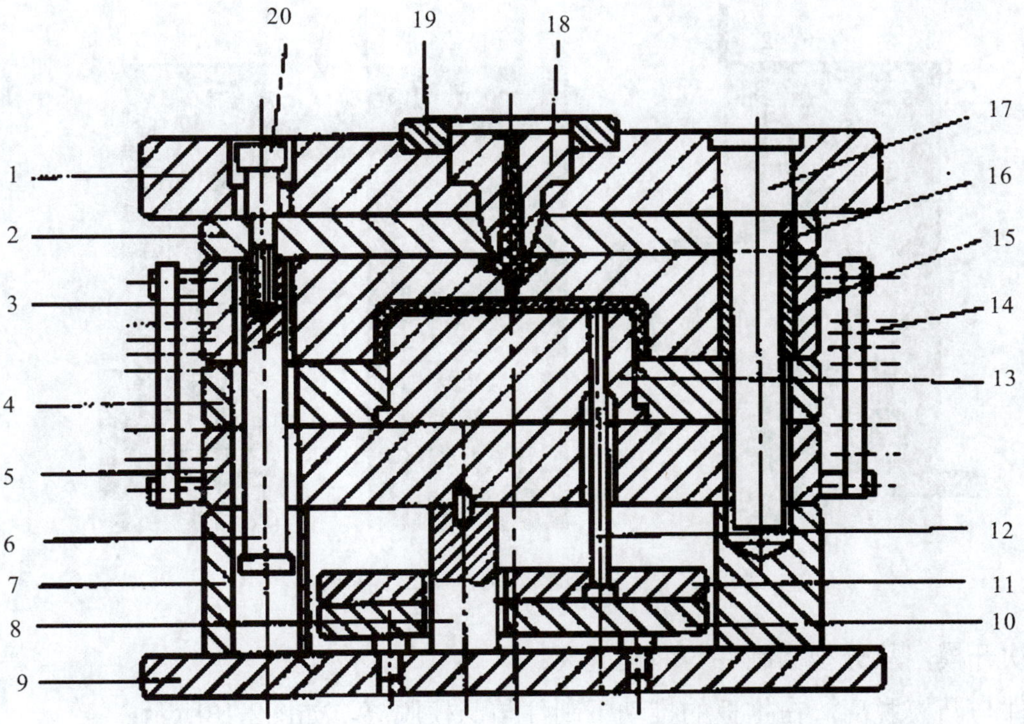

1—定模座板；2—中间板（流道推板）；3—定模板；4—动模板；5—支承板；6—拉杆；7—垫块（模脚）；8—支柱；9—动模座板；10—下推板；11—上推板；12—推杆；13—型芯；14—链条；15—下导套；16—上导套；17—导柱；18—浇口套；19—定位圈；20—杆螺钉

图2-14　双分型面注射模的结构示意图

（1）双分型面注射模工作过程可分为以下几个阶段

①充填、保压、冷却完毕；

②一次开模 从分型面1处浇注系统与制件脱离；

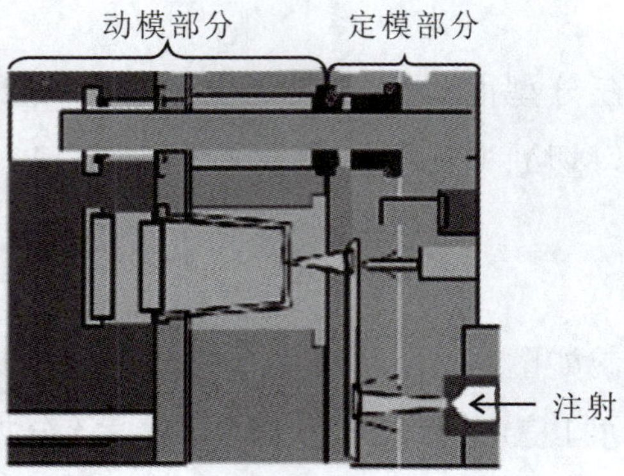

图2-15　充填、保压、冷却完毕示意图

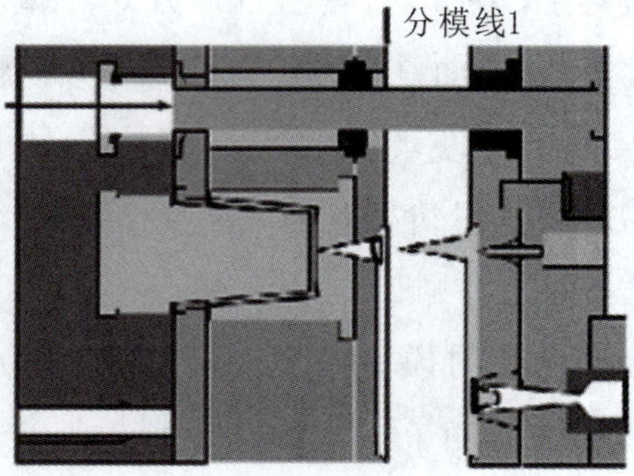

图2-16　从分型面1处开模示意图

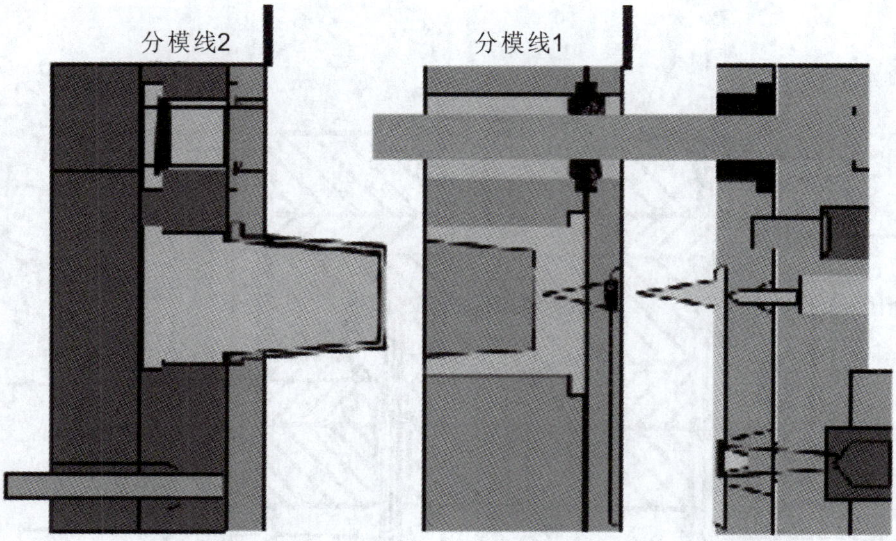

图2-17　从分型面2处制件与凹模脱离

③二次开模，从分型面制件与凹模脱离；

④制件与凸模脱离，在推板的推动下制件与凸模脱离，如图2-18所示；

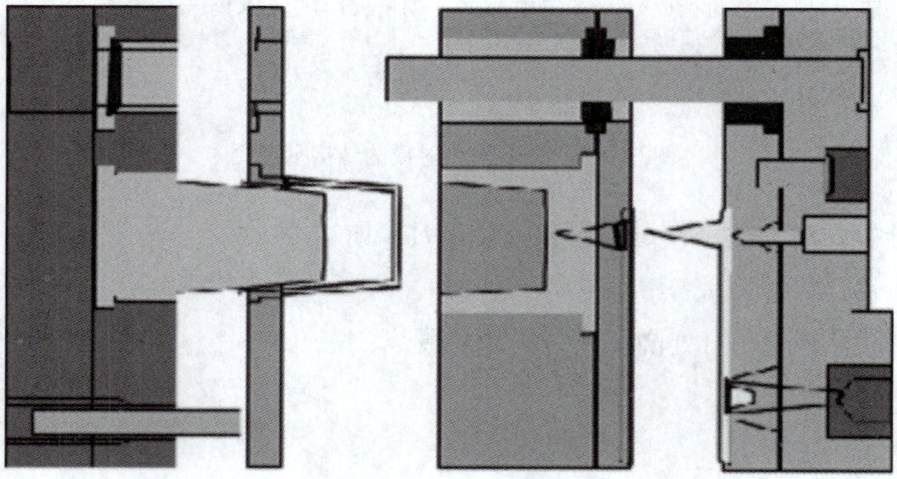

图2-18　制件脱离示意图

⑤浇注系统脱离，在剥料板的作用下浇注系统与浇口套内壁在分模面3处脱离（该过程是与制件脱离同时进行的），如图2-19所示；

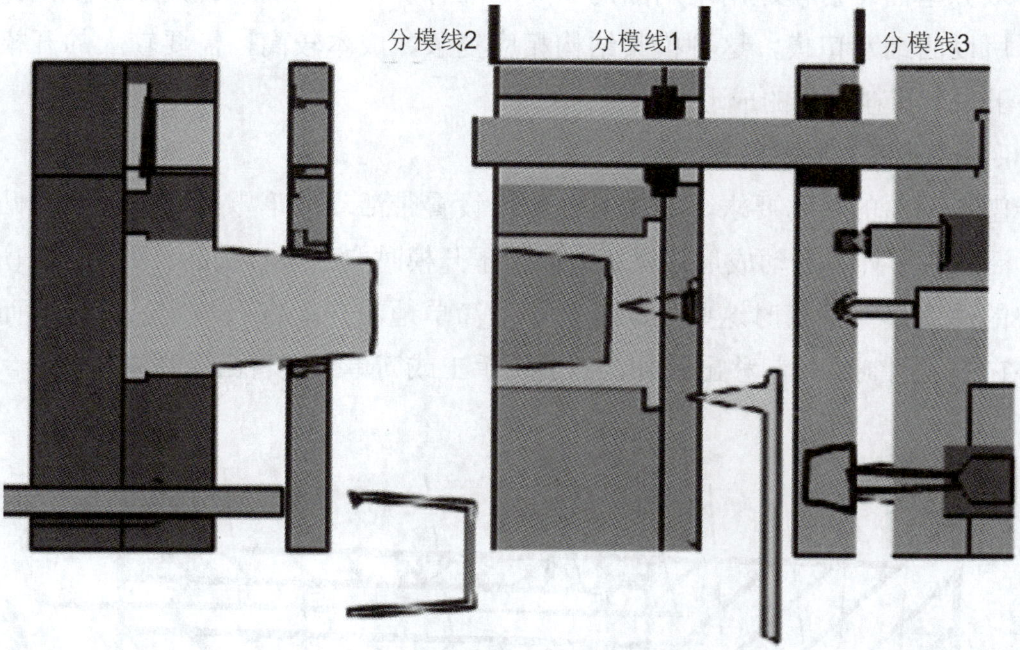

图2-19 浇注系统脱离示意图

⑥合模，在复位装置的作用下模具分别在分型面1、2、3处密合，以便进行下一循环，图2-20所示。

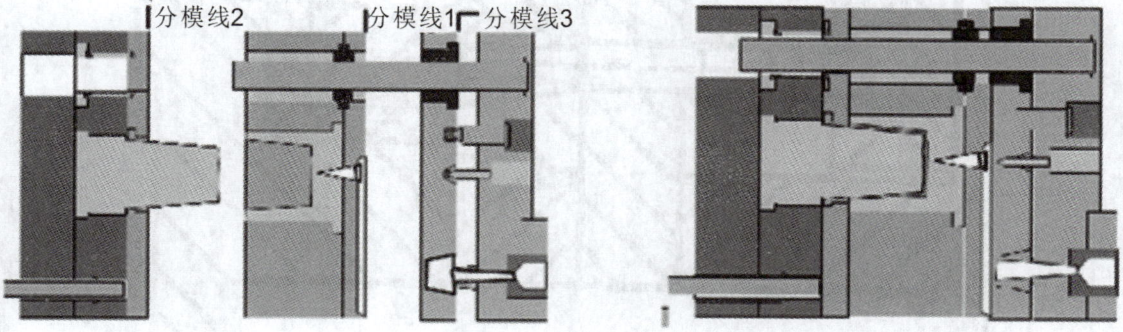

图2-20 合模示意图

（2）三板模工作原理小结

①定模板随着动模板一起向后运动，运动到设定距离时，被小拉杆限位块挡住，由于定模板随注塑机继续运动，小拉杆也被带动，它又带动剥料板运动将料头打下。

②成形机继续向后运动，拉力不断增大，超过开闭器锁紧力，定模板与动模板分开。

③在脊杆的推动下，顶出板带动顶出机构（顶针，顶杆，斜稍）开始顶出运动，将成品顶出。

④在成形机的推动下，动模侧向定模侧运动，动模板压向定模板和剥料板，最后完全合紧，成形机上的喷嘴与模具上的注口衬套密合，开始注塑。

（3）双分型面注射模适用于制品的四周不准有浇口痕迹的场合，这种模具分成采用点浇口，所以叫细水口模，这种模具结构相应复杂，成本较高，需要较大的开模行程，故较少用于大型塑料制品的成形。

3.带活动成形零部件的注射模

由于塑料制品的特殊要求，在模具中可以设置带活动成形零部件，如活动凸模、活动凹模、活动成形杆、活动成形镶块等，以便于开模时取出塑料制品。如图2-21所示为带活动镶块的注射模。开模时这些活动部件不能简单地沿开模方向与制品分离，而必须在开模时将它们连同制品一起移出模外，然后用手工或简单工具将凸模与制品分开。

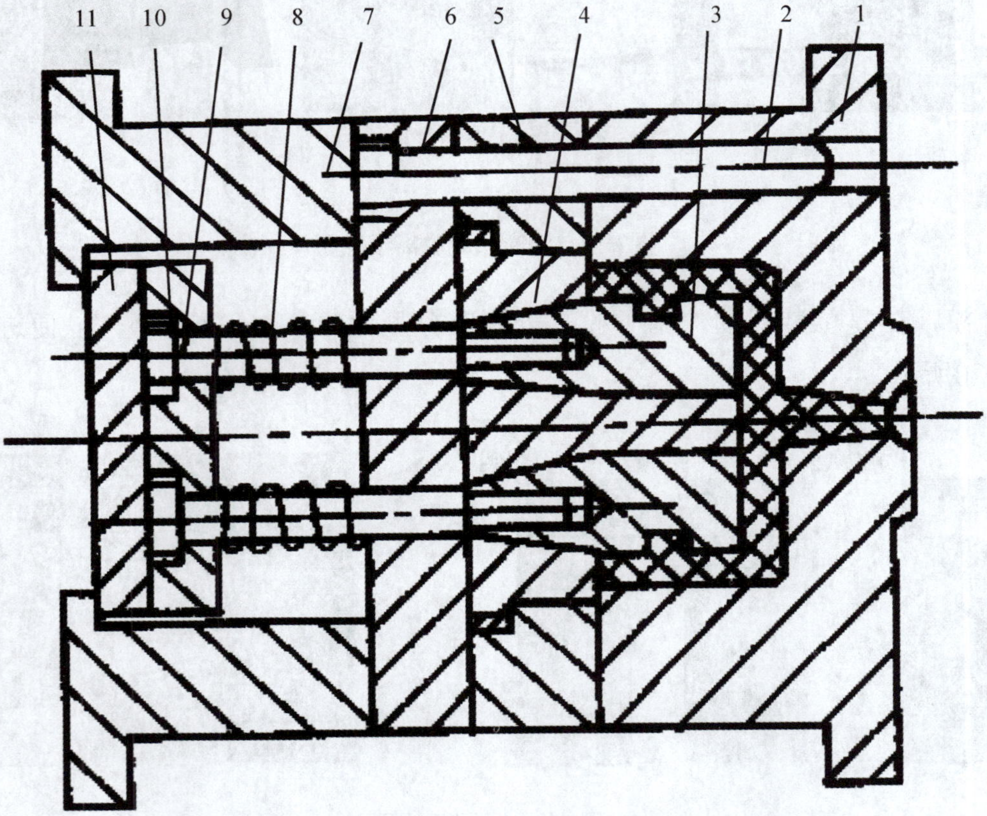

1—定模板；2—导柱；3—活动镶块；4—型芯；5—动模板；6—动模垫板；
7—动模座板；8—弹簧；9—推杆；10—推杆固定板；11—推板

图2-21　带活动镶块的注射模

带活动成形零部件的注射模的活动部件装入模具时必须要可靠的定位，因此，这类模具的生产效率不高，常用于小排量的试生产。

4.带侧向分型抽芯机构的注射模

如图2-22所示，当塑料制件有侧孔或恻凹时，为了使开模时成形侧孔或侧凹的侧型芯不妨碍制件的脱模，必须把侧型芯做成可沿侧向移动的活动型芯，并在开模的同时通过侧向分型机构将侧型芯从制件上抽出。

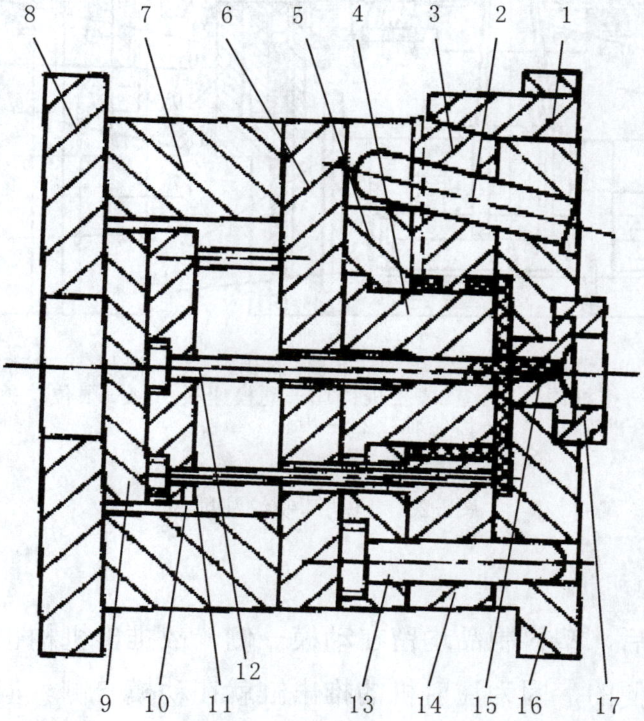

1—楔紧块；2—斜导柱；3—侧型芯滑块；4—型芯；5—型芯固定板滑；6—支承板；7—垫板；8—动模座板；9—推板；10—推杆固定板；11—推杆；12—拉料杆；13—导柱；14—动模板；15—浇口套；16—定模座板；17—定位圈

图2-22　带侧向分型抽芯机构的注射模

5.自动卸螺纹注射模

如图2-23螺纹塑件要求自动脱模时，可在模具上设计可转动的螺纹型芯或型环，利用机床的旋转运动或往复运动，或者采用另设的原动件（如电动机、液压马达等）和传动装置，带动螺纹型芯或型环转动将塑件脱出。

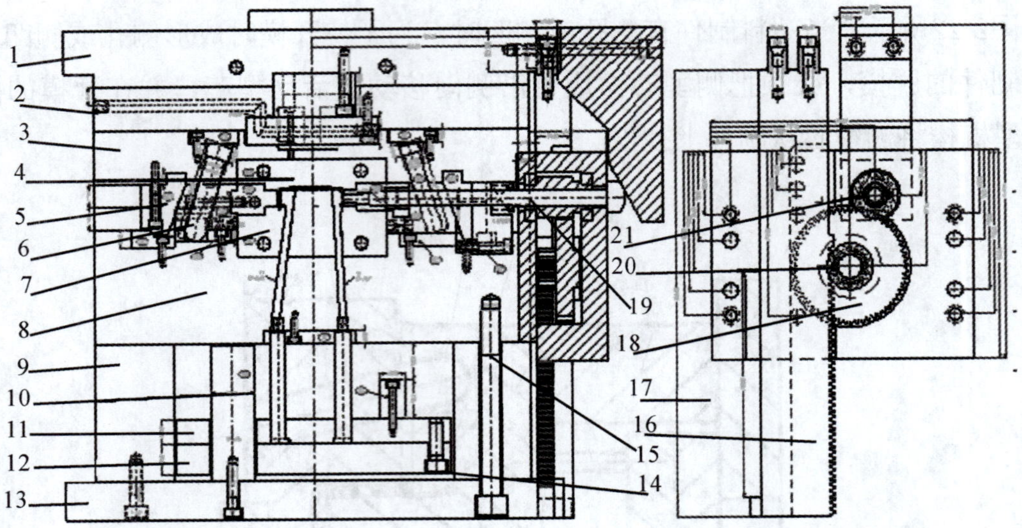

1—动模座板；2—剥料板；3—定模板；4—定模型芯；5—斜销；6—斜滑块；7—动模型芯；8—动模板；9—模脚；10—支撑柱；11—推杆固定板；12—推板；13—动模座板；14—限位块；15—固定螺杆；16—齿条；17—固定板；18—齿轮；19—转轴；20—齿轮轴；21—齿轮

图2-23　自动卸螺纹注射模

6.定模侧设有推出机构的注射模

一般注射模开模后，塑料制品均留在动模一侧，故推出机构也设在动模一侧，这种形式是最常用、最方便的，因为注射机的推出缸就在动模一侧。但有时由于制件的特殊要求或形状限制，制品必须留在定模内，这时就应在定模一侧设置推出机构，以便将制品从定模内脱出。定模侧的推出机构一般由动模通过拉板或链条来驱动。如图2-24所示，开模时由设在动模一侧的拉板带动设在定模一侧的斜导柱侧抽芯机构将制品从定模中的定模型芯上强制脱出。

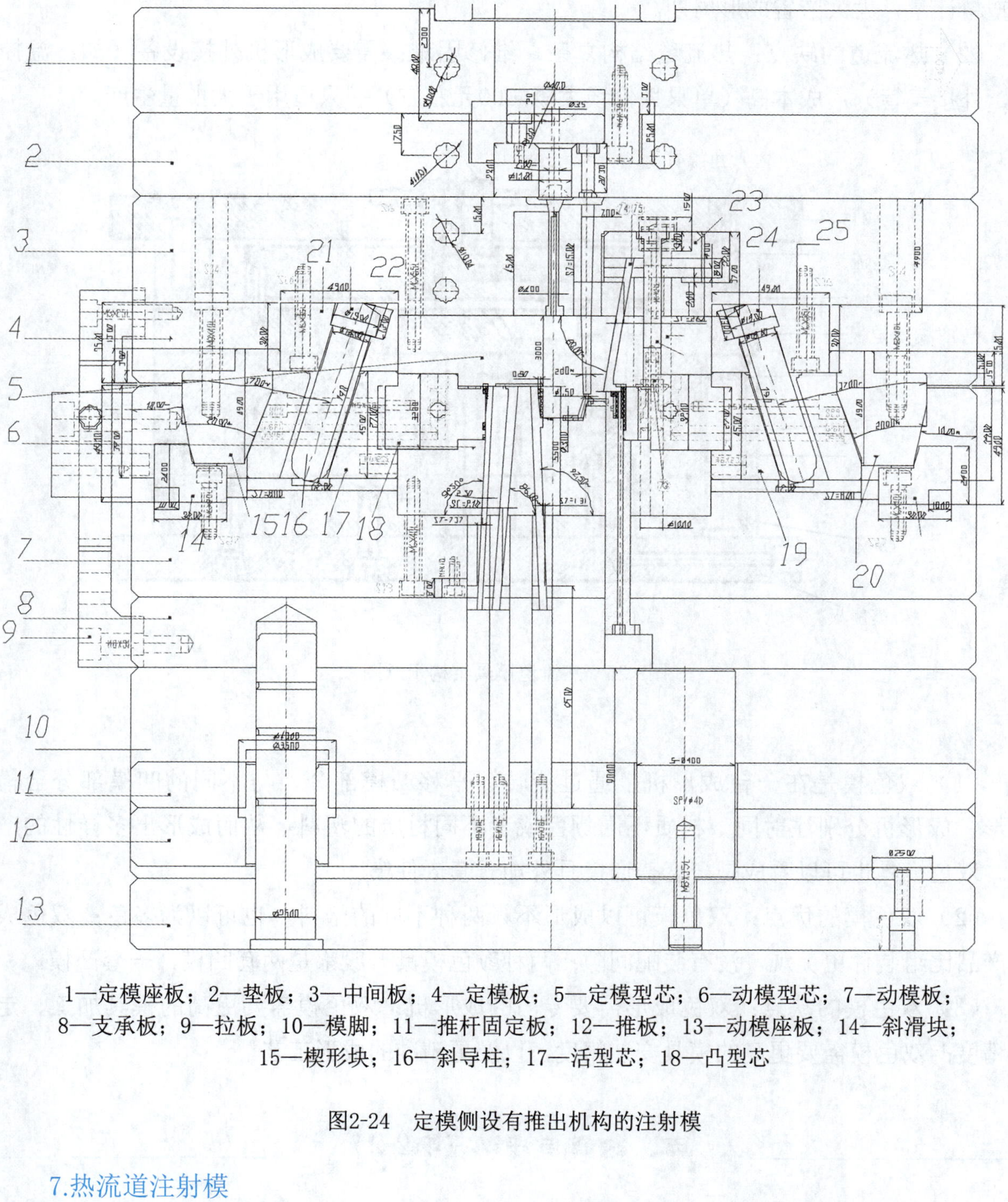

1—定模座板；2—垫板；3—中间板；4—定模板；5—定模型芯；6—动模型芯；7—动模板；8—支承板；9—拉板；10—模脚；11—推杆固定板；12—推板；13—动模座板；14—斜滑块；15—楔形块；16—斜导柱；17—活型芯；18—凸型芯

图2-24　定模侧设有推出机构的注射模

7.热流道注射模

热流道注射模又称为无流道凝料的注射模，如图2-25所示，此类模具结构与细水口大体相同，其最大区别是流道处于一个或多个有恒温的热流道板及喷嘴里，无冷料脱模，流道及浇口直接在产品上，所以流道不需要脱模。此系统又称为无水口系统，可节省原材料，适用于原材料较贵、制品要求较高的情况，设计及加工困难，模具成本较高。

（1）热流道的优点：热流道集合了两板模和三板模的优点，并拥有很多不可比拟的优点；热流道模具可以做到没有流道，节省流道消耗物料，不需要冷却流道，不需要等待塑料计量，大大节省成形周期。

（2）热流道的缺点：热流道结构复杂，维修困难；需要成形机外接设备（如：温控箱，外接气管）；成本高（单只嘴价钱大概6000元左右）；只适用于大批量生产。

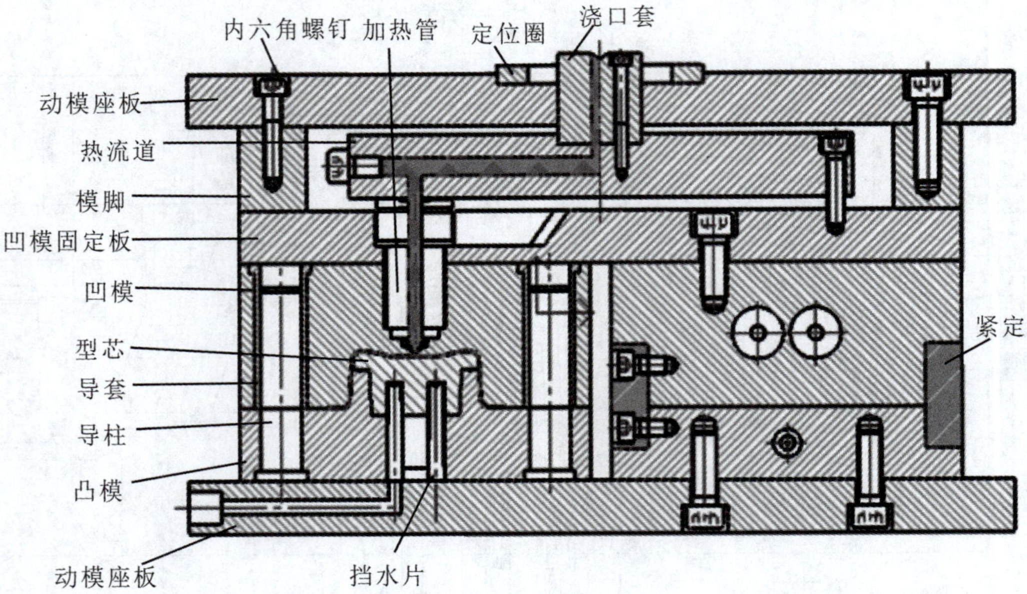

图2-25　热流道模具结构示意图

8.双色模

（1）双色模是在一台成形机上通过旋转、平移凸模部分，与不同的凹模部分合模成形，成形机分别注射同一材质不同颜色或者不同材质的塑料，从而成形出多样性的产品。双色模具也可以看成是一套普通模具外加一套嵌件模。

（2）双色模的优点：双色模可以成形不只两种不同的塑料，也可以为多色；双色成形产品比组装件更美观，没有装配间隙；两种颜色模具一般都是两套凹模，一套凸模。

（3）双色模的缺点：双色成形需要专门的成形机；双色模需要更高的模具加工、定位精度；双色模需要更高的模具安装精度，以及更精准的成形工艺。

五、检查与评议（表2-2）

表2-2　注射模具的类型及典型结构

班级＿＿＿＿	姓名＿＿＿＿		学号＿＿＿＿		总分＿＿＿＿	
序号	考核项目	考核要求	配分	评分标准	实测记录	得 分
1	按注射机类型	常用的立式、卧式、角式	5	判断正确		

续表

序号	考核项目	考核要求	配分	评分标准	实测记录	得 分
2	按型腔数量	单型腔或多型腔	5	判断正确		
3	按所成形塑料	热塑性或热固性	5	判断正确		
4	按总体结构	单分型面、双分型面、侧向分型抽芯和带螺纹等	10	判断正确		
5	模具总体结构	动模（下模）或定模（上模）	5	判断正确		
6	模具三大系统	注射、冷却和推出系统	10	应指出各系统所包含的模具零件		
7	简述该模具的工作过程	合模、注射、保压冷却、开模、顶件等	20	完整合理		
8	指出模具各零件在成形过程中的作用	对导向、成形、冷却、侧向分型抽芯、支承、固定等零件熟练认识	20	正确完整		
9	模具工作现场的观看心得	对操作过程、注意事项、安全的描述	20	正确完整合理		

六、思考与练习

1.注射模的类型有哪些？

2.注射模结构由哪些部分组成？

3.注射模的三大系统是什么？各有什么作用？

任务三 注射成形模具的主要零部件的选用

一、任务描述

本任务主要介绍注射模具的主要零部件的类型、结构及选用原则，通过本任务的学习，能够正确、熟练选用注射模具零部件。

二、任务分析

注射模具的组成及作用。注射模具的结构类型很多，但无论何种结构的模具，其主要由以下几种零件构成：成形零件、浇注系统、脱模机构、调温机构、导向机构、固定零件及侧向抽芯结构。

三、相关知识

1.成形零件

成形零件包括定模型腔（凹模）、动模型腔（凸模）和型芯等零件，如图2-26所示。注射时，这类零件直接接触塑料，以成形塑件；其精度要求较高，是注射模的核心零件。

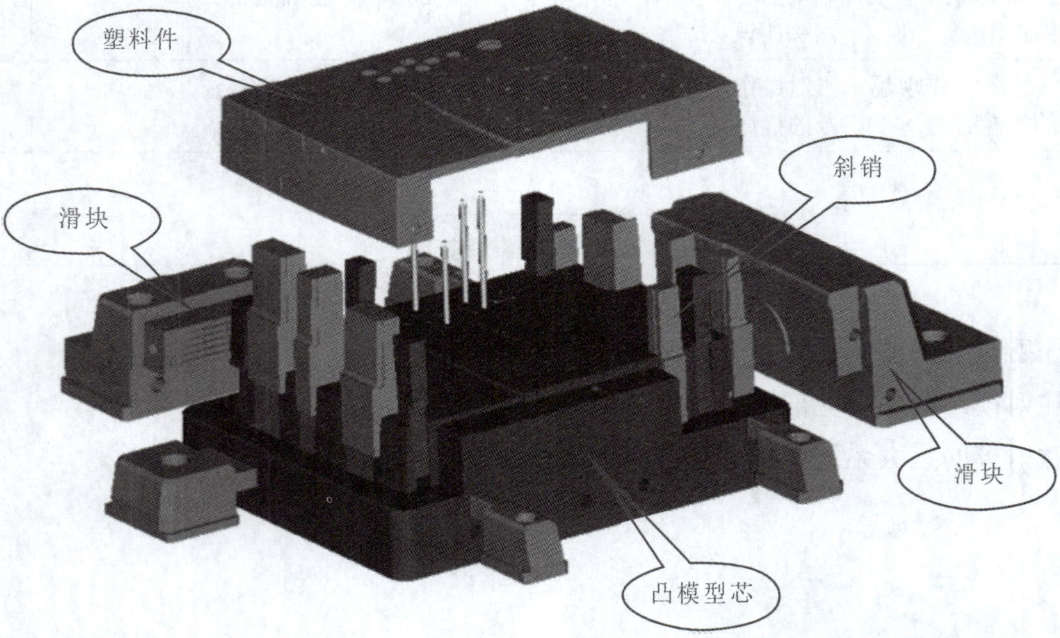

图2-26　成形零件的组成

（1）定模型腔　又称凹模，主要成形塑件的外部形状。

（2）动模型腔　又称凸模，主要成形塑件的内部形状。

（3）型芯　一般固定在动模板上，主要成形型孔及特殊形状的凸、凹模类塑件。

（4）动模型芯　又称凸模，主要成形塑件的内部形状。

（5）型芯　一般固定在动模板上，主要成形型孔及特殊形状的凸、凹模类零件。

2.浇注系统

何谓浇注系统，浇注系统就是塑料熔融体从注射机的浇口套（喷嘴）出来后，到达模腔前在模具中所流经的通道。如图2-27所示浇注系统，有主流道、分流道、浇口及冷料穴组成。从注射机喷嘴至模具型腔的熔融塑料路径称之为流道，其中，浇口套内塑料流道称之为主流道，其余部分称之为分流道。分流道末端通向模具型腔的节流孔称之为浇口，在不通向模具型腔的分流道的末端设置冷料穴。

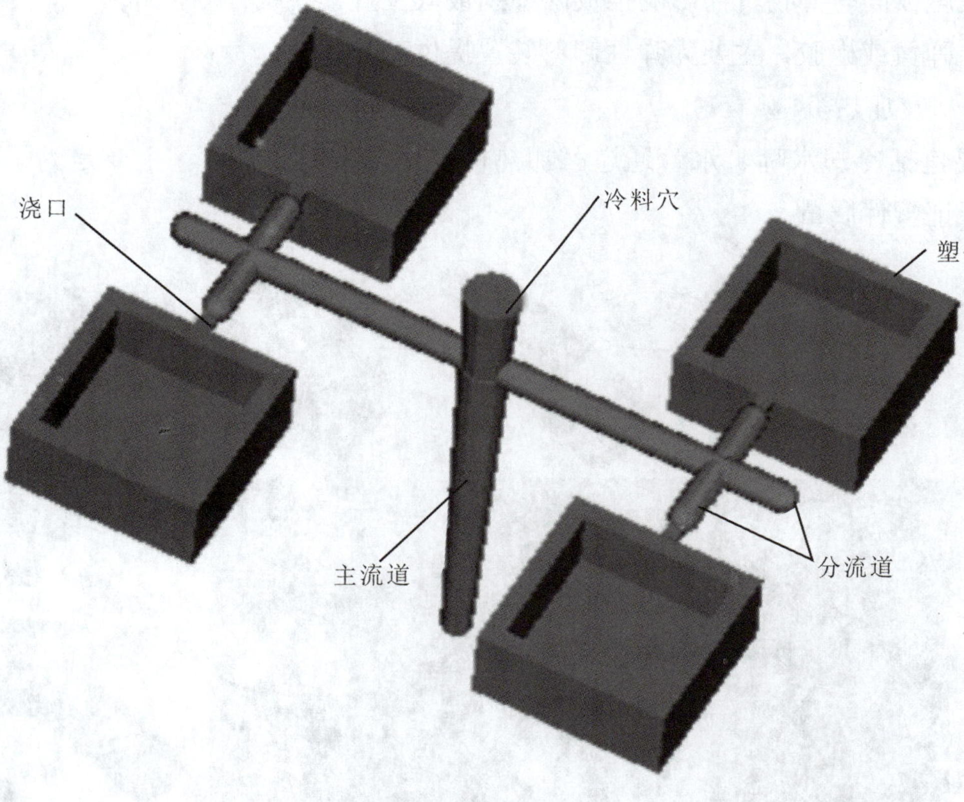

图2-27　浇注系统的组成

其主要相关零件包括定位圈、浇口套、剥料板等零件。主要作用是将注射机料筒内的熔融塑料填充到模具型腔内，并起到传递压力的作用。

（1）主流道衬套组成塑料注入模具时需通过的主要流道零件，一般镶嵌在定模板上。

（2）定位圈模具安装在注射机的定位板上时，决定注射机喷嘴口与浇口套相互位置的定位装置。

3.脱模系统零件

脱模系统零件又称推出机构或顶出机构，是由脱出塑件所需的全部结构零件组成。如顶杆、顶杆固定板、顶杆垫板、复位杆、限位钉、弹簧或橡胶等零件，这类零件使用时应便于脱出塑件，且不允许有任何使塑件变形、破裂和刮伤等现象，其结构要求灵活、可靠，更换、维修方便。

（1）顶杆是为了从模具型腔内把塑件顶出来的杆件。

（2）顶杆固定板是起固定顶杆、顶管及复位杆等零件的作用。

（3）顶杆垫板用以压住顶杆、顶管及复位杆等零件，同时也是组成模具顶出塑件系统、承受注射机顶出杆的作用力的零件。

（4）复位杆又称反顶杆，顶出塑件动作完成后，使推出机构退回到原来位置的杆件。

（5）限位钉又称垃圾钉，对推出机构起支撑和调整作用，并防止推板复位时，因推板与动模座板间有异物，而影响推板回不到最低位置，使制件难以卸下。

（6）弹簧或橡胶，主要为弹性卸料装置提供动力。

4.冷却及加热机构

主要包括冷却水嘴、水管通道、加热板等，如图2-28所示。主要是为了调节模具温度，以保证塑件质量。

图2-28　冷却装置

5.结构零件

结构零件主要是固定成形零件，使其组成一体的零件。主要包括定模座板、动模座板、定模板、动模板、剥料板、支承板及模脚等。

（1）定模座板　固定连接定模部分并使之安装在注射机上用的板，也是镶嵌浇口套的支承板。

（2）动模座板　固定连接动模部分并使之安装在注射机上用的板。

（3）定模板　为了镶嵌凹模（定模型芯）或直接加工成形用的板。

（4）动模板　为了镶嵌凸模（动模型芯）或直接加工成形用的板。

（5）支承板　为了防止凸模或其他零件后退的支持用板。

（6）模脚　主要为推出机构的调整留出足够的空间，承受模板的压力。

6.导向零件

导向零件主要包括导柱、导套，主要作用是保证定模和动模在开、合模时精确的定位和导向，同时还有支承部分侧压力。

（1）导柱　导柱是决定定模型板及动模型板相对位置的零件。

（2）导套　导套与导柱相配合的套件。导套一般应进行淬火处理，以防磨损。

7.侧向抽芯机构零件

侧向抽芯机构零件适用于有侧向凸、凹及侧孔的塑件，主要包括滑块型芯、斜导柱、限位块等零件。

8.紧固零件

紧固零件主要包括螺钉、销钉等标准零件，其作用是连接、紧固各零件，使其成为模具整体。

四、任务实施

1.成形零件的选用

（1）凸模和型芯的种类及结构形式　塑料模具中的凸模和型芯都是用来成形塑料制品内形轮廓的零部件，两者之间无严格区分。一般凸模是成形制品整体内形的模具零件，而型芯是形成制品孔、槽的，有时也称为成形杆。凸模的结构形式一般有整体式、嵌入式、镶拼式和活动式等。型芯则有嵌入式及螺纹型芯等。如图2-29所示的是各类型芯（凸模）结构。

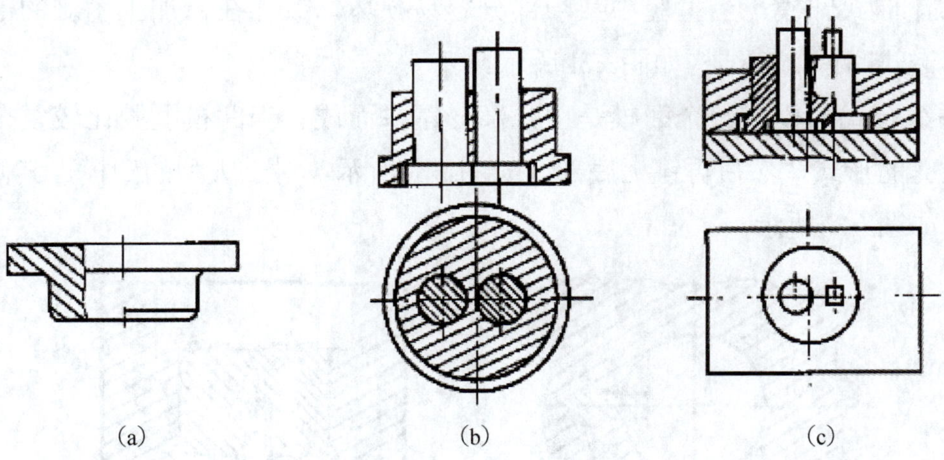

图2-29　型芯的结构形式

①整体式型芯。如图2-29（a）所示，这种型芯加工简单、结构牢靠，适于成形形状

简单的小型模具。

②组合式型芯。如图2-29（b）所示，这种型芯适用于形状复杂，且含有窄槽结构的模具。

③镶拼式型芯。如图2-29（c）所示，这种型芯适用于形状复杂，镶块便于加工的模具。

④螺纹型芯。这种型芯结构的成形部分按制品的形状加工，而安装部分做成圆柱形或其他易安装定位的形状。常用于中、小型塑料模具中。

（2）凹模的种类及结构形式　塑料模具中的凹模是用来成形塑料制品外形轮廓的零部件，其结构形式一般有整体式和组合式两大类。整体式凹模结构形式如图2-30所示，它适用于成形形状简单的小型模具。模具一般不进行热处理，可在型板上直接加工出型腔。组合式凹模常见的组合方式有：整体嵌入式、局部镶嵌式、镶拼组合式及瓣合式等。

①整体嵌入式组合凹模。如图2-31所示，这种凹模适用于型腔部分采用特殊加工（如电火花加工、冷挤压、电铸等）或者小型模具的型腔采用优质材料的场合。当用多型腔成形小型塑件时，可单独加工出型腔，然后嵌入模板中。其优点是：其中某个型腔损坏后可单独更换，不至于报废整个模具，同时也可节省贵重材料。

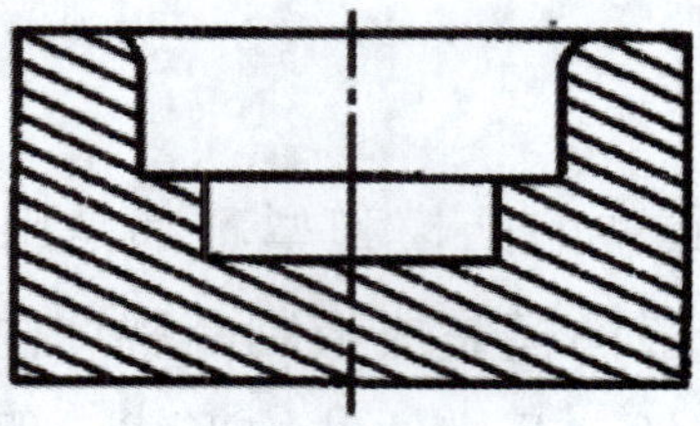

图2-30　整体式凹模

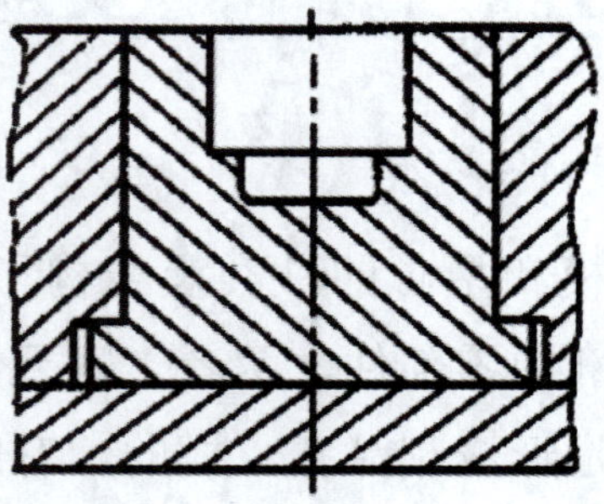

图2-31　整体嵌入式凹模

②局部镶嵌式凹模。当型腔中某一部分容易损坏，或存在着加工困难的部位，则可采用局部镶嵌式凹模，其结构如图2-32所示。

③镶拼组合式凹模。整个凹模是由几部分镶拼而成。当凹模型腔比较复杂时，可把凹模做成通孔的形式，然后再镶上底部，如图2-33所示。对于大型的凹模，其侧壁采用拼块式结构，如图2-34所示。

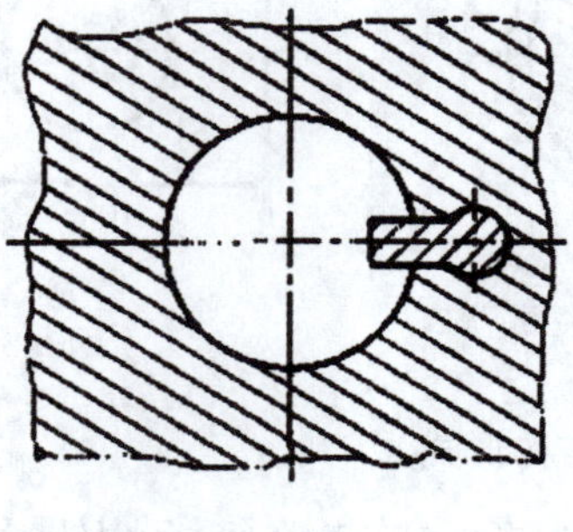

图2-32　局部镶嵌式凹模

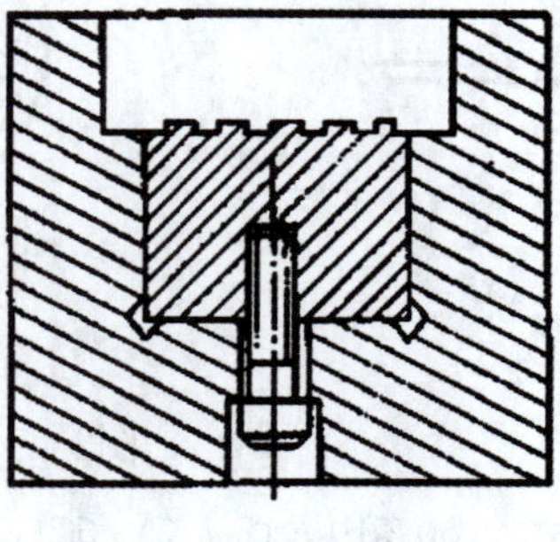

图2-33　底部镶拼式凹模

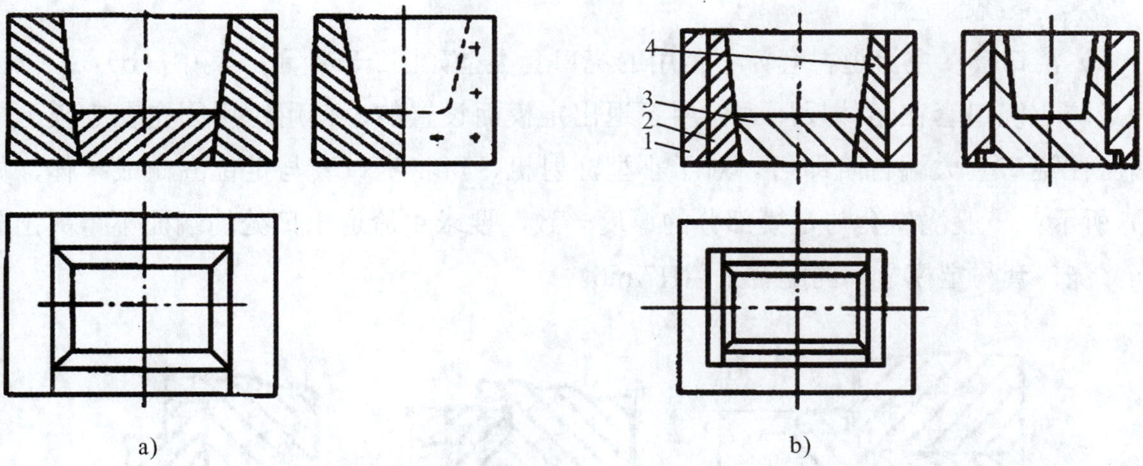

1—螺钉；2—左侧拼块；3—中间拼块；4—右侧拼块

图2-34　凹模侧壁镶拼组合式凹模

④瓣合式凹模对于侧壁有凹陷或凸台的凹模，为了塑件成形后便于取模，凹模由两瓣或多瓣组成。如图2-35所示。

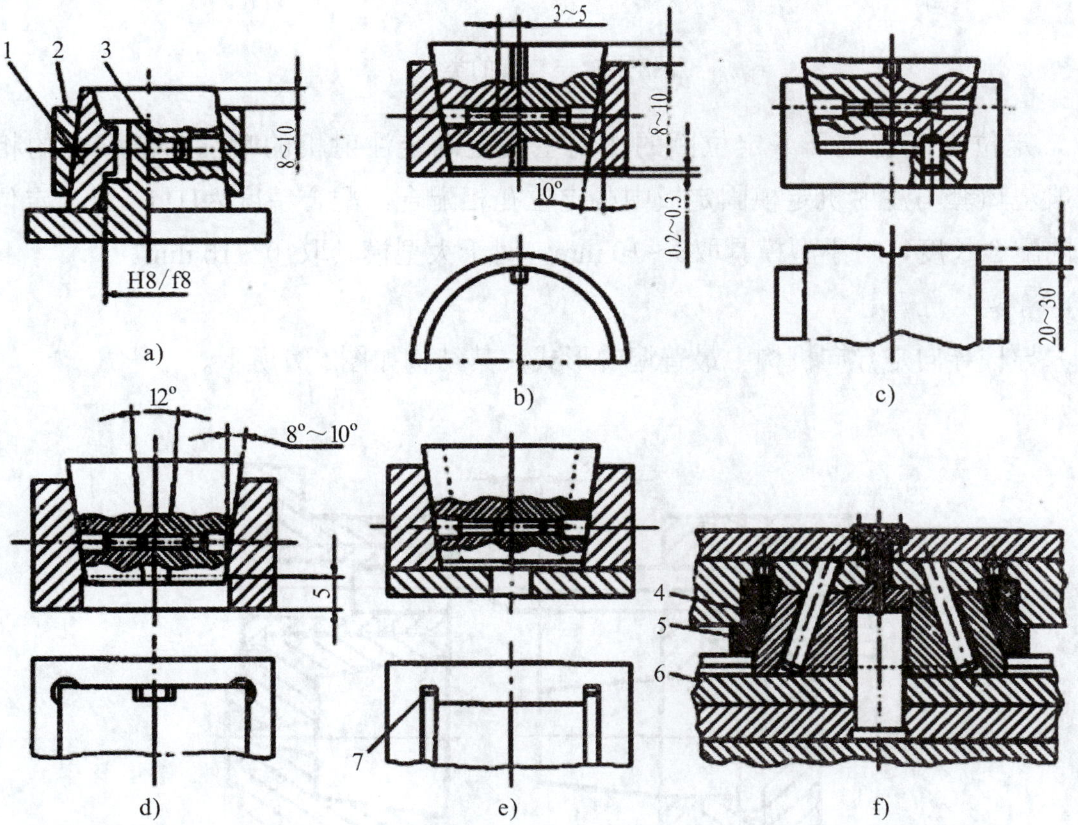

1—模套；2—拼块；3—导销；4—滑块；5—楔紧块；6—推件板；7—斜滑槽

图2-35　两瓣组合式凹模

2.浇注系统的选用

（1）浇口套（主流道衬套）　常用的浇口套类型如图2-36所示。其中（b）、（c）型是为了防止浇口套在熔体反压力作用下退出定模而设置的，使用时用固定在定模上的定位圈压住浇口套大端台阶即可。对于小型注射机，可将浇口套与定位圈做成一体，如图（a）所示。一般浇口套与定模部分的厚度一致，要求主流道出口处的端面不得突出分型面上。浇口套与定模之间的配合采用H7/m6。

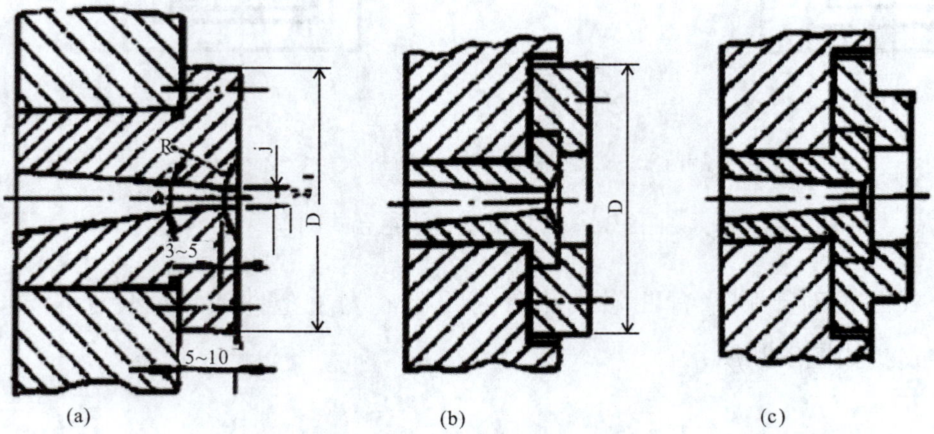

图2-36　浇口套的类型

（2）定位圈（定位环）定位圈的作用主要是确定注射机的喷嘴与浇口套的相对位置。一般浇口套与注射机定模固定板中心定位孔相配合，配合精度为H11/h11，定位圈与定位孔的配合长度，对小型模具取8～10 mm，对于大型模具取10～15 mm。

3.导向零件的选用

（1）导柱导向是导向机构中最普遍的形式，其结构如图2-37所示。

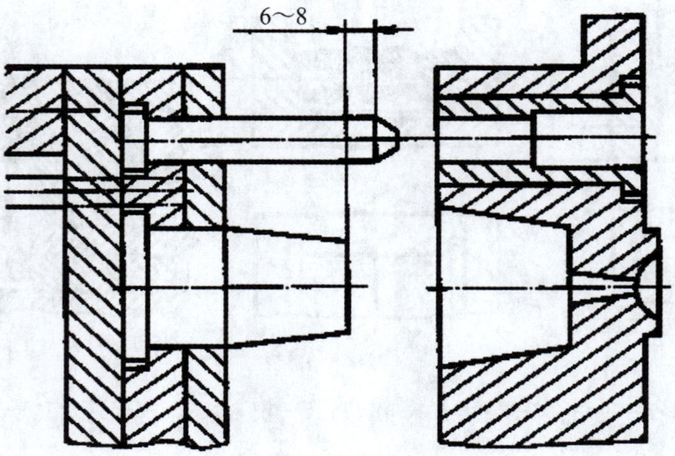

图2-37　模具导柱导向装置

（2）导柱导向的选择要点。

①导柱的长度应比型芯端面高出6～8 mm，以引导动、定模正确闭合。

②导柱、导套应有先导部分，一般做成锥状或圆弧状。

③导柱与导套的配用形式可参考图2-38所示。

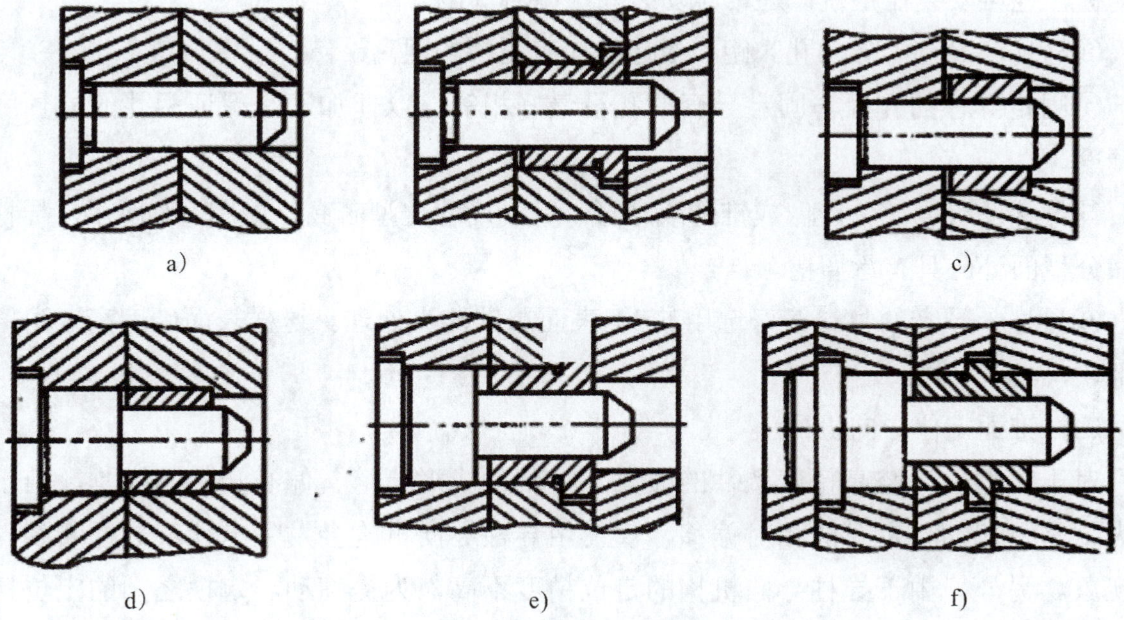

图2-38　导柱与导套的配用形式

④导柱与导向孔（或导套）的配合一般为H8/f8。

⑤导柱的布置必须保证动模、定模按一个方向合模。通常采用相同直径不对称布置或不同直径对称布置，如图2-39所示。

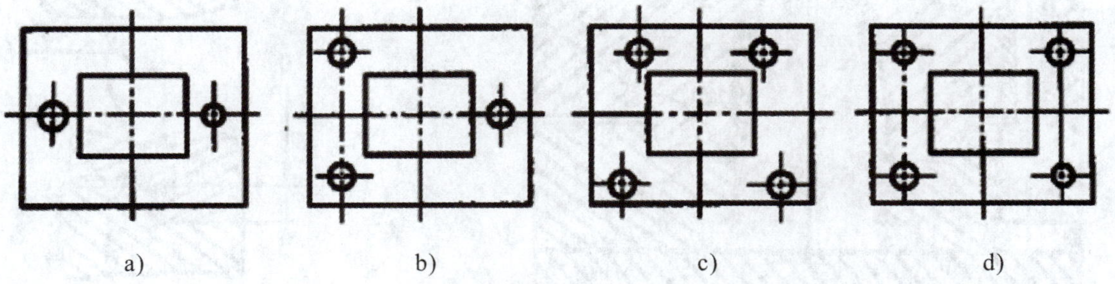

图2-39　导柱的布置方式

导向装置配置形式及使用场合：图2-39（a）所示为A型导柱与A型导套的配合，适用于一般模具；图2-39（b）所示为B型导柱与B型导套的配合，适用于减少模套配合长度的模具；图2-39（c）所示导柱与导套的配合，适用于凸模比较厚或模具比较大的场合，以增强模具的强度；图2-39（d）所示导柱与导套的配合，适用于模具的凹模落差比较大的场合，以便于取成品件而不致于沾上油污。

（3）导向装置的配置要求

①导柱的数量要求。一般导柱的数量取2～4个。尺寸较大的模具一般取4个，有时为了避免装反动、定模，可将导柱设置为不对称分布或采用不等径导柱结构。

②对于压缩模，为了便于脱模，导柱通常安装在上模；对于注射模，导柱可以安装在动模，也可安装在定模，通常是安装在主型芯周围。

③导柱和导套（导向孔）距模板边缘应有足够的距离。

④固定导柱的孔径与固定导套的孔径最好相等，以便加工，保证两孔的同轴度和尺寸精度。

⑤导柱的引导部分应做成锥形或球形，其高度应比型芯高，如图2-37所示，导柱与导套在分型面处应具有承屑槽。

⑥导柱、导套的材料最好选用20#钢表面渗碳淬火处理。这样表面硬度高、耐磨，而心部软，具有韧性。

（4）锥面定位导向机构

对于大型、深腔高精度塑件的模具，特别是成形薄壁、偏心塑件的模具，由于侧压力大，易引起动、定模的相对偏移，仅使用导柱导向机构会发生卡死或导柱断裂、损坏等现象。另外，由于导柱导向机构的定位精度不高，为提高动、定模之间的定位精度，承受大的侧压力，需增设锥面定位机构，如图2-40所示

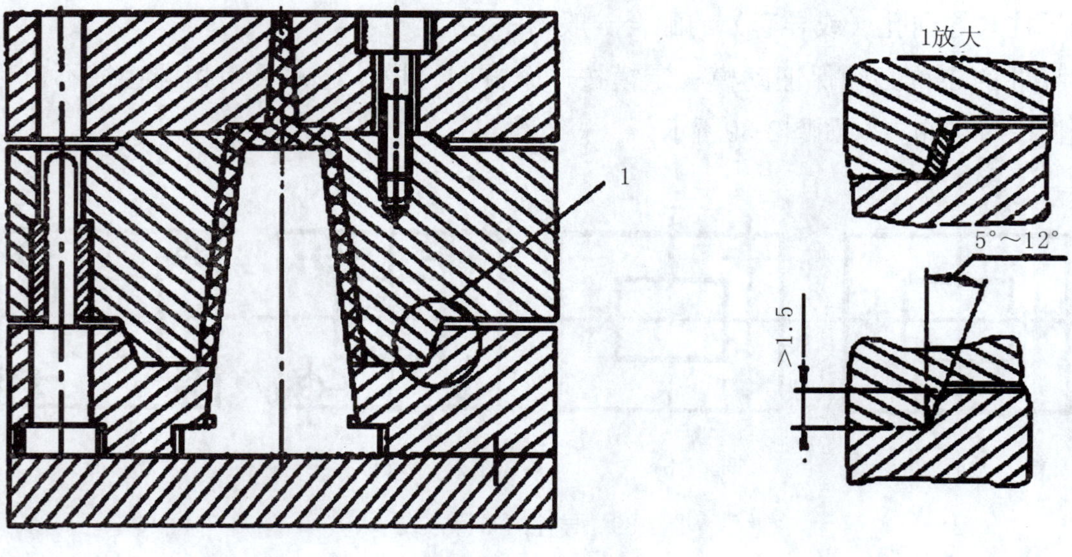

图2-40　锥面定位机构

锥面配合有两种形式：一种是两锥面间镶上经淬火的零件；另一种是两锥面直接配合，此时两锥面均应热处理达到一定的硬度。

4.支承零件的选用

主要包括动模（上模）座板、定模（下模）座板、动模（上模）板、定模（下模）板、支承板、垫块等。注射模具的支承零件的典型组合如图2-41所示，它起着装配、定

位、安装的作用。目前支撑零件大部分已标准化，可根据模具的使用要求和结构特点进行选取。其具体选取时注意以下几点。

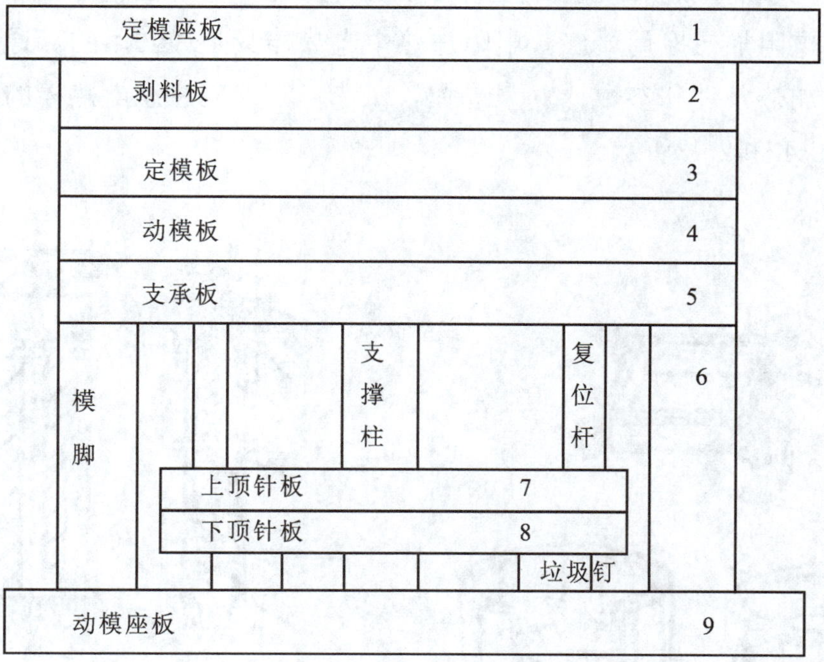

图2-41　支承零件的典型组合

（1）选用动模座板和定模座板时，座板的轮廓尺寸和固定孔必须和成形设备上的模具安装板相适应。另外必须具有足够的强度和刚度。

（2）动模板和定模板的作用是固定型芯、凹模、导柱和导套等零件，所以也称固定板，其选用方法要根据塑料模具的种类进行。

（3）支承板是垫在固定板背面的模板，它的作用是防止型芯、凹模、导柱和导套等零件脱出，增强这些零件的稳定性并承受型芯和凹模传递来的成形压力。支承板与固定板的连接通常用螺钉销钉紧固。支承板的选用主要要求应具有足够的强度和刚度，以便承受成形压力而不变形。

（4）垫块（模脚）主要作用是使动模支承板与动模座之间形成用于推出机构运动的空间和调节模具总高度以适应成形设备上模具安装空间对模具总高度的要求。在选用垫块时，其高度应根据上述需要而定。有时模具的成形压力较大可用几个支撑柱配合使用，一般支撑柱要比模脚高0.10 mm左右。垫块与支承板和座板的组装方法如图2-41所示，要求两边垫块高度应一致。

（5）复位杆　保证动、定模在合模时的准确位置。

（6）支撑柱　增强支承板的承压力。

（7）支承钉　（垃圾钉）避免推板的整体接触，以免有垃圾时影响定位

5.加热器及冷却装置的选用

（1）加热器的选用　模具的温度对塑件质量影响很大。模温过低，塑料熔体流动性差，容易产生充不满型腔和使塑件产生熔接痕，因此，需对模具进行加热。模具加热方法很多，其中电阻加热应用最广。电阻加热中电热棒又是最常用的。通常电热棒的功率及数量可根据加热条件和参数计算来选择。在选择时，应注意电热棒的外形要与安装空间相符，如图2-42和2-43所示。

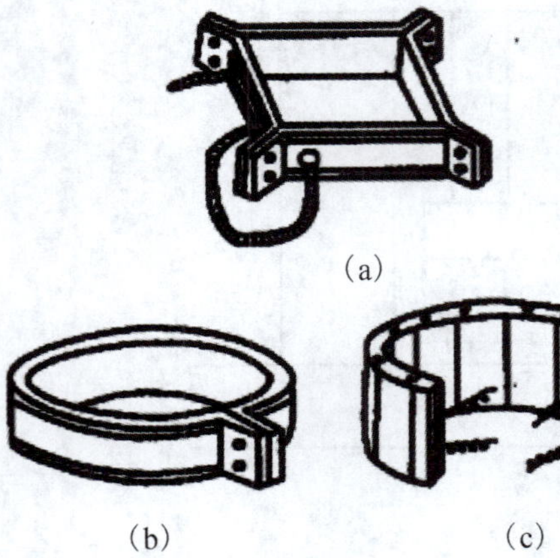

图2-42　加热圈的形式和

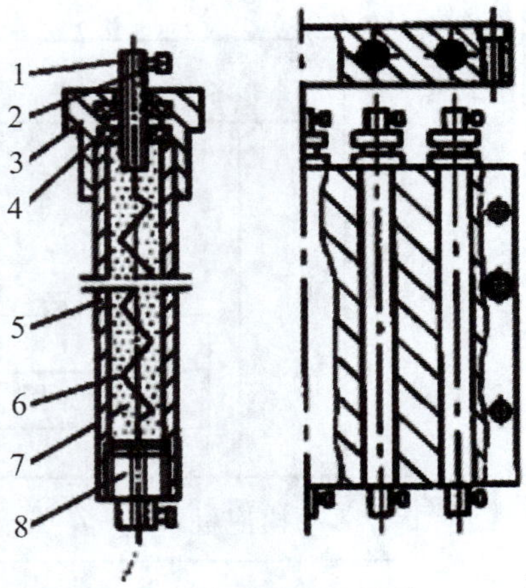

1—接线柱；2—螺钉；3—端盖；4— 垫圈；5—外壳；6—电阻；7—石英砂；8—螺塞

图2-43　加热棒及其安装

（2）冷却系统的选用　冷却系统选用时应满足以下要求：

1）冷却道布置要合理 当塑件壁厚基本均匀时，冷却流道与型腔的距离最好相等。当壁厚不均匀时，应在壁厚处加强冷却。同时加强浇口附近的冷却作用，因为塑料熔体在充填过程中，一般在浇口附近温度较高，所以冷却水应从浇口附近开始流向其他方向；

2）在满足冷却所需的传热面积和模具结构的前提下，冷却回路数量应尽量多，冷却通道的孔径应尽量大，模温有95 %由水路带走，5 %由空气中辐射带走；

3）冷却通道应尽量避免靠近可能产生熔接痕的部位，水孔与其他配件之间隔不小于3 mm；

4）冷却水回路应有利于减小冷却水进、出口水温的差值，一般模具冷却入口与出口之温差须在5 ℃之内；

5）冷却水回路结构应便于加工和清理。其孔径一般取8～12 mm；

6）凸、凹型芯（模仁）一定要有水路。要求尽可能做四到六个回路（除了模仁要有水路之外，模板也要有水路）。为了缩短成形周期，三板模之上固定板，剥料板必须加水路，水路大小为∅8.0或∅10.0。其目的是防止变形，造成精度降低（例如，因模板热量不平衡，发生膨胀，导致GP变形）。滑块比较大（大于80）的时候，为了冷却平衡，滑块要做水路，可避免拉伤，毛边。

（3）水路设计时注意事项

1）模具设计时，水孔布置应优先于销孔、螺丝孔；

2）流道浇口附近较高温处，应使冷媒先流入；

3）制件较厚之处应与水孔距离较近；

4）冷却水路须沿较大收缩方向设置，可防止变形；

5）应避免存水区；

6）水路之布置除冷却效果外，亦应注意模温的平衡，水栓接头为PT1/8（∅8.0水路）及PT1/4（∅10水路），攻牙深度如图2-44所示。

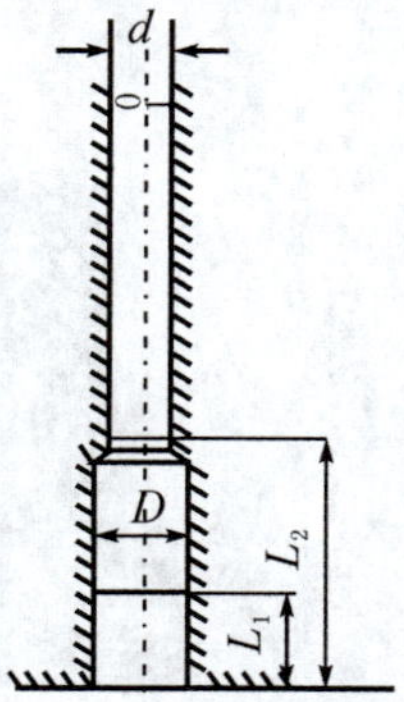

	d	D	L_1	L_2
PT1/4	∅10	∅11.5	10	15
PT1/8	∅5	∅8.6	10	15
PT1/8	∅6	∅8.6	10	15

图2-44 螺旋式冷却水路型心

7）设计时各水路平面图须绘出，注意不可与其他孔件干涉导致破孔。应满足图2-45所示要求。

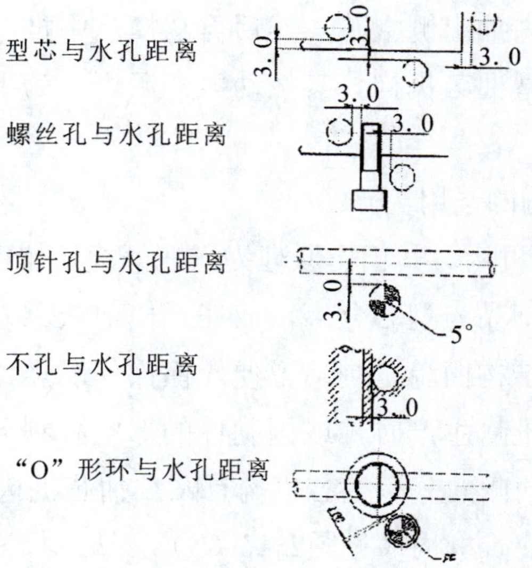

图2-45

（5）模具温度调节的介质

1）模温的调节所使用之冷却媒体有：水、油、乙烯乙二醇等。

2）模温调节须使用模具温度调节机来控制温度高低，模温在90°C以下，使用水来调温.较高温时，则须使用油或乙烯乙二醇。特高温时亦可用加热管束加热。

（6）冷却水路的形式如图2-46所示。

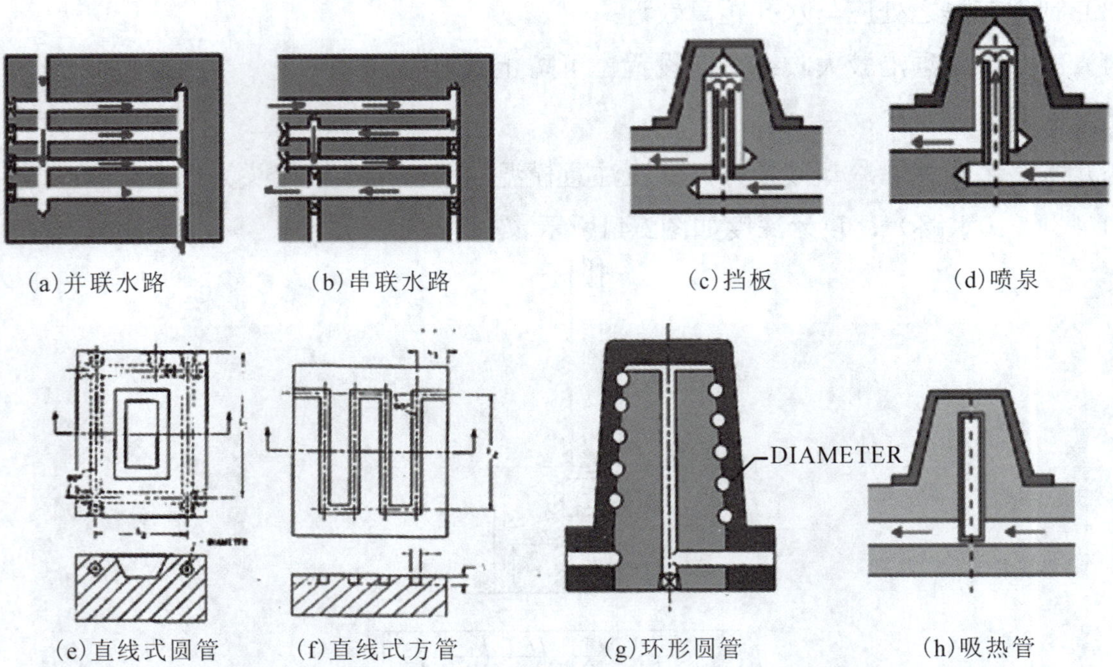

图2-46　冷却水路的类型

6.侧向分型抽芯机构的选用

（1）侧向分型抽芯机构的分类当制品侧壁带有的与开模方向不同的侧孔或侧凹等妨碍制品成形后直接脱模时，必须将成形侧孔或侧凹的零件做成活动的，这种零件称为侧抽芯，在制品脱模前必须先抽出侧型芯，然后再从模具中推出制品，完成侧型芯的抽出和复位的机构称为侧向分型抽芯机构。其按动力来源可分为手动、机动、气动或液压三大类。

（2）侧向分型抽芯机构的选用

1）手动侧向分型抽芯机构。其工作原理为：在开模后依靠人工将侧型芯或镶块连同制品一起取出，在模外使制品与型芯分离，或在开模前依靠人工直接抽拔或通过传动装置抽出侧型芯。其特点是结构简单、制造方便，但操作麻烦、生产效率低、劳动强度大且抽拔力小。因此只在小批量生产时，或因制件的形状限制无法采用机动抽芯机构时才采用手动抽芯。常见的手动侧向分型抽芯机构有螺纹抽芯机构（见图2-47（a））、齿轮齿条抽芯机构、活动镶块抽芯机构（见图2-47（b））所示。其他形式抽芯机构等，可根据制品的结构形式及生产效率予以选定。

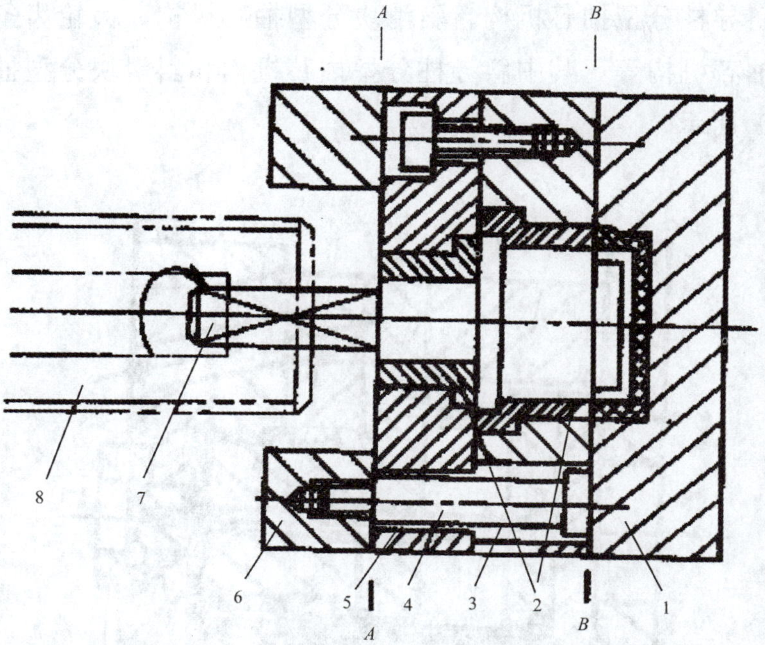

1—动模座板；2—衬套；3—动模板；4—定距螺钉；5—支承板；
6—支架；7—螺纹型芯；8—注射机开合模丝杠

图2-47（a）　带自动卸螺纹机构的注射模

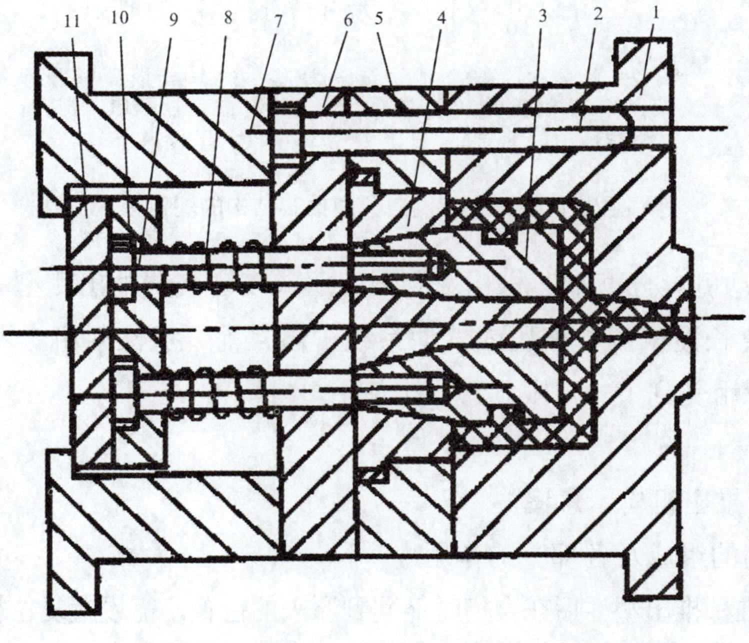

1—定模座板；2—导柱；3—活动镶块；4—型芯；5—动模板；
6—支承板；7—模脚；8—弹簧；9—推杆；10—推杆固定板；11—推板

图2-47（b）　活动镶块抽芯机构

2）机动侧向分型抽芯机构。其工作原理为：在开模时依靠注射机的开模力，通过传动零件将侧型芯抽出，其动作一般是在凸、凹模开模前进行。其特点是操作简单、抽拔力、抽芯距大、生产效率高等优点。因此在生产中应用较广泛。机动侧向分型抽芯机构按传动方式分为斜导柱分型抽芯机构、斜滑块分型抽芯机构、齿轮齿条分型抽芯机构、其他形式的机动抽芯机构等。其中斜导柱分型抽芯机构和斜滑块分型抽芯机构的应用最广。见图2-47（c）所示。

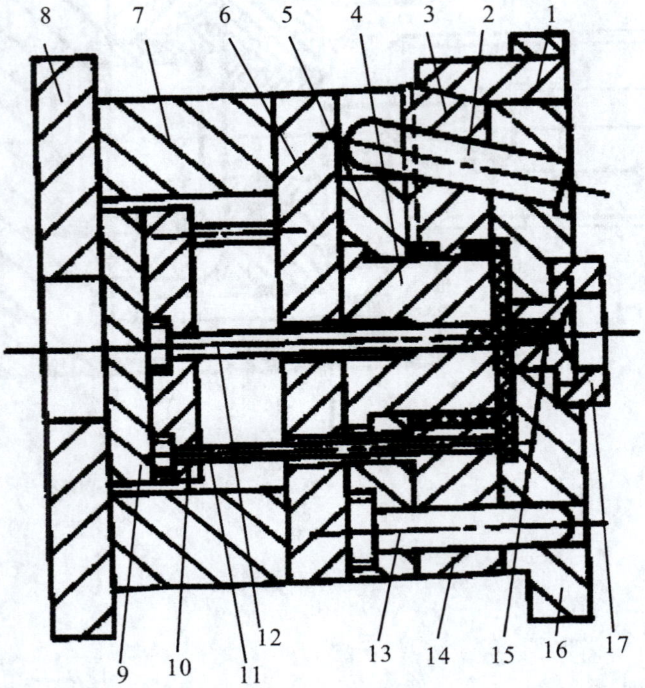

1—楔紧块；2—斜导柱；3—斜滑块；4—型芯；5—固定板；6—支承板；
7—支架；8—动模座板；9—推板；10—推杆固定板；11—推杆；
12—料杆；13—导柱；14—动模板；15—主浇道衬套；

图2-47（c） 带侧向分型抽芯结构的注射模

3）液压或气动侧向分型抽芯机构。利用液压或气动装置抽出侧型芯，可根据抽芯力的大小或抽芯距离长短来调节液压或气动系统。但目前一般注射机上不附有这些装置，所以这一装置的应用受到了一定限制，很少使用。

7.推出脱模机构的选用

如图2-48所示推出机构示意图。

（1）推出机构的组成及各部分的作用

1）为了保证推杆推出塑件后在合模时能回到原来的位置，需设置复位机构，即复位杆；

2）推出机构中，从保证推出平稳、灵活，通常还设有导向装置，即推出机构专用的导柱和导套；

3）支承钉的作用是使推杆推板3与动模座板之间形成间隙，既保证平面度的要求，也利于废料、杂物的去除，另外还可以通过支撑钉厚度的调节来控制推出的距离；

4）在一模多腔的时候还设有拉料杆，以保证浇注系统主浇道的凝料从定模浇口套中拉出，留在动模一侧，以便于取出。

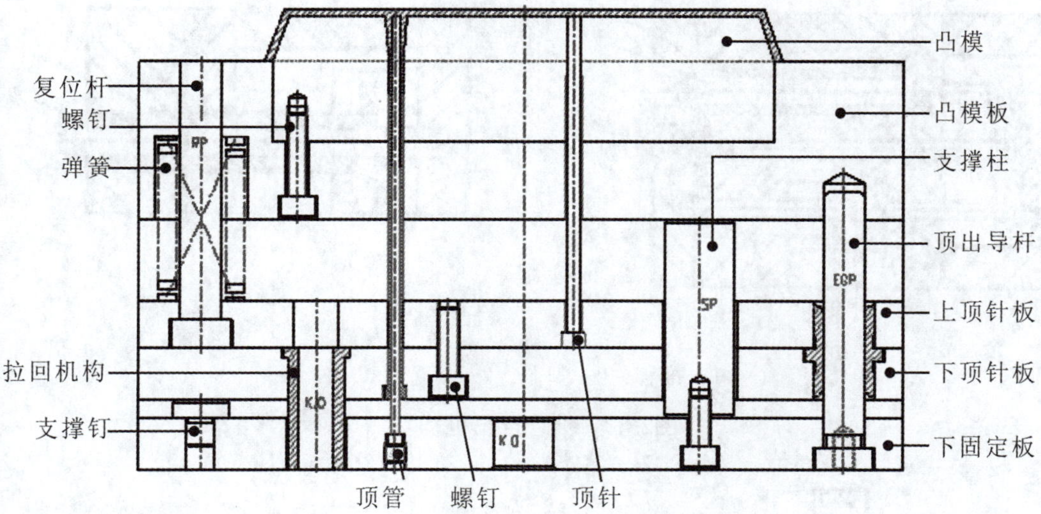

图2-48 推出机构示意图

（2）推出脱模机构的类型　推出脱模机构按推出零件的类别可分为推杆推出脱模、推管推出脱模、活动镶块推出脱模、成形件推出脱模和多组件联合推出脱模等。按推出机构的脱模动作特点分为一次推出脱模、二次推出脱模、动、定模双向推出脱模、带螺纹制品脱模、从定模上反向推出脱模、浇注系统的推出脱模等不同类型。按推出动作的动力来源可分为手动脱模、机动脱模、液压脱模气动脱模等类型。其中手动脱模多用于制品滞留在定模一侧的情况；机动推出依靠注射机的开模动作实现制品脱模；液压和气动推出分别依靠设置在注射机上的专用装置（液压或气动）将制品推出或吹出模具，如图2-49、2-50、2-51、2-52所示。

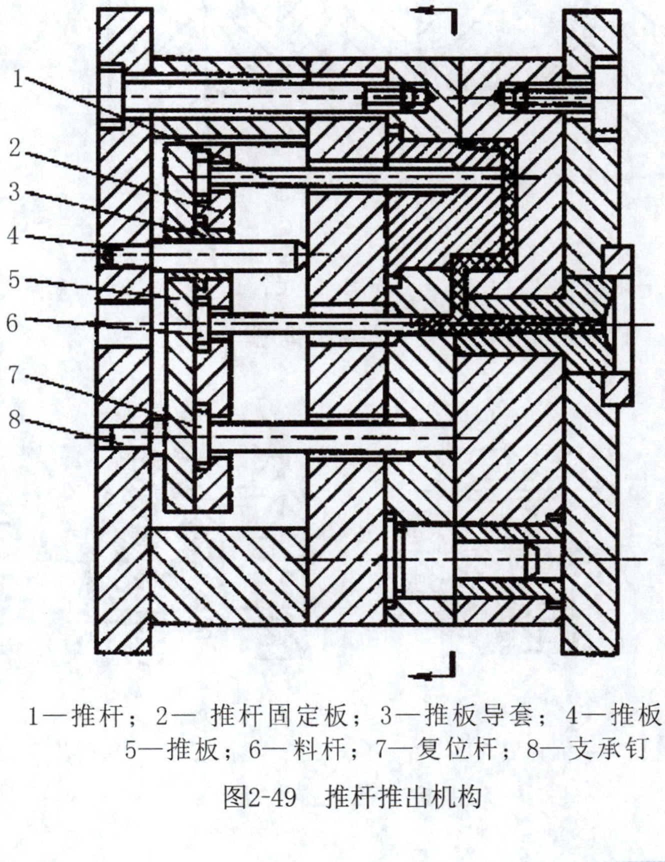

1—推杆；2— 推杆固定板；3—推板导套；4—推板导柱；
5—推板；6—料杆；7—复位杆；8—支承钉

图2-49 推杆推出机构

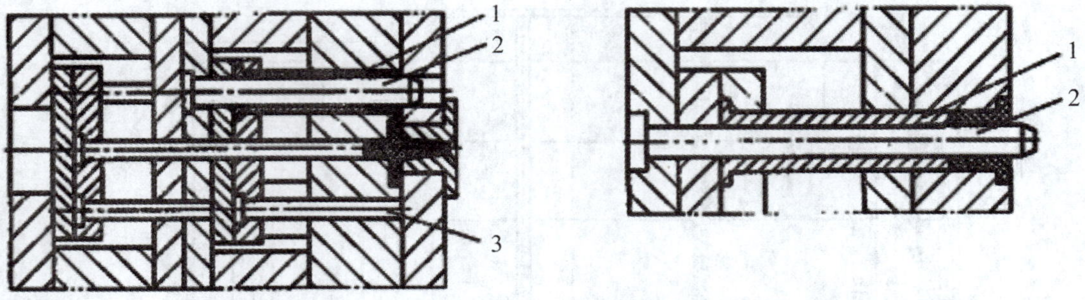

（a）　　　　　　　　　　　　（b）

1—推管；2—型芯；3—复位杆

图2-50　推管推出机构

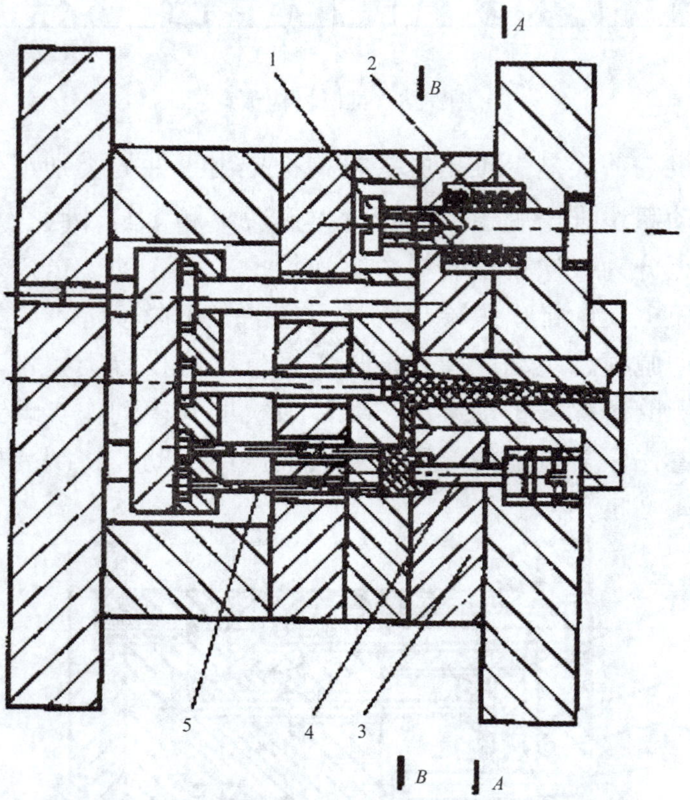

1—限位螺钉；2—弹簧；3—定模板；4—型芯；5—推杆

图2-51　顺序分型推出机构

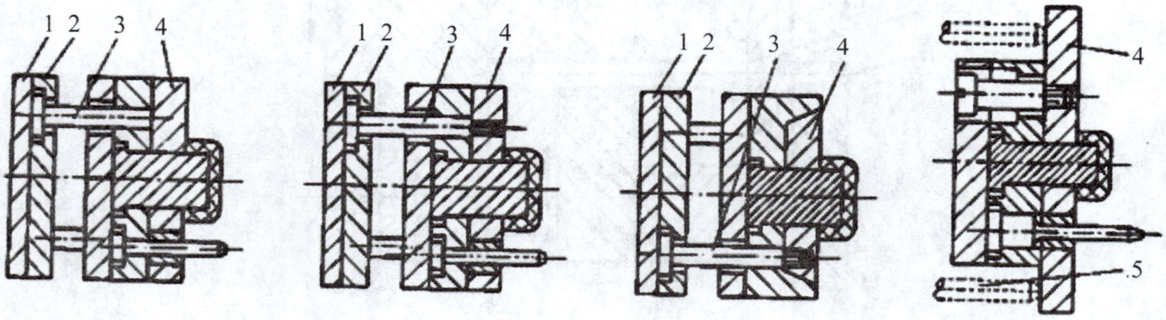

(a)　　　　(b)　　　　(c)　　　　(d)

1—推板；2—推杆固定板；3—推杆；4—推件板；5—注射机顶杆

图2-52　推板推出机构

（2）各种顶出结构各自的优点

1）圆形顶杆价格便宜，便于加工。我们一般会优先考虑使用，套筒（又名司筒）我们常用与有螺母孔的时候，这样可以避免凸模拉伤，取出困难的发生。

2）方形顶杆对肋位的顶出和一些没有空间打圆形顶针有者很好的顶出效果，但比一般的圆形顶杆要贵。在肋位不是很厚的情况，要考虑用台阶式方顶针。

3）推块顶出。我们常用一些透明件不容许有外观缺陷和顶针的痕迹，有些还要作表面印刷及成品的侧壁太深时，框架式制品且不宜打顶针时也会考虑用推块。

4）推板顶出可以满足一些形状特殊，制品不允许用顶杆的时候。

（3）顶杆排布的原则和注意事项

1）顶杆排布要考虑制品本身的结构，使顶出时受力均匀。在强度大的部位（柱位和肋位）要多排顶针。

2）在顶出部位比较薄的时候应使用直径大一点的顶杆，增加受力面积。

3）直径小与等与1.5 mm的顶杆要用带台阶的，增加顶杆的强度和使用寿命。

4）推板顶出可以满足一些形状特殊，制品不允许用顶杆的时候。

（4）推出脱模机构的选用选用时必须根据制品的形状、复杂程度和注射机推出机构结构形式等采用不同类型的推出机构，其选用原则如下。

1）尽量使塑料制品留在动模上，这样有利于利用注射机上的顶出机构来推出制品，且模具的结构比较简单；

2）尽量使制品脱模后不致变形，推力均匀，推力面尽可能大，并靠近型芯；

3）制品在推出时不能造成碎裂，推力应设置在制品承受力较大的部位，如凸缘、肋部等处；

4）尽量不要损伤制品的外观，要求推出机构的位置应尽量设置在制品内部或对制品外观影响不大的部位；

5）推出机构应运动灵活。工作可靠，具有足够的强度和刚度，且制造方便，更换容易。

8.排气装置的选择

（1）模具产生气体的原因

1）模具合模状态下塑料充填时模穴内空气未作完全排出。

2）塑料原料未作完全烘干，本身所存在的水份，经高温后产生的水蒸气。

3）塑料原料经高温熔融后高速填充时，其内部分子分解所产生的腐蚀性挥发性的气体。

（2）模具排气不良所产生的问题

1）制品表面烧焦。填充时塑料高速流动形成对空气的压缩产生高温所至。

2）制品填充不良。塑料填充时，未排出的气体对其流动产生阻力，形成制品局部无法填满。

3）制品合模线明显。塑料填充结合时，气体对其流动产生阻力使其流动放慢，结合时间加长，错过结晶的最佳温度而形成。

4）排气不良产生制品内缺陷。表面凹点.皱纹.气泡.银线等品质不良。

5）模具表面腐蚀。在反复成形过程中，由于排气不良，模腔内部受到高温高压气体挤压而至使其表面损伤。

（3）模具排气的适用场合和注意事项

1）模具流道须作排气。

2）制品成形壁厚较薄（小于0.7）时须作模具排气。

3）制品成形肋位较深（超出壁厚的2倍）时须作模具排气。

4）制品成形面积较大须作模具排气。

5）制品做孔较多（大）时须作靠破面排气。

6）排气位置应设置在结合线出现之部位，根据成形实况而定，但排气通道须在型芯全周作出。

（4）模具排气槽设计要求，如图2-53所示。

排气口宽度：W=5.0、8.0、10.0

排气口深度：H=0.005、0.01、0.015、0.02、0.03

排气口长度：A=1.0～2.0

排气通道深度：H_1=0.5

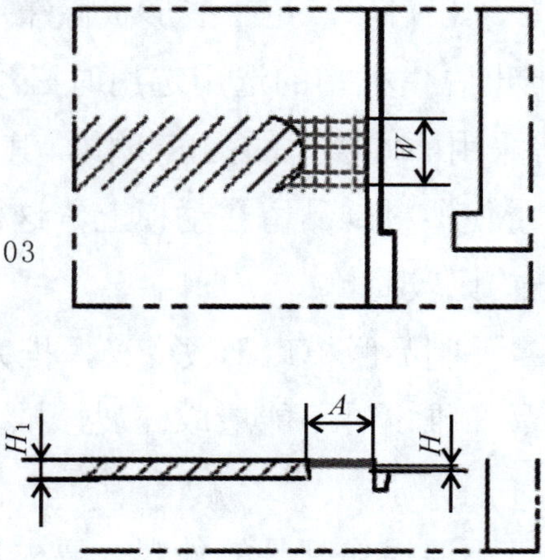

图2-53　排气孔的尺寸要求

1）常见模具排气形式，如图2-54，55，56，57，58所示。

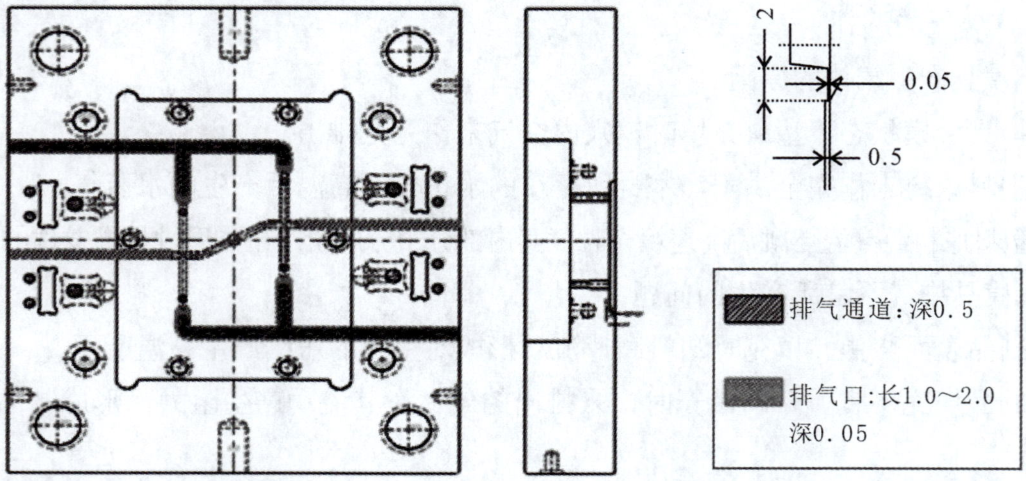

图2-54　流道排气形式图（三板模的定模板）

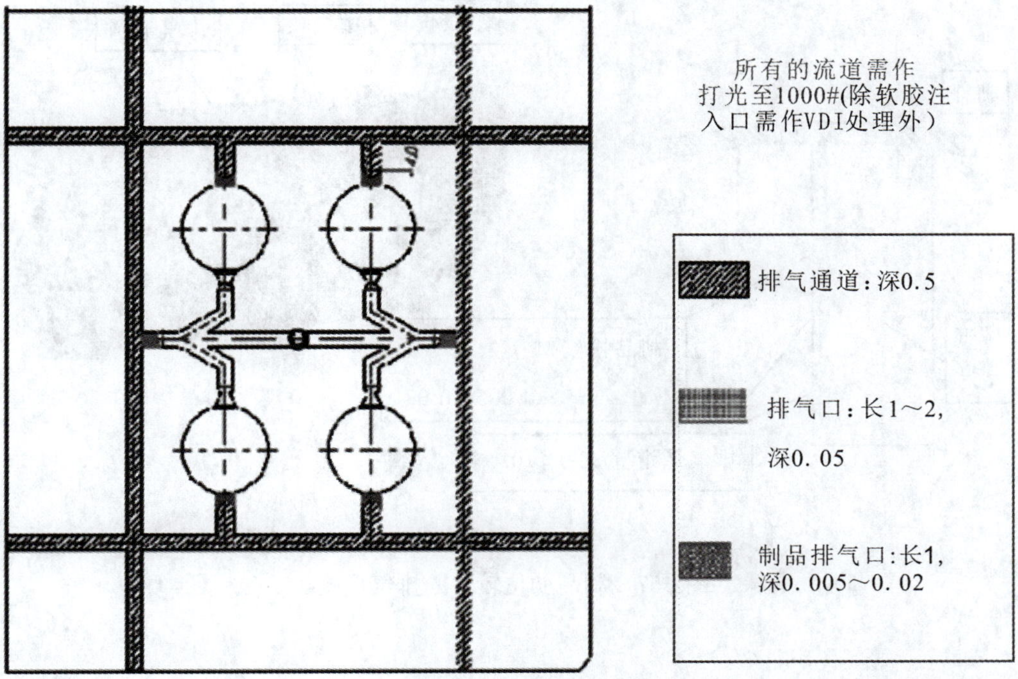

图2-55　流道及制品排气形式（两板模）

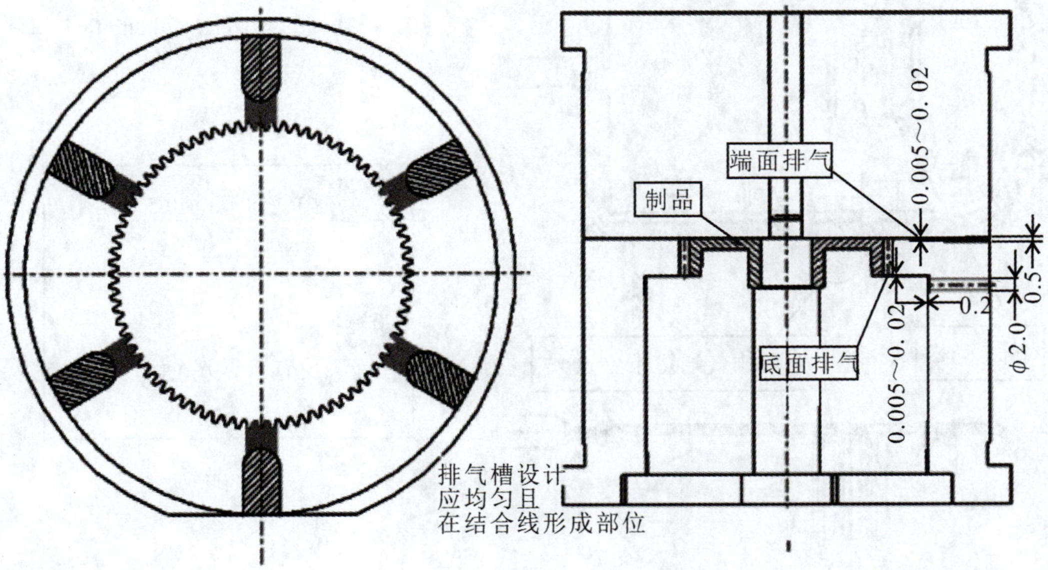

图2-56　制品排气形式（齿轮模）

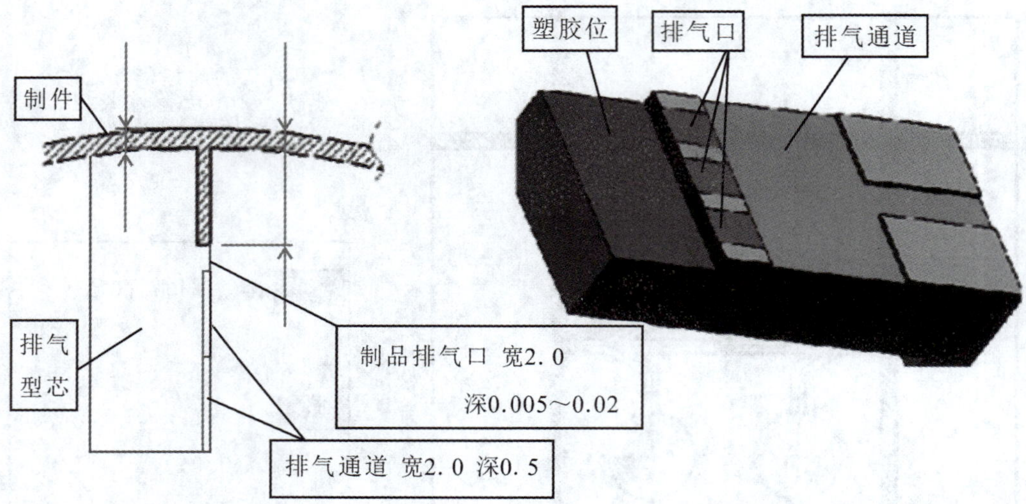

图2-57 制品肋位较深的排气形式

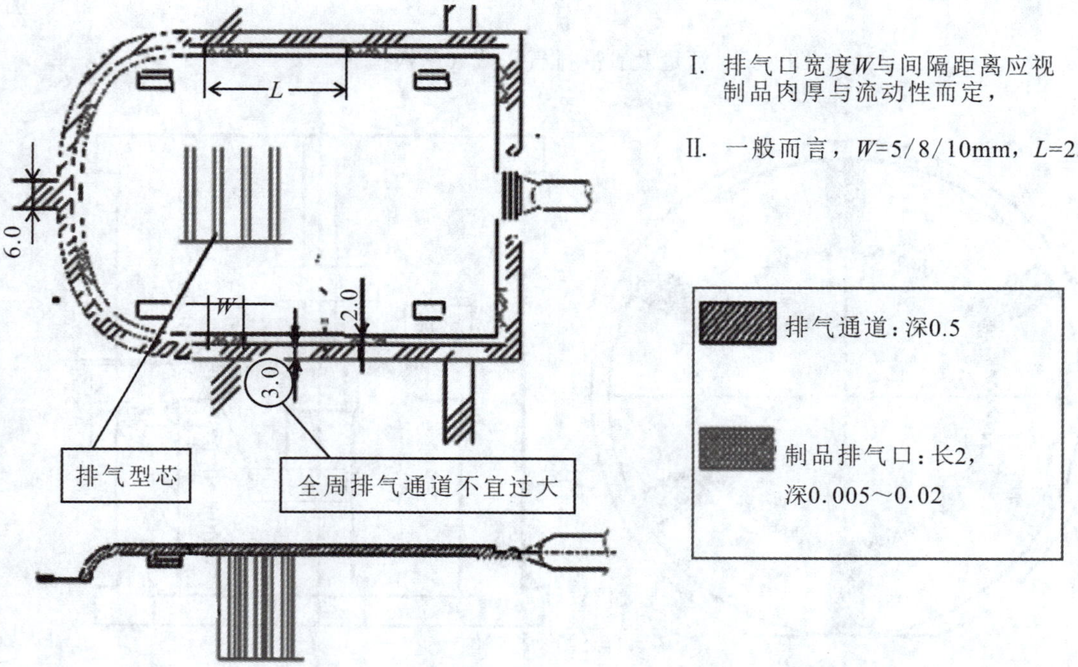

图2-58 制品成形面较大的排气形式

9.塑料模具常用材料的选用

塑料模常用材料及热处理工艺要求如表2-2所示。

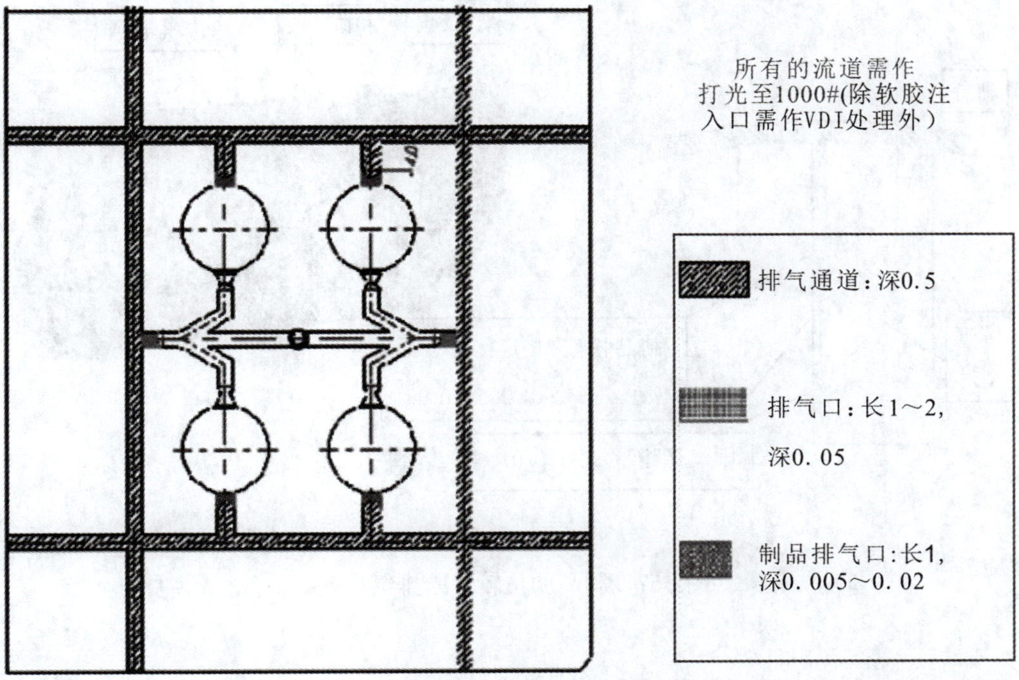

图2-55　流道及制品排气形式（两板模）

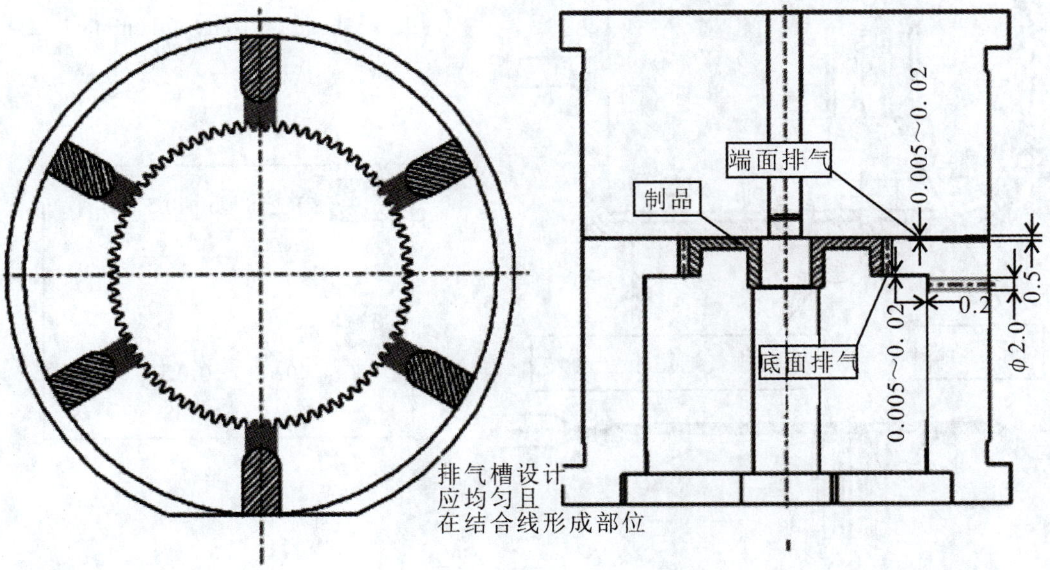

图2-56　制品排气形式（齿轮模）

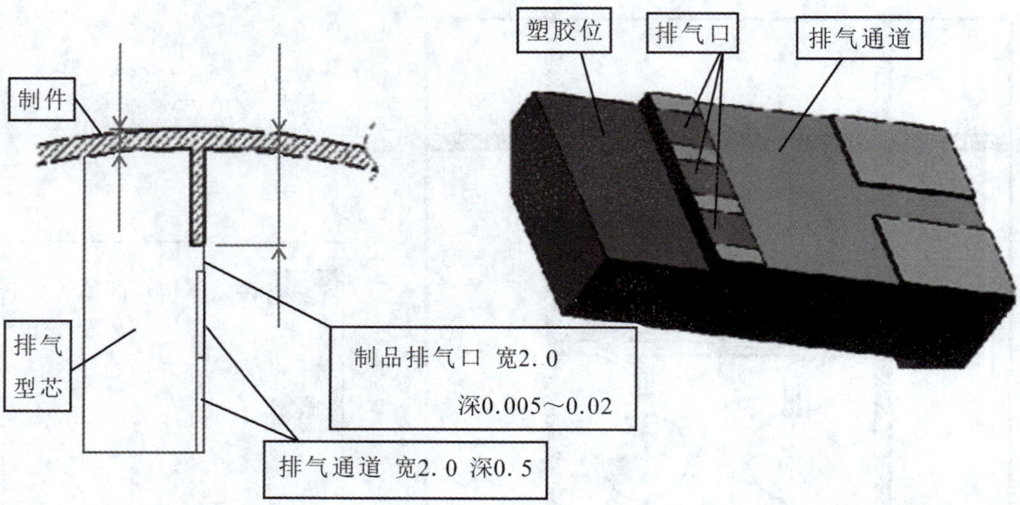

图2-57　制品肋位较深的排气形式

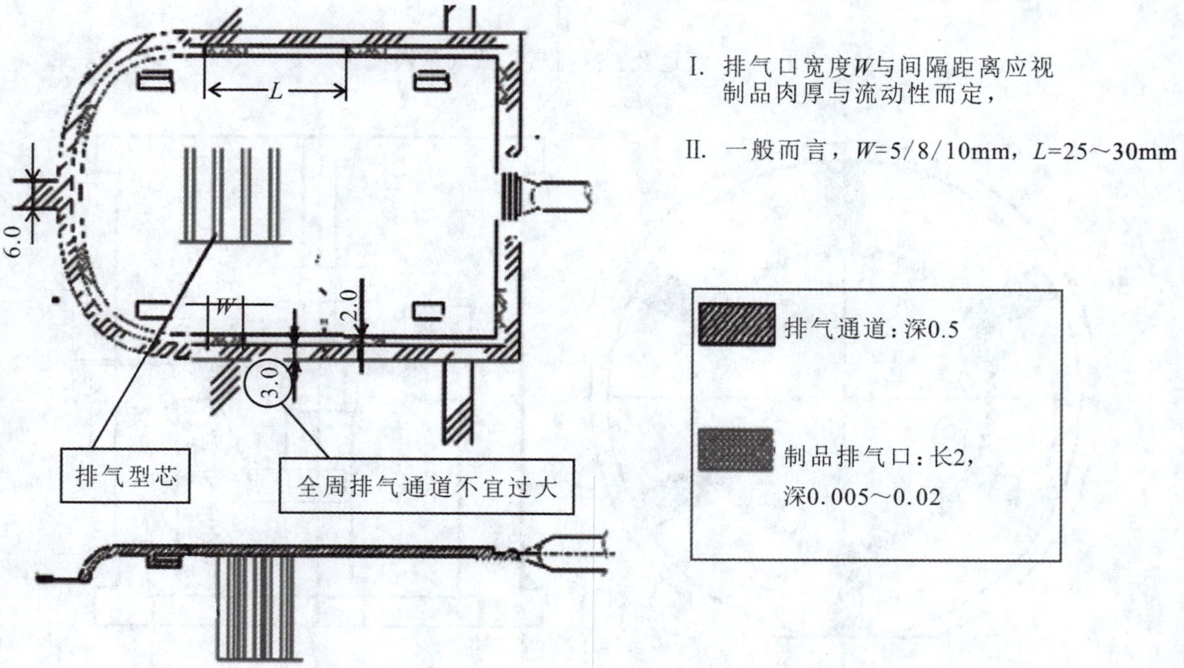

图2-58　制品成形面较大的排气形式

9.塑料模具常用材料的选用

塑料模常用材料及热处理工艺要求如表2-2所示。

表2-2 塑料模常用材料及热处理工艺要求

模具类型		工作条件	对材料性能要求	常用模具材料	热处理	硬度（HRC）
热固性塑料模	批量小、形状简单的压缩模	受力大、工作温度较高（200～250℃）、易侵蚀、易磨损，手动操作时还受到脱模的冲击和碰撞	具有高的强韧性、耐磨性及冷热疲劳抗力，有一定的抗蚀性	20（渗碳）、T8、T10	淬火回火	>55
	工作温度高、受冲击的压缩模			5CrMnCo、5CrW2Si 9CrWMn、5CrNiMo	淬火回火	>50
	高寿命的压缩模			Cr6WV、Cr12MoV、Cr4W2MoV	淬火回火	>53
热塑性塑料模	一般注射模	受热、受压及摩擦不太严重、部分塑料含有氯和氟，在压制时会侵蚀型腔表面	具有较高的抗蚀性及一定的强韧性、耐磨性	5CrMnCo、9Mn2V 9CrWMn、MnCrWV	淬火回火	>55
	高寿命注射模			Cr6WV、Cr4W2MoV、CrMn2SiWMoV	淬火回火	>55
	高耐蚀性注射模			2Cr13、38CrMoAL（氮化）	淬火回火	>35～42

塑料模零件常用材料及热处理工艺，如表2-3所示。

表2-3 塑料模零件常用材料及热处理工艺

零件名称	钢材选用	热处理要求	应用说明
型芯、凸模、型腔板、镶块	45#	调质22～26HRC	用于产量不大的热塑性塑料模
	Y55CrNiMnMoV（SM1）	预硬硬度≤40HRC	用于镜面要求的热塑性塑料模
	8Cr2S、5NiSCa、SM2	淬硬40～45HRC	用于形状复杂、精度要求高、产量大的热塑性塑料模
	T10、9Mn2V、CH、Cr12、CrWMn	淬硬46～52HRC	用于热固性塑料模、小型芯、镶块等
动、定模座板、动、定模板、垫块、模套、支撑板等	45#	不进行热处理或调质230～270HB	
浇口套、拉料杆、分流锥	T10、9Mn2V、CH	淬硬50～55HRC	
导柱、推板导柱、导套、推板导套	20#	渗碳淬硬56～60HRC	
	T8A、CH（7CrSiMnMoV）	淬硬50～55HRC	

四、任务实施

为了增进对模具结构的认识，了解模具零件相互之间的装配形式及配合关系，培养实践动手能力，现进行塑料模具的拆卸、测绘技能训练以达到以上目的。

1.模架的拆卸方法及注意事项

（1）模架组成　模架包括定模座板（上固定板）、卸料板、凹模板、凸模板、支承板、推杆固定板（上顶针板）、推板（下顶针板）、支撑块（模脚）及动模板（下固定板）组成。模架现在基本上已标准化了，由专业厂家生产，根据模具生产需要到专业厂家定做。其组成平面图如图2-59所示。模架的规格如图2-60所示。

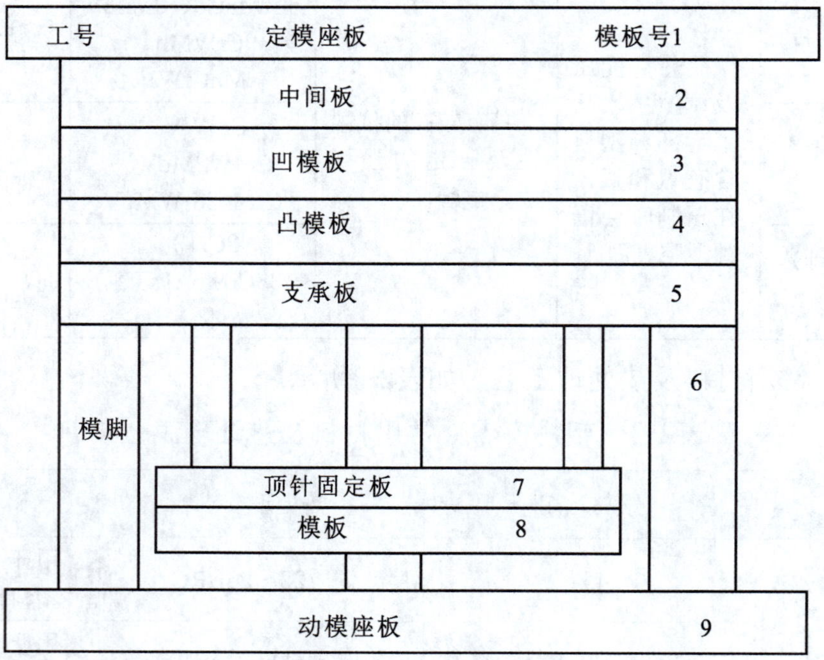

图2-59　模架的结构组成

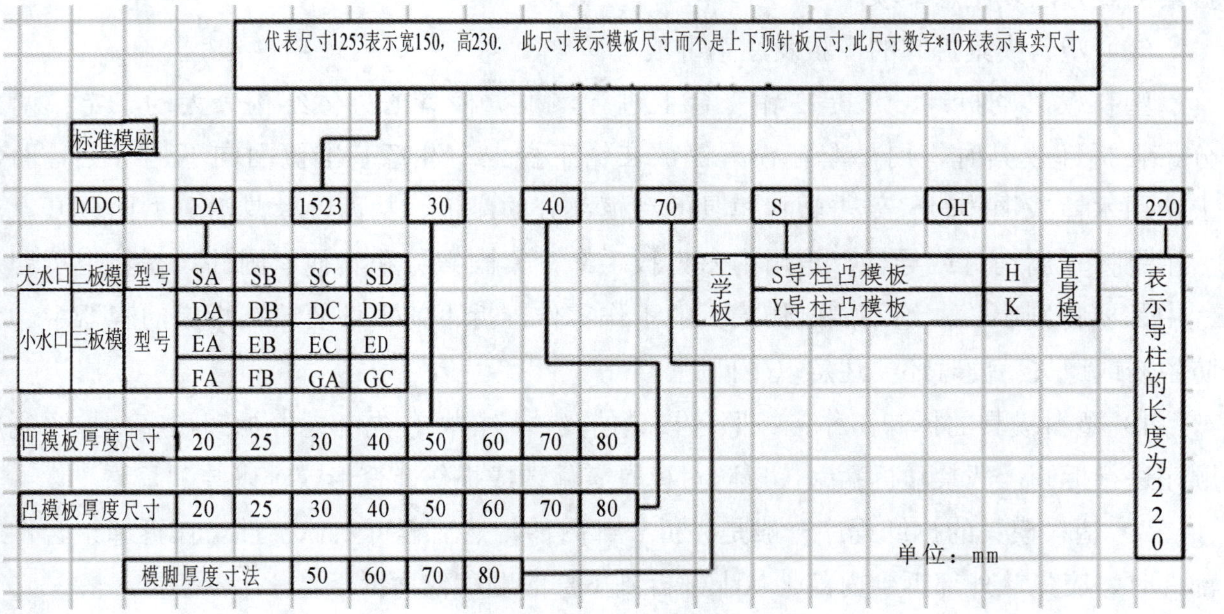

图2-60　模架的规格

（2）模架的拆卸方法及注意事项　模架在拆卸前首先要打工号，其目的是：便于厂区内管理和部内加工；为装配和加工提供基准的作用；基准孔的位置或导柱大小与其他三个孔不一样。

（3）模架拆卸方法及步骤

1）先将重量记录在各组模具责任本上。

2）拆包装，将模具正面方向向上吊到钳工桌上（基准面向下）。

3）测量各板的尺寸是否与图相同，如相同可打工号，如不同则向工务报备将板退回。

4）基准角左上方打工号，基准角对角打模板序号。双色模一次打-“A”，二次打-“B”，二次上、下固定反面中间打上工号，方便成形作业。

5）拆模座检查配件是否齐全。

6）将各板发到各单位加工（如线割，数控加工，传统铣床等）。板要和图纸一起到各加工现场，如需改图面尺寸必须报请设计人员更改，以方便机加工，禁止私自更改。

7）将拆下的包装纸皮与铁皮卷在一起丢在绿色回收垃圾筒。桌面的铜棒，工具收回，放回原来位置。桌面保养干净，以便下位同事使用。

2.塑料模具的拆卸、测绘

（1）塑料模具的拆卸、测绘准备工作：选择中等复杂程度的塑料模具一副（可根据实际生产情况选取）。

1）选择必要的操作工具：包括内六角板手、拔销器、铜棒、平行等高垫块、钳工台、铜锤、润滑油、旋具、盛物容器等。

2）选择好测量工具：包括游标卡尺、千分尺、直尺等量具。若有二次元测量仪要掌握其测量方法及注意事项。

（2）塑料模具拆卸的步骤及注意事项

塑料模具的拆卸一般是在钳工台上进行，根据模具的总体结构分为动、定模两部分，在拆卸模具时，用吊车把模具侧放在钳工台上，注意基准侧面向下，有工号面朝上，用木锤或铜棒轻轻敲击塑料模具的动模部分的座板、从而使模具沿分型面分开。然后用铜棒顶出销钉或导柱，再用内六方扳手卸下紧固螺钉和其他紧固件。在整个拆卸过程中都要特别小心，绝不能碰伤模具的工作零件，拆下的零件要放在指定的容器中，以防生锈或遗失。同时还要注意以下问题。

1）塑料模具的拆卸工作应按照各模具的具体结构，预先考虑好拆卸程序。按照先后顺序进行拆卸，严禁猛拆猛敲，以防对模具零件造成损伤、变形或难以装配复原。

2）塑料模具的拆卸程序一般是先拆外部附件，然后再拆主体部件。在拆卸组合件或部件时，应先从外部拆到内部，从上部拆到下部的顺序依次拆。

3）拆卸时，所使用的工具必须保证对合格零件不会造成损伤，应尽量使用专用工具，严禁用钢锤直接在工作零件表面上敲击。

4）拆卸时，对容易产生移位而又无定位的零件，应做好标记，各零件的安装方向也要做好标记，以免在装配复原时浪费时间。

5）对于精密的模具零件，如凸模、凹模和型芯等，应放在专用的盘内或单独存放，以防碰伤工作部位。

6）拆下的零件应尽快清洗，涂上润滑油以免生锈腐蚀。

（3）塑料模具的测绘　模具拆卸完后进行模具测绘，通过测绘有助于进一步认识模具零件，了解模具相关零件之间的装配关系；模具测绘最终要完成所测绘模具的装配图和重要零件图的绘制；由于模具测绘时所用的是游标卡尺、千分尺、直尺等测量工具，测量结果难免有误差，因此需对测量结果按技术资料的理论数据进行“圆整”。然后用“圆整”后的数据来绘制模具装配图，这样才能较好地反映模具结构的实际情况。

3.常用的测量工具

常用的测量仪器主要有游标卡尺、螺旋测微仪、高度规、二次元、三次元等。

（1）游标卡尺

1）游标卡尺的类型。常用的有数显式游标卡尺、刻度式游标卡尺及附表式游标卡尺。图2-61所示。

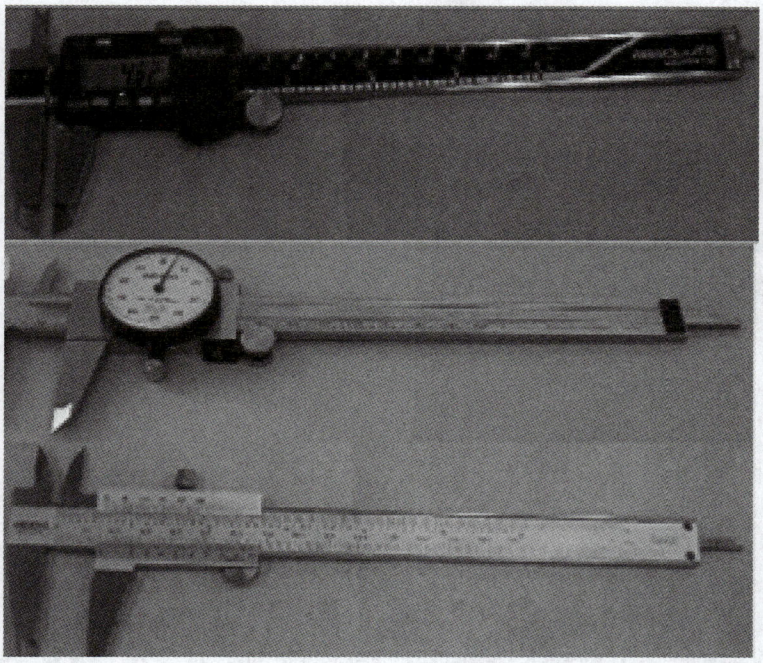

数显示游标卡尺，精度0.01mm

附表式游标卡尺,精度0.01mm

刻度式游标卡尺,精度0.02mm

图2-61　游标卡尺的类型

2）游标卡尺的读数方法。如图2-62所示，精度为0.02 mm卡尺的读数方法。

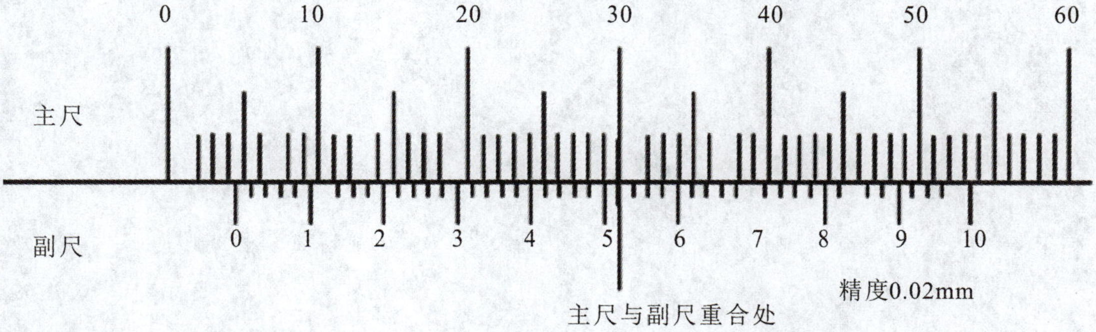

图2-62　游标卡尺的读数示意图

主尺的一格代表1 mm，副尺的一格代表0.02 mm.

读数=副尺0刻度前面的主尺最大整数读数+副尺与主尺刻度重合的格数×0.02

这里的读数=4+26×0.02=4+0.52=4.52 mm

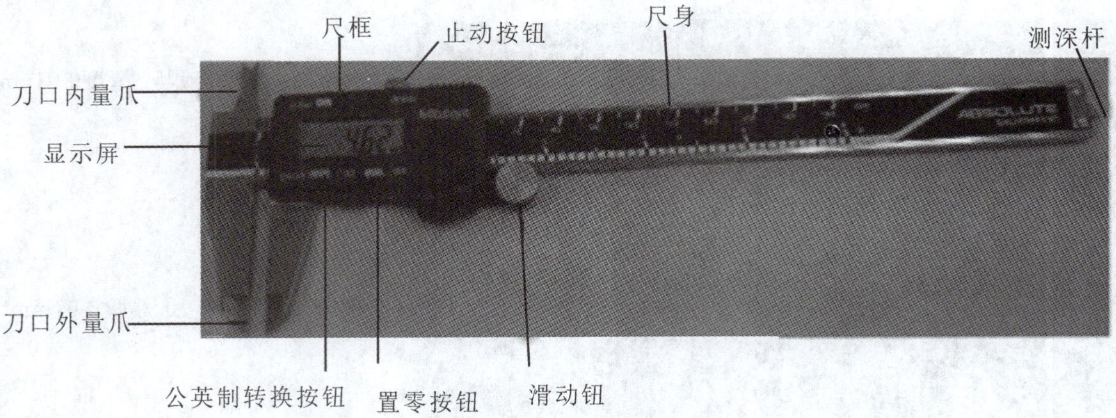

图2-63　数显式游标卡尺示意图

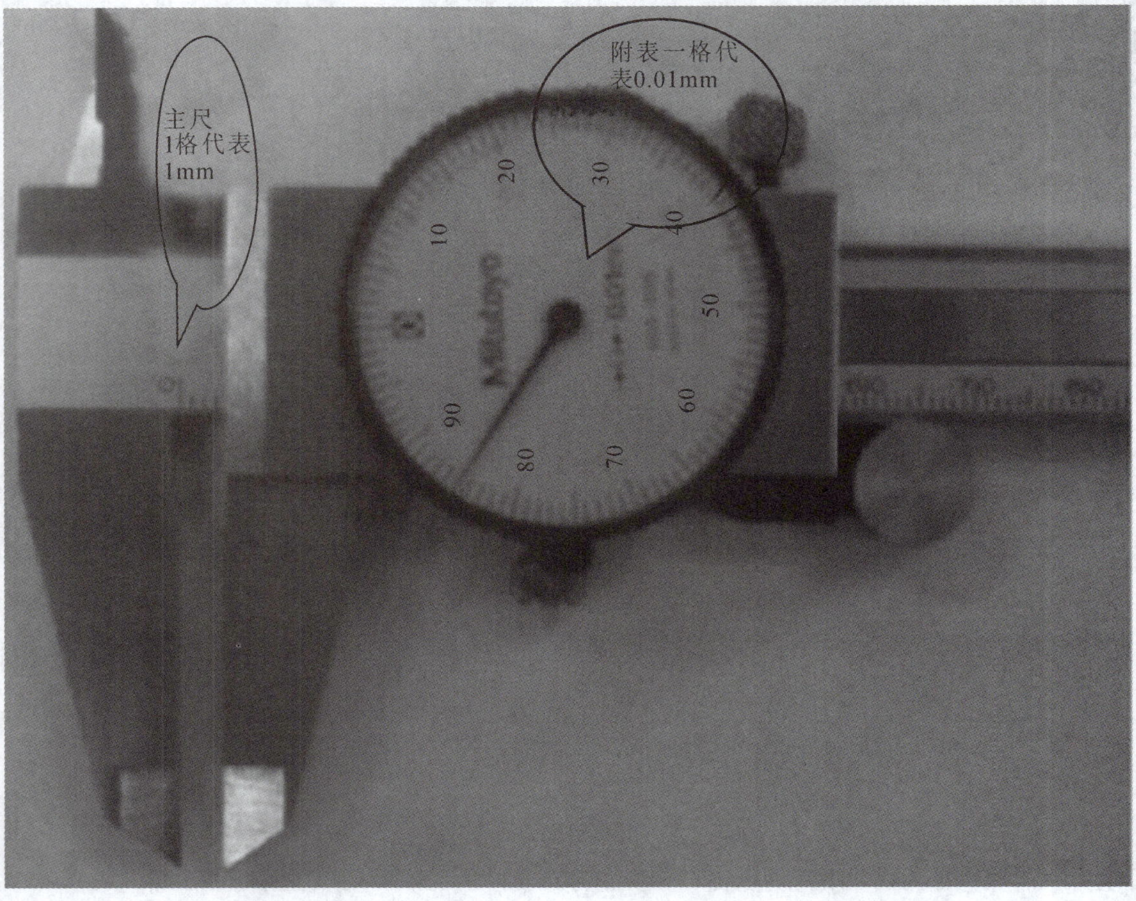

图2-64　附表式游标卡尺的读数方式

①卡尺的工作原理是：通过主尺与副尺的相对运动（英文简写代号为DN）来测量长、宽、高、深度等尺寸。

②测量前确认仪器是否在有限使用期限内或限制使用的仪器，并注意限制使用部位。

③擦拭测定面及各部位的灰尘，油污等；再确认主尺，副尺有无生锈，伤痕等现象。

④测定前要进行零点确认，即保证主尺与光标的测量爪紧贴时，“0”刻度线对齐。

⑤选择合适使用范围、目的、精度的卡尺来量测。

⑥卡尺为内校，效验周期为半年。

3）测量时注意事项

①不可将卡尺剧烈的震动，不可掉落或碰撞，敲打坚硬物品。

②测定时注意外径要取最大值，内径、槽宽读取最小值，卡尺要端平，段差测定要使卡尺保证垂直状。

③使用后用干布擦试附着各部的脏污及指纹，存放时两测定面保持0.05～2.0mm间隙，且要锁定置于卡尺盒内。

④保存时，应不受阳光照射，放置在灰尘少的地方。

⑤长期保存或没有润滑油时， 用布沾防锈油轻轻擦试各部分，以便防锈油能够到达每个角落。

（2）螺旋测微仪

螺旋测微仪的主要组成部分如图2-65所示。

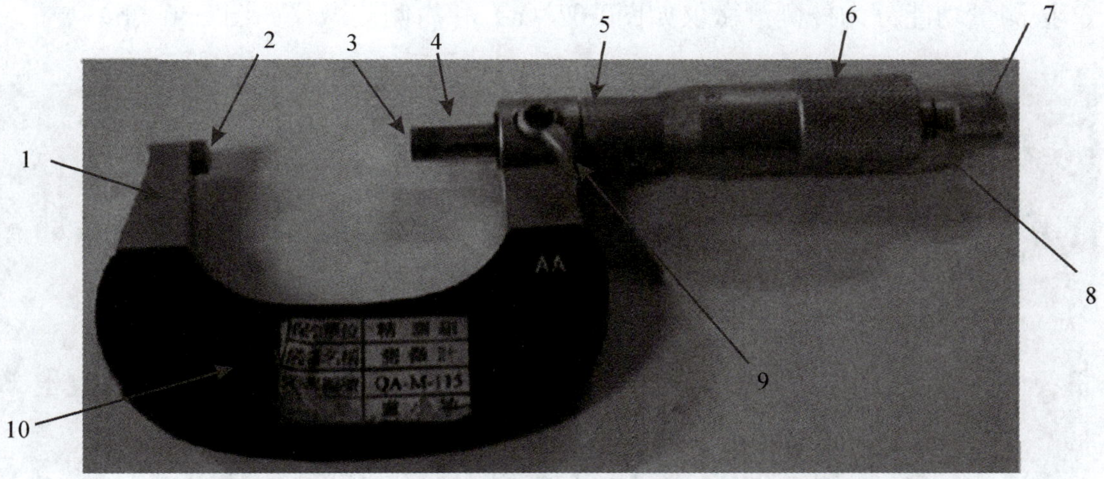

1—框架；2—钻骨；3—尖端钻骨；4—轴心（螺杆）；5—主齿；6—套筒；（微分筒）；7—棘齿停止扭；8—棘齿螺孔；9—锁定夹子；10—隔热板

图2-65 数显式螺旋测微仪示意图

1）螺旋测微的种类

①根据测定功能可分外侧测微计及内侧测微计。根据测头形状可分：柱式测微计，二段柱式测微计，扁头测微计，盘式测微计等。根据读数方式可分直读式测微计及数字显示测微计测微计也可以称千分尺和分离卡本公司（英文简写代号为M）。

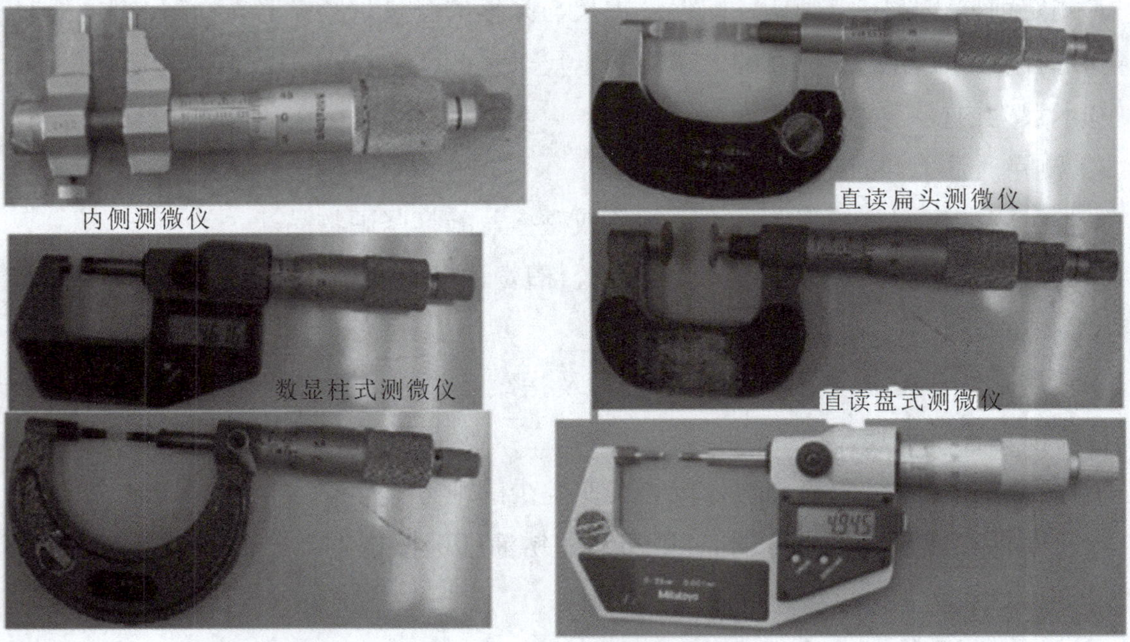

图2-66　螺旋测微仪的类型①

②按测量功能分为外侧测微仪如图2-67（a）和内侧测微仪如图2-66（b）

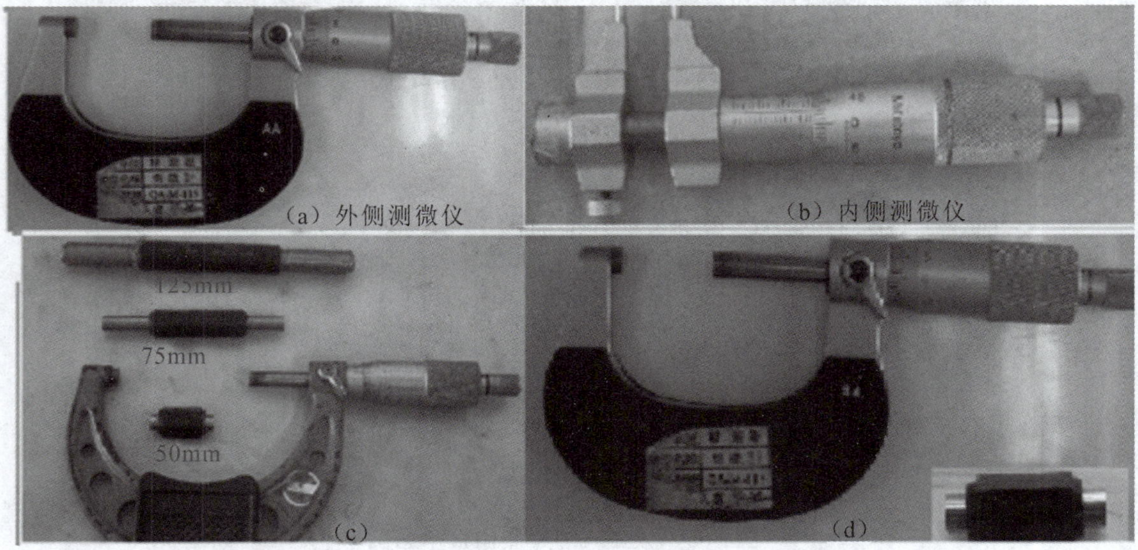

图2-67　螺旋测微仪类型②

③按测量范围分为0～25 mm；25～50 mm；50～75 mm；75～100 mm；100～125 mm；

（3）高度规　如图2-68所示。

1）定义：指相对于某一基准面高度差的测量仪器。

2）适用范围：长度、高度、深度、平面度相互差等尺寸。

3）使用方法：确认电源电压与高度规所使用电压相同后，方可打开电源开关，首先确认测针作动是否顺畅，荧屏显示是否正常，然后将待测制品平放贴在治具上，基准面上设置压力0.1至0.2之间，按“RESET”开始进行测量，测量完毕后，需随手关闭电源开关。治具归回原位。

4）注意事项：归零一定要让探针头接触到零基准面，使用要轻点轻落，防止损坏高度规或测量不稳定；当测量高度超出高度规测量行程时，可使用标准块规辅助测量；平台不可有灰尘，异物附着，测头须轻放于平台上，避免与硬物碰撞，导致平台针头变形而影响测量准确度。

5）保养：定期保养，用布沾防锈油擦试（不可直接喷防锈油）。

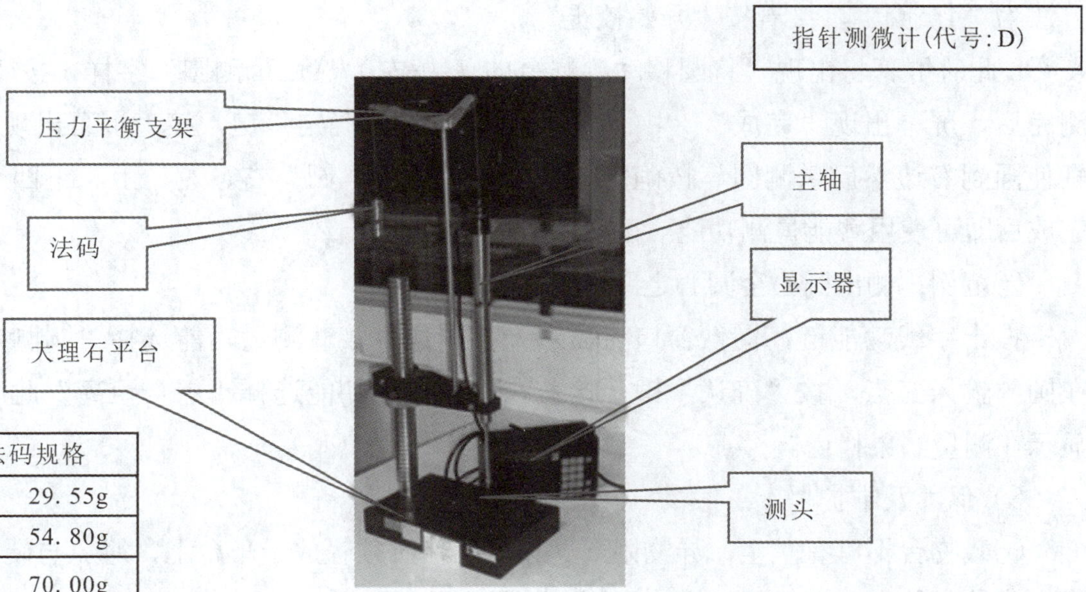

法码规格	
A	29.55g
B	54.80g
C	70.00g

图2-68　高度规的外观图

（4）影像测试仪

1）外观简介：如图2-69所示。

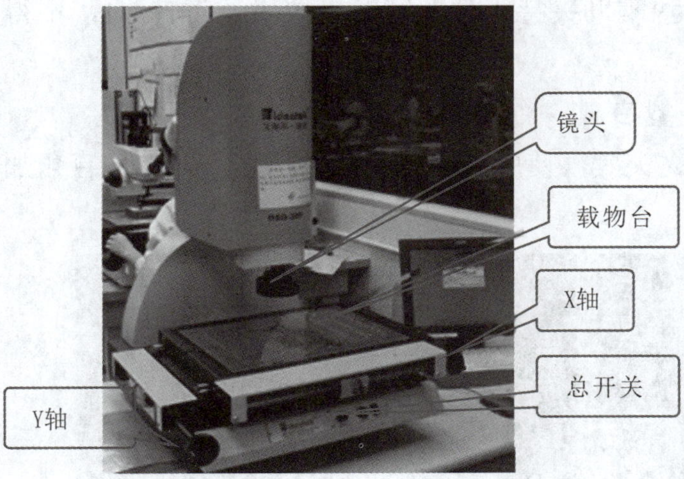

品　　名：影像测试仪
品　　牌：艾帝尔.迪克
软件版本：VIS21
型　　号：OSD-30P
制造厂商：奕汰

图2-69　影像仪的外观图

2）操作步骤

①开启总开关，将底灯及上光源调到适当处；

②开启“VISZ1”测量软件；

③开启后屏幕将出现“把测台移至零点位置，再按“确认”字样，此时手动将X轴往右移到零点，Y轴往上移到零点，按确认键及可进入测量状态；

④如需使用智能量测工具，必须先将镜头进行校正，方可使用。

校正方法如下：

a.按“予动镜头校正”键，进入校正状态，镜头名称为“USER.LENS1”及镜头校正方法为“4个圈”，接着按“开始校正”。

b.此时屏幕将出现“将圆移动到屏幕的（中-左）然后量测圆”字样，按“确定” 量测完后，屏幕出现“完成”（中-左）圆量测。按“确定”键，接着屏幕出现“只移动X轴使圆到右边然后量测圆”按确定，按屏幕提示将“圆”右、左、上、下四个方向检出完成后即可使用智能量测功能.

⑤范例：测出圆心至圆心之距离

按十字线功能键，图像窗口将显示十字图像，接着测量功能选择“圆测定”依序号在圆周输入三点，按“确认”键，接着在组合计算功能选择“组合距离”此时测量值将显示在测量结果栏内。

3）保养及维护

①载物台不可有灰尘，异物附着。设置工作时须轻放于平台上，避免与硬物碰撞。

②接物镜，要比摆放品高，否则会碰触到接物镜。

③用酒精擦试仪器表面保养。

4）其他夹具。见图2-70所示。

①夹圆治具：主要用于顶针，圆型入子取高，也可加工异型型芯。

②直角挡块：一般用三块或四块辅助夹持工件，其高度要大于工件3/4，不得低于1/2，否则研磨加工易出现危险。

③“V”型挡块：一般加工圆型型芯。

④直角虎钳：研磨加工最常用之夹具，使用范围及灵活性比较大，如：直角加工，一些异型工件加工等。

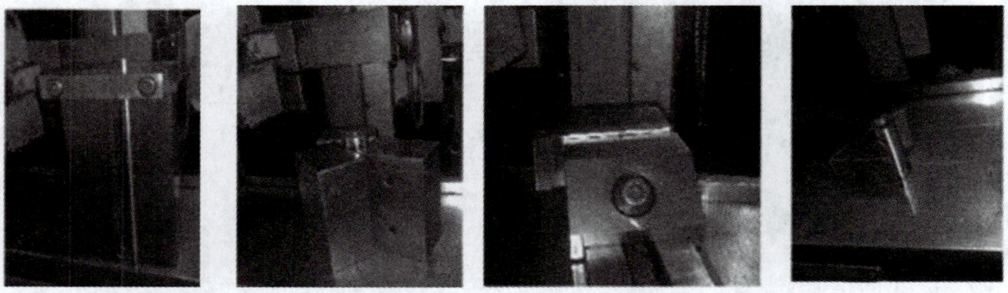

（a）夹圆夹具　（b）直角挡块　（c）直角虎钳　（d）“V”形铁

图2-70　其他夹具类型

（5）三次元　见图2-71。

外观结构说明：

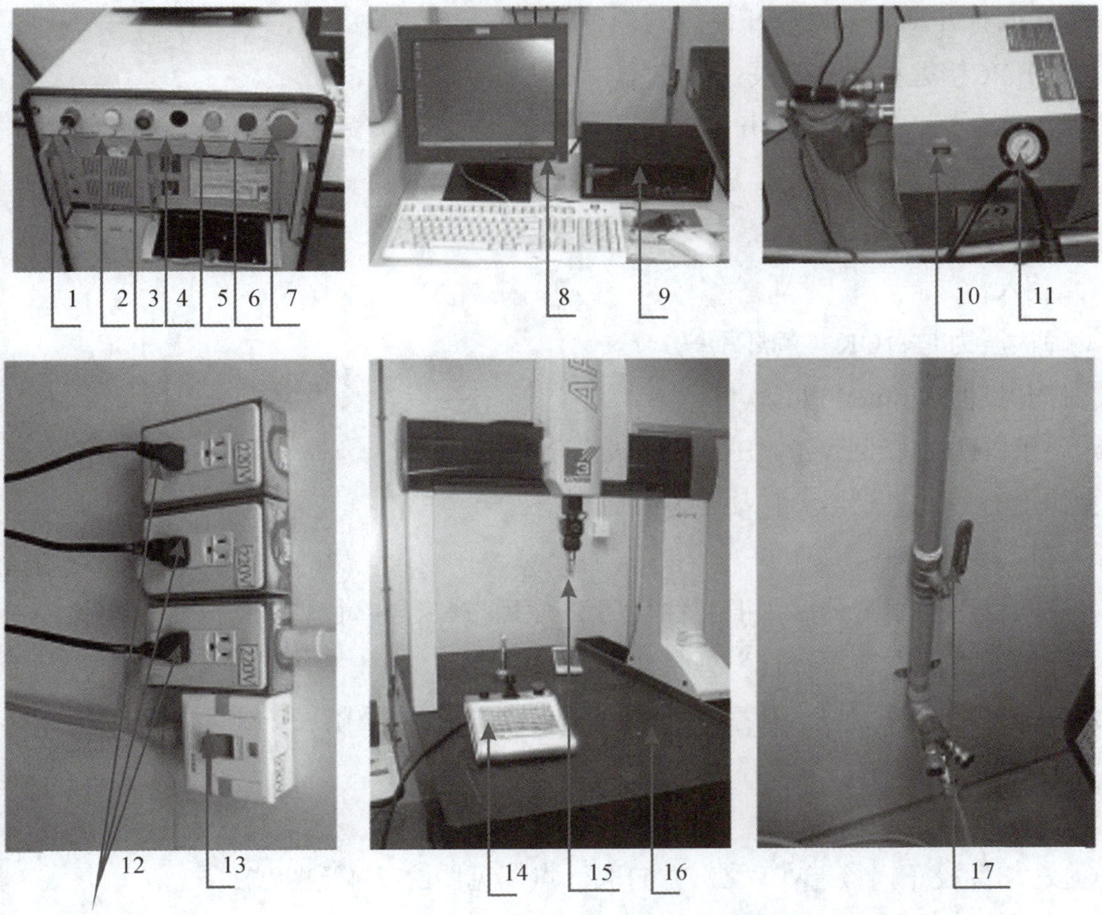

1. 总开关
2.电源显示灯
3. 马达启动开关
4. 主机开关
5. 气压警示灯
6. 紧急停止警示灯
7. 紧急停止钮
8. 荧屏开关
9. PH10C
10. 冷冻干燥机开关
11. 冷冻干燥机
12.电源主线
13. 总电源开关
14. 遥控键盘
15. 测头主轴
16. 量测平台
17. 气管开关
18. 温湿度计
19. 校验标准球

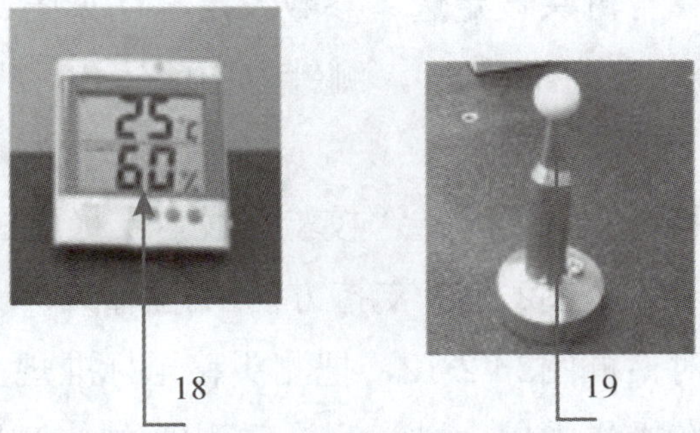

图2-71　三次元的外观图

1）开机步骤见图2-72所示：

①按ON打开电源总开关；

②打开气源按钮；

③按ON打开冷冻干燥机开关；

④打开PC钥匙按钮总开关；

⑤打开PC主机 和 PH10C开关；

⑥打开屏幕开关；

⑦最后打开打印机开关；

2）载入

①确认压力是否OK（黄灯不亮）；

②打开桌面Winmeil Plus软件；

③要求PH10M转回A=0，B=0，确认安全后按 OK；

④弹出对话框“机器会自动至零点位置”。

3）自动校验步骤

①进入程序档案内开启“旧文件程序” 然后按OK（路径见图2-72-1）；

②在量测程序内选“执行”项目（见图2-72-2）；

③按“1”分别输入A，B各25个角度（见图2-72-3，及附表2-3）；

④输入档案名“T25-1”；

⑤按“2”读取角度；

⑥按“3”校正，接着在“Z”方向取一点（见图2-72-4及图2-72-5）；

⑦这时注意主轴测头会自动旋转A=90°、B=90°，然后再取一点（见图2-72-6）；

⑧计算机会提示把测头移至标准球中上方2～3 mm，接着单击“Yes”（见图2-72-7）；

⑨主轴测头会自动校验你所输入的角度。

4）单测头校验步骤

①在程序档案选“全新开始”；

②光标移至测头设定选“参数设定”（见图2-72-8）；

③弹出对话框图2-72-9，测针方向DZ为“-1”，测头中心与偏位为“215”，输入后按“OK”；

④光标移至测头设定选“校验球设定”（见图2-72-10）；

⑤弹出对话框图2-11，支持方向DZ位输入“-1”，且按“CNC”；

⑥弹出对话框图2-72-12，把测头移至标准规上方（见图2-72-13），按“yes”；

⑦如果在操作中用力过大测头碰到硬物，会出警报声且弹出对话框如图2-72-14；

⑧光标移至“解除测头”且单击，待测头上方指示灯为红色见图2-72-15，然后把测头稍移开，点击OK。

注意事项：

·电源电压220V；

·气源5 bar以上；

·冷冻干燥机打开时需运行5分钟；

·打印机开关不能频繁开关，每天只可开关一次；

·温度控制在25℃以下，湿度在40%～70%；

·量测平台及测头每天需用酒精擦拭；

·周围环境需保持清洁；

·每次更换针头，必须要经过校验之后才可测量；

·关机前主轴测头要移至离物体较远处，避免测头碰撞。

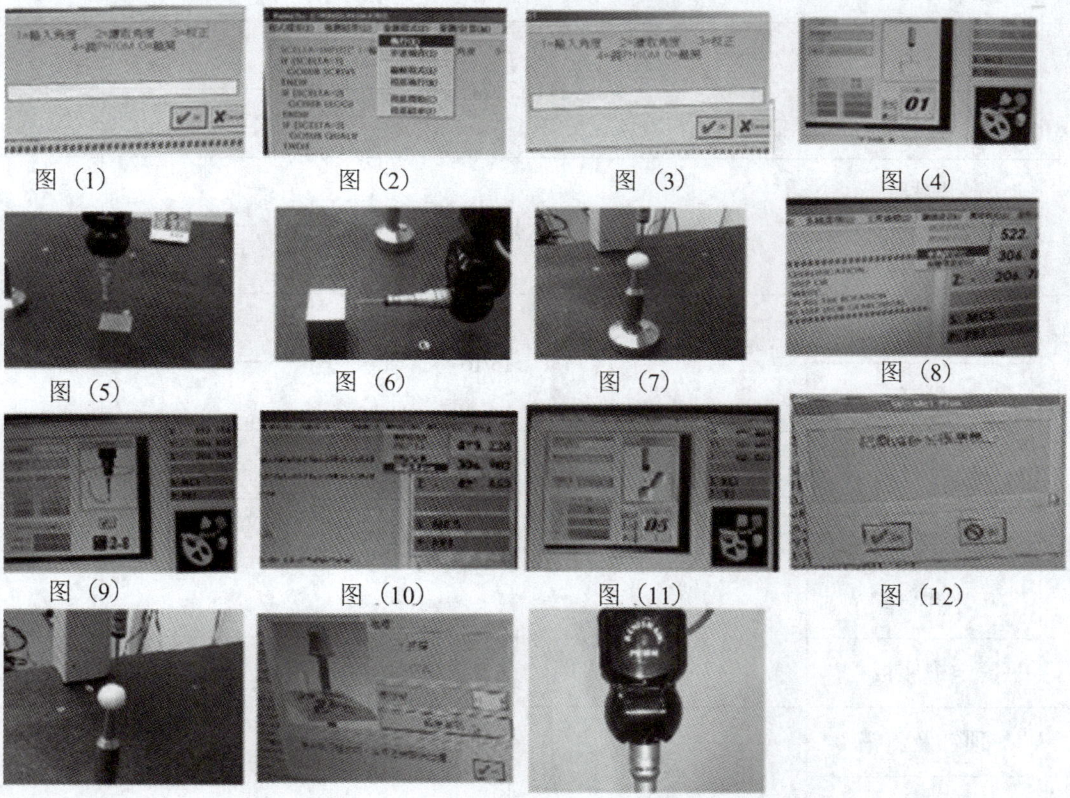

图（1） 图（2） 图（3） 图（4）
图（5） 图（6） 图（7） 图（8）
图（9） 图（10） 图（11） 图（12）
图（13） 图（14） 图（15）

图2-72　三次元操作步骤示意图

塑料模具的测绘可按以下步骤。

第一步，在拆卸模具之前，应先画出模具结构草图，并测量整体尺寸。

第二步，在拆卸模具后对照实样勾画出各模具零部件的结构草图。

第三步，选择基准，确定模具各零件的尺寸标注方案。对于相关零件的相关尺寸，建议用彩笔标出，以免测量时引起重视。

第四步，根据设计好的尺寸标注方案，测量所需的尺寸数据。在查阅有关技术要求的基础上，再进行尺寸数值的“圆整”工作。

第五步，完成所拆卸模具的装配图。

第六步，根据指导教师的具体要求，完成重要模具零件的结构图。

五、考查与评价

表2-4　塑料模零件配合关系测绘表

班级＿＿＿＿＿＿　姓名＿＿＿＿＿＿　学号＿＿＿＿＿＿　总分＿＿＿＿＿＿

序号	相关配合零件	配合松紧程度	配合要求	配合尺寸测量值	配合尺寸
1	导柱		H7/f7或H8/f8		
	导向孔				
2	导柱		H7/m6		
	导柱固定板				
3	导柱		H8/f6		
	导套				
4	推杆		H8/f6		
	推杆配合孔				
5	浇口套		H7/m6		
	定模座板				
6	顶针及斜销		H7/f6		
	对应导向板				
7	下顶针板		H7/f7		
	导柱				
8	斜滑块		H8/f8		
	斜滑块导滑槽				

续表

序号	相关配合零件	配合松紧程度	配合要求	配合尺寸测量值	配合尺寸
9	公、母模仁		H7/m6		
	公、母模板				

塑料模拆卸、测绘实习记录及成绩评定见表2-5所示。

表2-5　塑料模拆卸、测绘实习记录及成绩评定表

班级________　姓名________　学号________　总分________

项次	项目与技术要求	配分	评定方法	实测记录	得分
1	准备工作充分	8	检查评定		
2	拆绘工作安排合理，方案正确	8	分析评定		
3	拆卸操作符合要求	10	按操作规程评定		
4	测绘方法正确，数据取值合理	10	每错一项扣1分，缺一项扣2分		
5	各零件的配合关系清楚、准确	8	每错一项扣1分		
6	图样绘制符合标准，标注正确	35	每错一项扣1分，缺一项扣2分		
7	时间安排合理	6	安排不合理每一处扣1分		
8	各项记录符合要求	10	发现一项不符合要求扣2分		
9	安全文明生产	5	违者每次扣2分		

五、思考与练习

1.塑料模具的类型有哪些？各有何应用特点？

2.简述注射模的工作原理。

3.注射模的类型有哪些？

4.简述单分型面注射模的工作原理及结构特点。

5.简述双分型面注射模的工作原理及结构特点。

6.简述带活动成形零部件注射模的结构形式及工作特点。

7.简述带侧向分型抽芯结构注射模的结构形式及工作特点。

8.什么是自动卸螺纹注射模？

9.简述定模一侧设有推出脱模机构的注射模的结构形式与应用特点。

10.简述无流道凝料注射模的结构形式及工作特点。

11.注射模有哪些零件组成？各有何作用？

12.注射模的成形零件主要有哪些？各有何作用？

13.注射模的浇注系统有哪些？各有何作用？

14.什么是脱模系统？它主要包括哪些零件？各有何作用？

15.注射模的冷却及加热机构主要包括哪些零件？各有何作用？

16.注射模的结构零件主要包括哪些？各有何作用？

17.注射模的导向零件主要包括哪些？各有何作用？

18.注射模的抽芯机构有哪些零部件组成？

19.塑料模型芯的结构形式有哪些？各应用于什么场合？

20.塑料模凹模的结构形式有哪些？各应用于什么场合？

21.采用导柱导向装置时，应注意哪些问题？

22.导柱的结构形式有哪些？各应用于什么场合？

23.塑料模支承部件的典型组合包括了哪些零件？

24.冷却系统的选用应满足哪些要求？

25.简述手动侧向分型抽芯机构的工作方式及应用场合。

26.简述机动侧向分型抽芯机构的工作方式及应用场合。

27.推出脱模机构是如何分类的？其选用的原则是什么？

28.模架拆卸的方法和注意事项是什么？

29.塑料模拆卸时的方法与步骤是什么？

30.塑料模拆卸时应注意哪些问题？

31.模具零件测绘的方法与步骤是什么？

32.常用的模具测量仪器有哪些？

33.游标卡尺的类型及各自的测量精度及读数方法是？

34.螺旋测微仪的类型及各自的测量精度及读数方法是？

35.高度尺的读数方法及注意事项都有哪些？

36.简述三次元的测量方法及步骤。

37.分析说明如图2-73所示的模具结构图中各零部件的名称和作用。

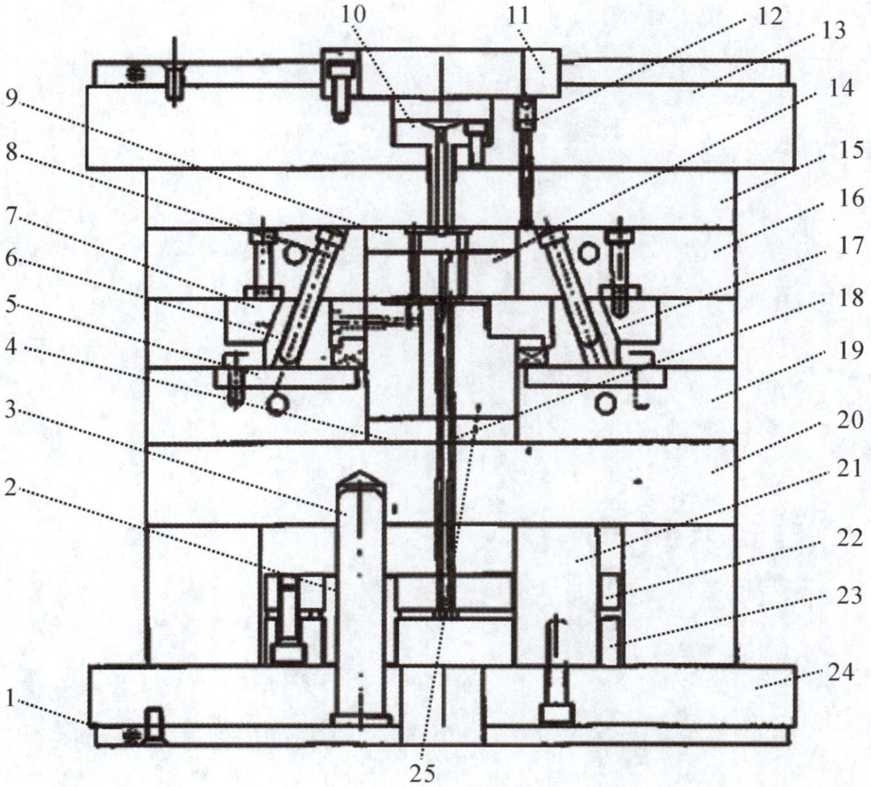

图2-73　模具的机构示意图

38.简述图2-74所示的模具的工作过程。

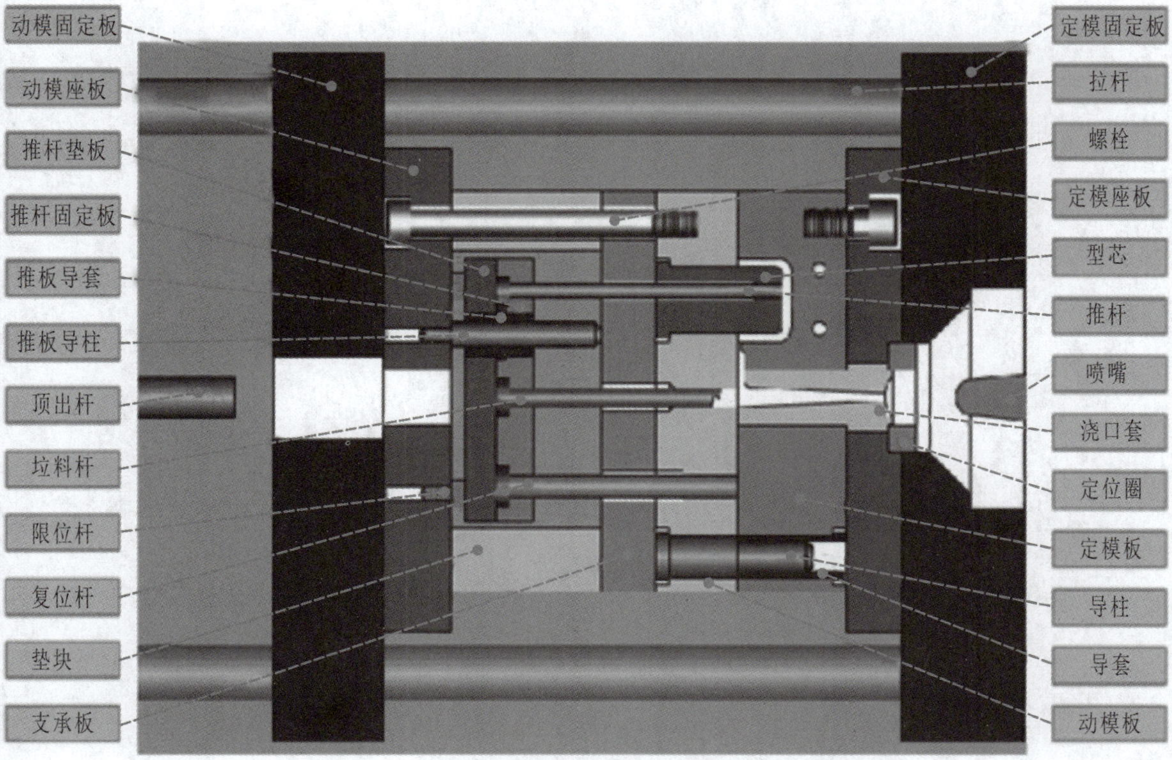

图2-74　　　塑料模具工作过程示意图

项目三

塑料模具主要零件的加工及工艺流程

知识目标

1.塑胶模具常用机器设备加工范围及作用。
2.典型模具零件加工方法及工艺流程。

技能目标

1.熟练掌握各种加工设备的特性及加工要求，并具备掌握各种加工设备的操作的能力。
2.具备典型模具零件加工方法及工艺流程的编制能力。

一、任务描述

本任务主要介绍塑料模具零件制造常用的机器设备的加工范围及作用和典型塑料模具零件的加工方法及工艺流程。通过本任务的学习，能够熟悉常用加工设备的工作过程、加工范围及加工的注意事项，掌握塑料主要零部件的加工步骤。

二、任务分析

任何模具都是由若干零部件组成的，这些零部件经过加工制造合格后，由组立装配在一起构成一套完整的模具。所以，模具零件的加工是模具不可缺少的一个重要环节。

三、知识链接

模具零件加工常用的设备 在实际的模具零件加工中常用的机床和设备为：铣床（M）、平面磨床（SG）、数控铣床（CNC）、放电（EDM）、线切割（GE）、车床（L）、外圆磨床（OG）、深孔钻床、抛光等。各加工工种的精度和加工范围见表3-1所示。

表3-1 各加工工种的精度和加工范围

工 种	精 度	加 工 范 围
铣床（M）	±0.01 mm	型芯粗加工，配件精加工，模板开框，工件的通孔（圆孔），螺牙，线割穿线孔
平磨床（SG）	±0.002 mm	型芯精磨加工，小型芯（入子）斜度及R加工，顶针加工，配件精加工

续表

工 种	精 度	加 工 范 围
圆磨床（OG）	±0.002 mm	配件内外圆精加工
车 床（L）	±0.05 mm	圆形零件精加工（例如：灌嘴，定位环）
线切割（WE）	±0.005 mm	型芯上的不规则通孔，方形通孔，小型芯（入子）的规则曲面加工
放电（EDM）	±0.005 mm	不规则曲面，尖角，盲孔加工，EDM能加工几乎所有形状尺寸，但成本高
加工中心（CNC）	±0.005 mm	型芯曲面的粗、精加工，电极的不规则曲面加工
热处理（外发）	热处理硬度 52～54℃	SKD61 S136 S-STAR STARSN
组立装配（KF）		凸（凹）模型芯，小型芯（入子）实配，靠（插）破，模具抛光组装

（一）铣床（M）

1.机台简介

如图3-1所示的铣床为快捷传统铣床，最大转速3600RPM，工作台最大行程为左右650 mm，前后350 mm，上下360 mm，床台最大承重500 kg。 其加工精度为0.02 mm，使用工具为铣刀及钻头。主要用于零件的备料（六面体的加工）、粗铣（直面的加工）和模板的钻孔加工。

图 3-1 快捷铣床示意图

2.操作安全及机台保养

（1）操作铣床必须佩戴安全护目眼镜，穿着安全鞋。

（2）禁止戴手套操作， 并且勿穿宽松衣物。

（3）不可接近运转中的刀具或轴。

（4）机台维护前请先关闭电源。

3.机台保养

（1）主轴润滑油请选用R32油品，保持容量在1.3升，每半年更换一次。

（2）导轨润滑油选用T68导轨油，保持容量在1.5升。

（3）升降台润滑油选用黄油，每周打油一次。

4.常用刀具

铣床常用刀具主要分铣刀和钻头两大类，铣刀可分为平面铣刀，粗铣刀，精铣刀。平面铣刀也叫飞刀，主要用于铣削较大平面，比如备料，粗铣刀主要用于工件上的去料，比如沟、槽、台阶的加工，精铣刀主要用于较高精度的修整以及铣沉头，电极等，钻头主要用于加工各种孔，钻头的两个夹角应该是120度左右。铣刀和钻头选用的转速见表3-2所示。

表3-2　铣床刀具与转速的选择

铣刀直径范围	转速值	
∅1mm～6mm	1300 r/min	从表中可看出直径越大转速越低；直径越小转速越高。
∅6mm～13mm	1000 r/min	
∅13mm～16mm	800 r/min	
∅16mm～25mm	450 r/min	
∅25mm～40mm	300 r/min	

5.铣加工基础

（1）一般零件加工的基本步骤　原则上是钻孔→开槽→铣较大台阶→小台阶。

（2）刀具的选择及使用　铣床所用的刀具主要分两大类： 铣刀 、 钻头。钻头主要用于钻孔，铣刀主要用于加工端面、侧面或插孔。在铣槽精修时可尽量选用两刃铣刀（因为加工槽时两刃刀不易打刀）如图3-2所示。

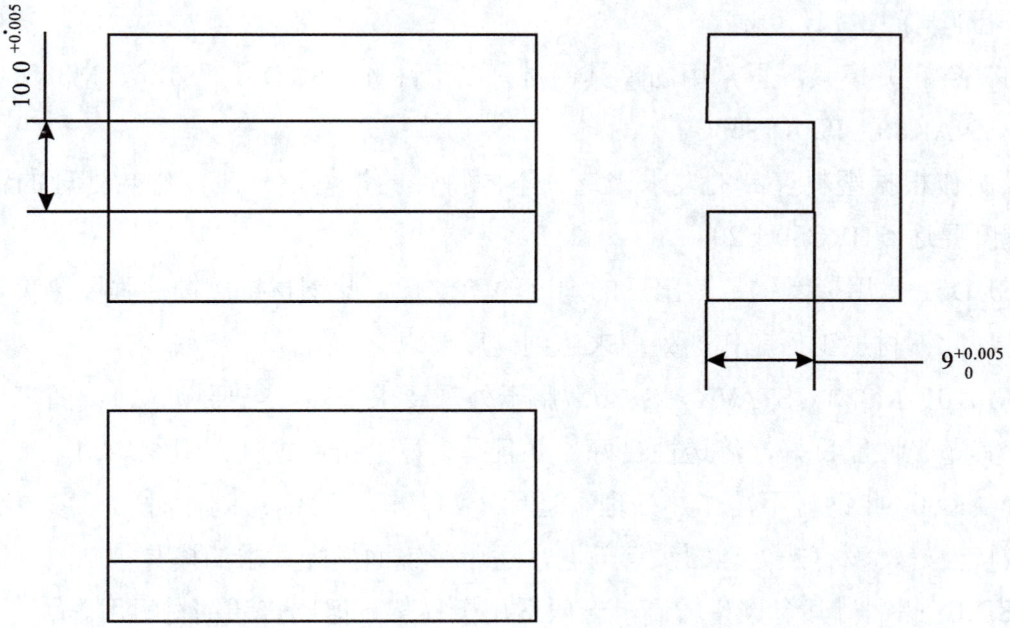

图3-2　沟槽的铣加工

先用尽量大的粗铣刀进行粗铣（选用∅8），用∅8两刃的精铣刀。如上图所示之槽，深度重要而宽度不重要时可选用∅3之铣刀，一刀过（但进刀和出刀要注意，进刀速度要放慢，以免出现槽偏位或断刀）。加工台阶和宽8.0以上之沟槽都必须用粗铣刀加工后再用精铣刀加工，在加工过程中有余量的条件下可选用尽量大的铣刀。

（3）顺铣与逆铣　所谓顺铣就是铣刀与工件相切之处铣刀的旋转方向与进刀方向一致，逆铣反之。在铣削加工中，加工面与铣刀轴平行，由铣刀外缘周边的铣齿产生切削作用。由铣刀旋转方向和工件移动方向的关系来看，可分为顺铣法、以及逆铣法。由图3-3、3-4可知，在逆铣的操作过程中，刀刃在进入工件时，切削量会由小变大，所形成之切屑会由薄渐厚；而在顺铣的操作过程中，刀刃在进入工件时，切削量会由大变小，所形成之切屑会由厚渐薄。

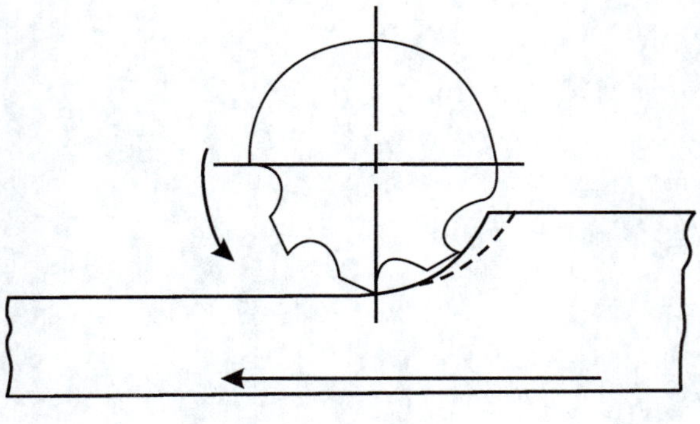

图3-3　逆铣

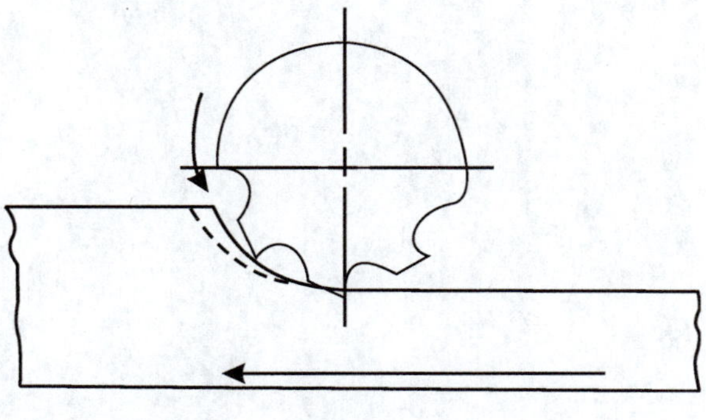

图3-4　顺铣

6.常用钢材的识别

目前（谷崧）模具厂里常用的模具钢材有以下几种：SKD61，S136，M333，M310，STAVAX，NAK80，P20，S55C。

模具制作根据塑料产品的要求来选择不同特性的钢材，一般需作热处理的钢材，热处理后硬度要达到HRC50±20。

1）SKD61 常用模具钢，其出厂的硬度约HRC18，此钢材抗腐蚀性强及热稳定性好，铣前容易，此钢材加工后应作热处理来达到硬度要求。

2）M310，M333，STAVX，S136常用于外观要求很高，需要抛光、镜面等特殊要求的模具，其抛光性能良好，渗透性良好，并且有良好的抗腐蚀性，组织均匀。

3）NAK80 此钢材不需作热处理，适用于治具模，可缩短制作时间，放电加工特性好，机械特性好，没有热处理裂纹等问题，适用于镜面抛光要求的模具。

4）S55C 此钢材其含碳量较高，一般适用于模架，但比普通钢材耐用。

（二）小平面磨床（SG）

如图3-5所示。

1.规格

工作台运动行程：左右375 mm；前后175 mm；上下280 mm；砂轮规格直径180；内孔21.75；转速（最大）3600。

2.适用范围

（1）主要用于（型芯）模仁加工，加工精度很高，可保证到0.005 mm，加工精度与床台和加工者有关。

（2）磨床加工的工件尺寸较小，最大范围175 mm×330 mm×280 mm。

（3）磨床对我们来说是关系最密切的，（型芯）模仁开逃气槽，追加修配、降面等，每组立装配一套模具必须经历的工序。

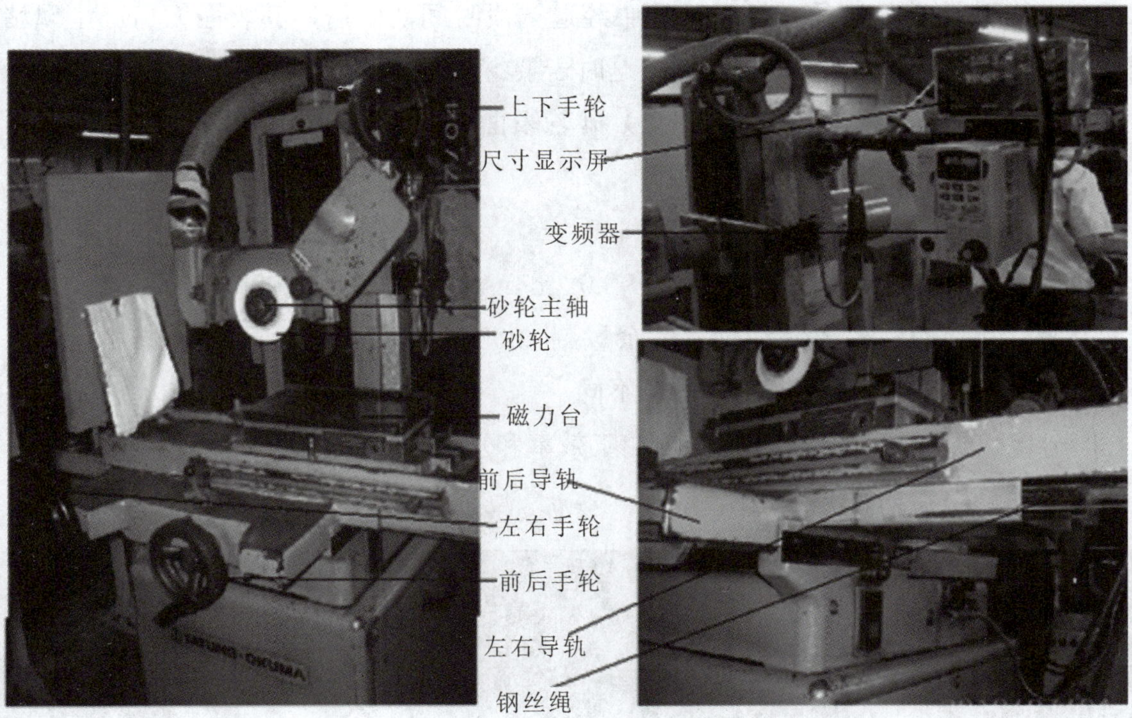

图3-5　小平面磨床示意图

3.砂轮的选择与修整

（1）砂轮的选择与修整　在加工中分为粗加工和精加工。粗加工我们选择60K×12mm砂轮，精加工值使用120K×6mm砂轮，若加工中有不规则及异形工件时，工件为规则六面体那就只用60K砂轮加工即可，如工件有台阶、斜度、R角，我们必须选择120K砂轮做精加工。如图3-6所示。

图3-6　砂轮的选择

（2）砂轮的修整 砂轮在加工过程中经过一段时间切削后，其表面刀口已呈现堵塞、磨损、钝化，已无法再继续正常切削，这时若要继续加工，必须做砂轮修整。

砂轮修整时机：1）砂轮初装时；2）砂轮表面堵塞、磨损、钝化时；3）加工面需光亮或清角时；4）砂轮需成斜角或R角时。

（3）砂轮修整量

1）粗修0.03～0.04 mm，精修0.01～0.02 mm，修亮0.002～0.005 mm。

2）砂轮粗修时，较容易切削，待余量剩0.005～0.01 mm再将砂轮精修做精加工，若特殊原因，钢材不同，砂轮的修整量也不同。

3）砂轮修整的好坏，会直接影响加工效率和加工面的光洁度。

4）砂轮修整器如图3-7所示。

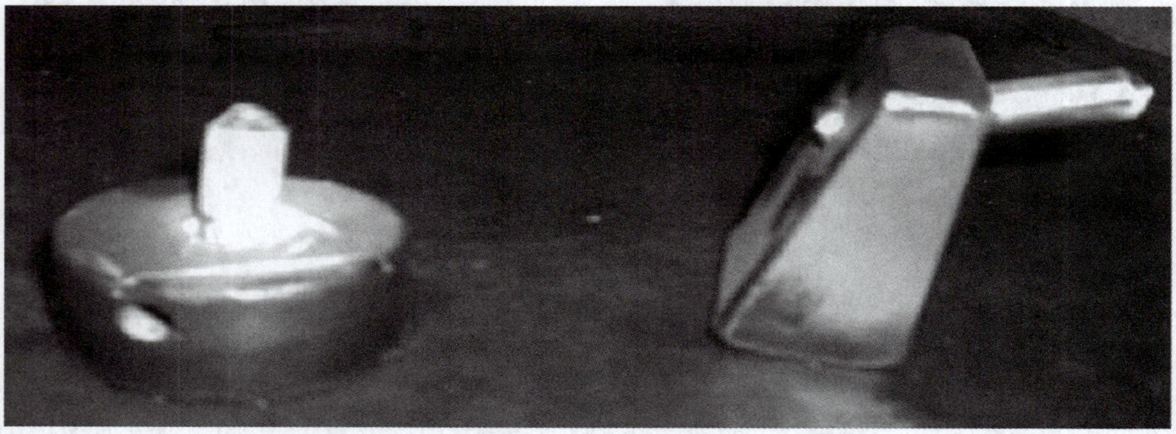

修砂轮底部　　修砂轮侧壁

图3-7 砂轮修整器

4.磨削加工注意事项

（1）禁止用气枪清洁工作台、机器。

（2）磁盘精度要求高，材质软、易损，工件需去除毛刺，轻拿轻放。

（3）小工件磁力小，不易固定时需用挡块辅助加固。

（4）砂轮行走时有无阻挡，严禁剧烈碰撞主轴。

（三）数控加工（CNC）

如图3-8所示。

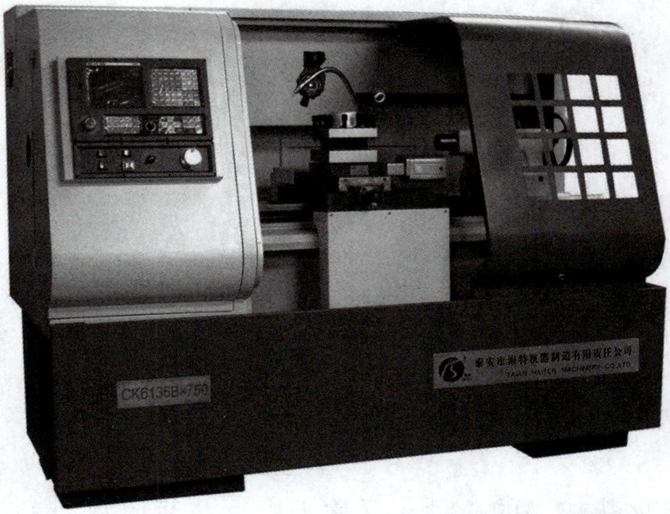

图3-8　数控机床外观图

1.CNC（数控机床）概述

数控机床是一种有过程控制的自动化机床。该控制系统能够逻辑地处理具有控制编码或其他符号指令规定的程序，通过计算机将其译码，从而使机床执行规定好了的动作，通过刀具切削将毛坯料加工成半成品或成品零件。

2.数控加工范围

数控机床不但可以加工平面、垂直面、斜面，还可以加工球面，圆弧等3D的形状。需要有编程人员预先做好加工的程序。数控铣床的加工精度在±0.01mm。

3.数控加工的特点：

·加工精度高，具有稳定的加工质量；

·可进行多坐标的联动，能加工形状复杂的零件；

·加工零件改变时，一般只需要更改数控程序，可节省生产准备时间；

·机床本身的精度高、刚性大，可选择较大加工余量，生产率高（一般为普通机床的3～5倍）；

·机床自动化程度高，可以减轻劳动强度；

·批量化生产，产品质量容易控制；

·对操作人员的素质要求较低，对维护人员的技术要求较高。

4.数控工件加工注意事项

（1）外观尺寸确认（长、宽、高余留量是否足够）。

（2）工件装夹方向确认。

（3）工件水平度及直角度确认。

（4）工件寻边确认及高度设定确认（坐标系设定）。

（5）Z轴余留量确认（G00中Z值）。

（6）程序中刀径与程序单上刀径大小确认（刀径、刀长、刀号补正确认）。

（7）工件粗铣完成后水平度检查确认。

（8）工件加工完后形状与图面确认及外观尺寸确认。

（9）工件自主检查并作记录。

（10）工件移交登记。

（11）寻边器转速为450～550 r/min。

（四）线切割加工（WC）

1.线切割加工概述

线切割加工是电火花加工的一种，又称为电火花线切割加工。同样也是需要编程人员先做好加工程序。其基本工作原理是利用连续移动的细金属丝（称为电极丝）作电极，对工件进行脉冲火花放电蚀除金属、切割成形。它主要用于加工各种形状复杂和精密细小的工件。根据电极丝的运行速度不同，分为快走丝和慢走丝。快走丝所使用的金属线可以重复使用，而慢走丝却不可以，所以慢走丝的加工成本也较高。

2.线切割加工的范围及特点

线切割加工可加工顶针孔，镶件孔，斜顶孔、电火花成形加工用的金属电极，各种微细孔槽、窄缝、任意曲线等；具有加工余量小、加工精度高、生产周期短的特点。加工精度可达到±0.005 mm。

（五）电火花加工（EDM）

1.电火花加工概述

电火花加工是一种通过电火花成形加工用的金属电极对工件进行脉冲火花放电蚀除金属，如图3-9所示，成形铣床与线切割无法加工的形状。模具零件在EDM加工一般会采用粗、中、精分档加工方式。粗加工采用大功率、低损耗的EDM来实现，而中、精加工电极相对损耗大，但一般情况下中、精加工余量较少，因此电极损耗也极小，可以通过加工尺寸控制进行补偿，或在不影响精度要求时予以忽略。在加工过程中会产生碳渣，要注意排渣才能保证工件的质量，特别是外观的和形状复杂的工件。加工精度在±0.015 mm。但要预先制作加工用的电极。

现在的传统放电和CNC放电两种机台都可以通过改变机台的加工参数来达到理想的加工效率和外观效果，最高可以做到表面镜面的效果。

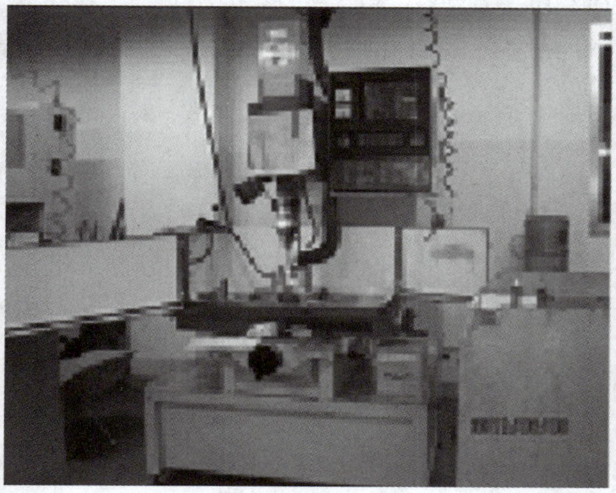

图3-9　电火花机床加工图

图3-10　抛光示意图

（六）抛光

1.抛光的概念及作用

利用柔性抛光工具和磨料颗粒或其他抛光介质对工件表面进行的修饰加工，如图3-10所示。抛光不能提高工件的尺寸精度或几何形状精度，而是以得到光滑表面或镜面光泽为目的，有时也用以消除光泽（消光）。

2.抛光所用的工具

常用的抛光工具有：挫刀，油石，砂纸，钻石膏等。抛光是要达到工件光滑的表面，不可改变工件的尺寸和形状（变形）。为防止工件加工中的倒角，要制作抛光治具，镶入模仁一起放电、抛光，并要注意抛光加工的步骤和手法.

（七）测量

要检验工件是否加工到标准尺寸，就必须通过测量。我们常用的测量工具有游标卡尺，分厘卡，高度规，投影仪，工具显微镜，三次元等。如图3-11所示。

图3-11　工具显微镜外观图

图3-12　组立装配外观图

尺寸（长，宽）可以用游标卡尺测量；R角和立体面等复杂工件要用到工具显微镜、工件的外形镜和三次元测量；测量相对和绝对高度可以用高度规测量；斜度可以用投影仪测量。

（八）组立（KF）

组立就是模具组合成形，如图3-12所示。组立的工作是模具的加工进度的跟进，掌控。对加工完的工件尺寸，形状进行确认，对各零部件进行清理，适配，最终达到对模具完整的组装。要注意的是：在适配的过程中不可改变工件的尺寸（都要保证在公差以内）和形状。

小结

上面只是对各加工单位的特点作了简要的介绍。了解了这些单位的加工特性，在模具的制作过程中去合理地选择最适合的加工方式，不但有利于模具的精度，也能控制模具的加工成本，还能提高加工效率，从而制造出高精度的工件，以确保模具减少不必要的维修，以增长模具生产寿命。

四、任务实施

对于模具各零部件的加工都由以上各个相关加工单位来完成，组立装配前要对所要装配的各零部件进行加工，所做的主要加工工作如下。

1.六面体的加工及余量选择

当我们接到如图3-13所示的六面体，首先要备料，也就是将这图面的外观尺寸加工出来，当然我们所加工出来的（需研磨的工件）六面体的外观尺寸都会大于图面的尺寸，因为要预留余量。但为使后序加工单位能在最短的时间内完成，所以预留量要尽可能的少，故所加工的六面体的直角度也要好，那么怎样才能备好一块料呢？一般情况下，锯床锯下的材料都会预留2～3 mm，因此，我们一般先加工宽、高，最后加工直角时才加工长度。具体加工步骤如下。

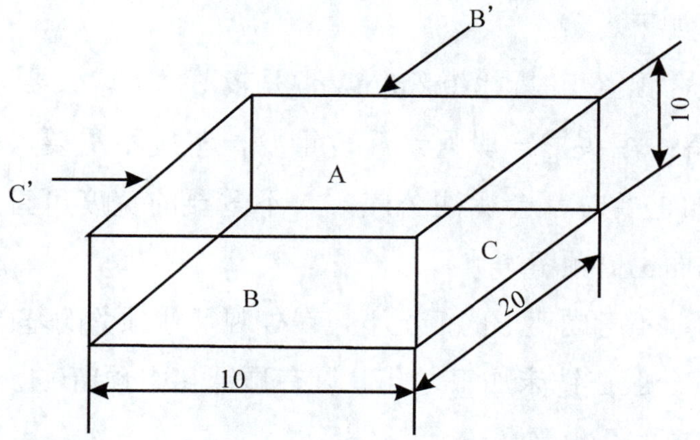

注：图中A′，B′，C′分别是A、B、C相对应的面

图3-13 六面体的铣削

（1）首先选用合适的铣刀。

（2）夹持A，A′面以B′面为基准将B面见光。

（3）夹持A，A′面以B面为基准加工B′使B，B′距离为21 mm。

（4）夹持B，B′以A′为基准将A面见光。

（5）夹持B，B′以A为基准加工面使A，A′距离为10 mm。

（6）因为锯床锯的料都不会平，故我们夹持A，A′面所加工出不的B，B′面不是完全平行的，但加工出来的A，A′面平行度绝对比B，B′面的平行度要好，因为加工A，A′面时是夹持B，B′面，虽然B，B′不是完全平行的，但一定比锯床下料时A，A′面的平行度要好，故可以看出所夹持面的平行度越好，所加工出的面的平行度就越好，而且铣的次数（翻面的次数）越多，平行度、直角度就越好。

（7）再夹持A，A′面以B′面为基准将B面见光。

（8）夹持A，A′面以B面为基准加工B′面使B，B′的距离为（图面尺寸+预留量），如预留0.2则为20.2 mm。

（9）夹持B，B′面以A′为基准见光A面。

（10）夹持B，B′面以A为基准加工A′面，使A，A′面的距离为10.2 mm（如果测量此时平行度不是很好，就先别把尺寸加工到位，再翻面加工，翻面次数越多平行度、直角度越好），加工此4面如机头与虎钳是垂直的，那么加工出的此4面也相互垂直。

（11）打直角夹持B，B′面以A′为基准将C面露出虎钳钳口，用铣刀侧刃加工C面。

（12）夹持A，A′面以C面为基准将C′面见光。

（13）夹持A，A′面以C面为基准加工C′面使C，C′的距离为40.2 mm（注在精铣过程中一定要将毛边去净）。如A，A′间距为90 mm B，B′间距为150 mm C，C′间距为200 mm时，A，A′，B，B′4面用同样的方法加工出来后，用立铣刀不能打直角的时候，采用飞刀加工直角。

加工预留量选择如下。

（1）工件外观尺寸预留一般预留0.2 mm，但是较薄，如较长要适当地加大预留量。

（2）沟槽的预留：沉头槽一般只是深度重要，宽度不重要，但有的沉头槽需定位的，宽度也重要（如重要时都会标注公差），不重要的宽度可直接到位，只需预留深度，但需定位的则侧面也需预留。

（3）台阶的预留：不考虑变形的情况下，在外观尺寸预留的基础上再预留0.05 mm。

（4）孔径预留：一般在铣床加工之孔，只有顶针孔需预留0.1 mm进行铰孔，此外后序加工还需线割、放电的孔也需预留。

（5）流道（料道）流道加工时要到位，也就是要加上预留量加工。底板加工螺丝沉头时一定要注意此问题，因底板较薄、较大，故预留量也大，所以加工时一定要将预留量对分进行加工。

2.凸、凹（型芯）模仁的铣加工

（1）型芯（模仁）图面的确认

1）模仁图面所有视图都得看懂，包括剖视图。看是否符合机械制图标准，图形、尺寸标注是否完整等。

2）型芯（模仁）外观尺寸的确认，特别注意不对称尺寸标注或是一些沉头凸台尺寸等。

3）型芯（模仁）图面水路的确认，水路是否循环，水路大小，水路深度，水路是否与（小型芯）入子，注入口，螺丝孔等有干涉或太靠近等。

4）型芯（模仁）零点坐标的确认，是否对称标注。

5）型芯（模仁）顶针孔的确认，哪些可铰孔或是线割，顶针逃孔深度与直径的确认。

6）小型芯（入子），套筒孔及斜销孔的确认，哪些可钻穿线孔，以及钻穿线孔坐标的确认，防止钻孔伤到边缘。

7）图面斜度尺寸的确认。

（2）型芯铣加工的一般工序：备料→钻孔→逃料→攻牙→铰孔→检测→完成。

（3）型芯铣加工的注意事项：

1）检查型芯外观框尺寸以及预留量，直角度。

2）钻水路前要用卡尺检查划线是否正确，钻水路时注意深度的控制不能与小型芯穴，螺丝孔的注入口有干涉。

3）型芯装夹之前对应图面进行确认。

4）顶针孔逃孔深度与直径的大小要适配。

5）注入口逃料，深度的控制与预留量的预留要适配。

6）逃料深度相对图面零点之深度的确认。

7）所有小型芯，套筒孔均为线割加工。

8）逃料时注意铣刀半径补偿以及更换刀具后的刀具的半径补偿。

9）型芯上一些小凸台要充分引起注意以免光料时会被铣掉。

10）小型芯沉头不能太靠近水路与注入口，以免发生干涉。

11）型芯正反面翻动后.注意坐标的变化。

12）逃料时让刀现象以及支撑点的预留。

3.孔的加工方法及注意事项

（1）备料完成后，就要按照图纸要求将孔和台阶，槽加工出来，在铣床要加工的丝孔，螺丝过孔，顶针孔，顶针过（逃）孔等。加工模仁或配件的孔，一般来说先加工背面，（因为要加工螺丝孔，螺丝过孔，顶针逃孔，都必须从背面加工，加工背面要注意，工件翻转加工背面，图面也要作对应的翻转，使图面的基准和工件的基准相同。

（2）螺丝孔的底孔直径的确定　因要保证螺牙孔的有效使用深度，及螺丝纹饱满程度，请按照以下直径来加工底孔。（以下是标准公制螺纹）

M2—∅1.7；M3—∅2.6；M4—∅3.4；M5—∅4.2；M6—∅5.1；M8—∅6.8；

M10—∅8.5；M12—∅10.5；M14—∅11.9；M16—∅14；M18—∅15.5；M20—∅17；

英制管螺纹（水路螺纹）

1/8′ ——∅8.6；1/4′ ——∅11.5

（3）模板上斜销孔的加工按照坐标划好线，然后摆斜机头，调整好机头与工件这间的有效距离，确认我们摆的斜度与图面是否一致，然后找到斜导销的中心点，找好坐标后，床台的上下不能动，不然坐标会变，我们将要加工的地方铣平，打中心眼加工模板斜导销孔时，如果模板尺寸不是很大，虎钳能夹持，加工时，就将工件摆成要加工的斜度即可。如虎钳不能夹持，那只有将机头斜度调到要加工的斜度，如图3-14（A）所示，此模板虎钳夹不了。加工步骤是：将虎钳拆掉，将工件直接夹持于床台上钻孔，模板的斜导销孔都需铰孔，加工时按铰孔步骤一样。工作中我们要确认无误后才能加工，多一份确认多一份保证。我们在加工图3-14（B）的滑座时，一般是摆斜工件，斜导销孔可钻、扩、铰我们直接到位，无需留余量。

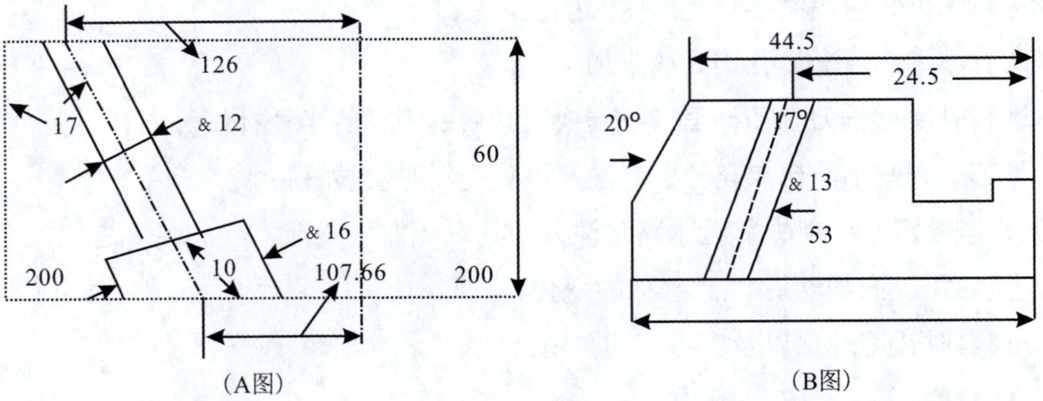

图3-14　模板斜孔铣削

（4）顶针孔的加工（图面标示有”EP”字样式）例：加工顶针孔Ø3.5*15其加工步骤为：

1）从背面加工Ø3.5细小孔。

2）从正面加工Ø3.0顶针孔所有可以加工到位的顶针孔都要分两次钻孔，第一次用小0.3～0.4的钻头钻，第二次用小0.1 mm的钻头扩孔，然后铰孔，对于较大的顶针孔要分两次以上扩孔，也就是钻三次或以上，注意事项：①钻孔前一定用中心钻，钻好中心点，为防止孔钻偏或钻太大；②钻头要磨好，钻头的横刃不可太长，钻头角度应在120左右；③注意排屑，钻孔时要多退几次，以利于排屑，即使排屑较好的钻头也一样，这样可以防止因排屑不畅而导致钻头卡死或者钻头折断。

（5）孔加工的注意事项

1）工件装来后要对照图纸作确认（是否有装夹反）。

2）打完中心点后要作检查（确认是否偏位）。

3）钻孔快通时要慢，防止钻头断。

4）钻顶针孔要注意防止钻大（一般顶针孔要分二次钻，如EP&4.0，先钻&3.5，再扩到&3.9，预留0.1 mm铰孔）。

5）钻孔时要注意不能与水路有干涉。

4.型芯（模仁）磨削加工的方法步骤；

（1）了解型芯（模仁）的重要性，认真读懂型芯的图纸。

（2）加工前型芯（模仁）预留量的检测（含：长、宽、高）。

（3）加工精度的控制。

1）选择工件的两大面先加工厚度，然后以两面为第一基准；

2）用虎钳或砂轮侧边等其他方式加工第二基准；

3）以第二基准加工对应的尺寸长和宽。

4）精度的控制。厚度尺寸必须+0.01 mm～0 mm，长宽可以加工＋0.005 mm～＋0.01 mm。

（4）特殊型芯的加工，根据加工经验，部分型芯加工前须预留0.10 mm待放电，抛光完毕后再将尺寸加工到位，防止倒角，倒置产品成形时产生毛边。如图3-15所示。

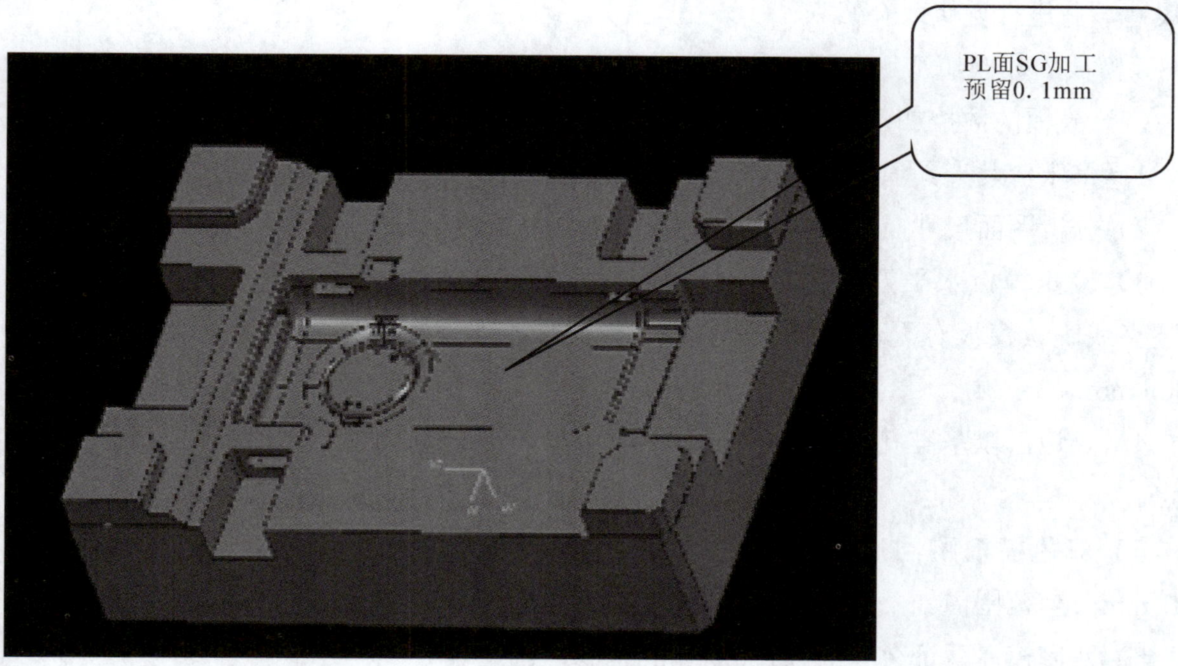

图3-15　型芯（模仁）型面的磨削

5.动、定模型芯的标准加工流程

型芯是模具的关键零件，其质量的高低对制件起到至关重要的作用，因此，型芯的加工也是整个模具零件加工的重中之重，现在以型芯加工为例来了解下模具零件的加工过程。

（1）备料　备料尺寸图，只有外框尺寸，目的是在2D图下图前，把料提前买回来，以减少制作时间。

（2）铣加工　本工序主要进行模仁精加工前要求的外框尺寸加工，一般要预留0.3～0.5 mm之间加工余量。直角度控制在0.05 mm以内，所有的水路、油路加工出来，之后送热处理。

（3）热处理

（4）磨加工　热处理回来后，进行外框尺寸余量的检测；加工前模仁预留量的检测（含：长、宽、高）按2D图纸加工相关尺寸基准，自行“三检”合格后送测量。

（5）测量　本步骤需注意三点：①测量需在最短的时间内测量完研磨送来的模仁；②有尺寸需要返修的，要第一时间通知研磨人员；③如果尺寸全部合格，也应在第一时间通知研磨人员送到下一加工单位（CNC加工）。

（6）数控加工（CNC）　本步骤中CNC加工原则是：凡是能加工到位的形状或尺寸，就不要拆电极来放电加工。这样可以节约加工电极的成本。加工完成后，尽快送到下一工序（线切割或放电加工）以免延误加工周期。

（7）线切割或放电加工　本工序加工完成后，整体送测量检测，以便能发现有问题的尺寸，并进行返修或补修。

6.模板的数控加工加工流程及注意事项

（1）模板的数控加工加工流程

1）将床台及夹具清理干净、模板棱角毛刺清理干净。

2）分析图面尺寸及形状，确认装夹方向，以方便装夹及加工。

3）校正模板水平方向时，即平面度保证在0.005～0.01 mm之间，（超差模板需重新装夹或确认模板有无变形，重新修正）校正模板平行度时须校正基准边，公差保证在0.005 mm。

4）寻边。以基准孔寻边，寻完边要再确认一次孔中心是否有寻边，按照图面移至零零点。

5）双色模板购回后，必须先互换凸凹模侧，合模是否顺畅，及尺寸检查是否在0.01 mm公差范围内。

6）两套模厚保证公差必须在0.01 mm范围内。

7）A.B板加工型芯框，找平行时不能以模板外侧为基准，而是要以导柱孔中心为平行基准，直角度亦然。

8）A.B板开完粗框后须放置24小时后，再磨平面度，完后再加工导柱孔，再精修加工，确保应力消除后的精度。

9）执行粗加工程序，单边余留0.3 mm余留量，粗加工完后校正模板是否有因为粗加工受力而松动。

10）执行中修程序余留0.03～0.05 mm，根据深度不同来选择不同余留量。

11）执行精加工程序，完成后将加工位置擦干净，用块规适配，一般加工尺寸比图面尺寸大0.01 mm即可。

12）所有精度检查都必须保留记录表以便日后追查修模参考用。

13）确认所有形状加工完成后取下即可。

（2）模板数控加工注意事项

1）装夹模板前确认模板的正反面。

2）装夹模板前注意确认模板是以基准孔还是基准边寻边。

3）模板开完粗后要检查其水平度，对于变形超过0.02 m的要求组立人员研磨后再加工。

4）对于线割有开好框的模板，我们可以直接以线割的框为基准寻边。

五、考查与评价

表3-3 塑料模零件加工工艺过程

班级______ 姓名______ 学号______ 总分______

项次	项目与技术要求	配分	评定方法	实测记录	得分
1	模具零件图的识读	10	检查图样的完整性和正确性		
2	审查零件的材料是否恰当	10	依据材料选择合理性和经济性		
3	审查零件的结构工艺性	15	①合理选择公差、配合及表面粗糙度；②零件的结构要便于安装加工，减少装夹次数；③减少刀具的调整与走刀次数；④加工时便于走刀、退刀和测量；；⑤减少加工表面和缩小加工表面积。		
4	零件的技术要求分析	15	①加工表面的尺寸精度；②主要表面的形状精度；③主要加工表面之间的相互位置精度；④加工表面的粗糙度及表面质量要求；⑤热处理要求和其他要求。		
5	定位基准的选择	5	应符合基准重合、基准统一原则		
6	工艺路线的拟定	20	①加工阶段的划分；②加工方法的选择；③工序的集中于分散；④加工表面的加工顺序的确定；⑤热处理工序的安排；⑥辅助工序的安排；⑦数控加工工艺的安排		
7	确定工序的具体内容		①加工余量的确定；②工艺尺寸及公差的确定；③机床与工艺装备的选择；④切削用量与工时定额的确定		
8	工艺尺寸链的计算	10	①定位与设计基准不重合的工序尺寸计算；②测量与设计基准不重合的工序尺寸计算；③中间工序尺寸计算；④保证渗碳、渗氮层深度的工序尺寸计算		
9	工艺方案的技术分析	5	应降低生产成本和工艺成本		

六、思考与练习

1.常用的模具零件加工设备有哪些？其加工范围及加工精度分别是什么？
2.快捷铣床操作注意事项及机台如何保养？
3.快捷铣床的刀具与转速应如何选择？
4.平磨时如何对砂轮进行选择与修整？
5.磨削加工的注意事项有哪些？
6.数控加工的特点是什么？
7.数控加工的注意事项有哪些？
8.线切割加工的原理、特点与适用范围分别是什么？
9.电火花加工的原理、特点与适用范围分别是什么？
10.抛光的概念与作用分别是什么？
11.抛光所用的工具与手法分别是什么？
12.组立装配的概念与作用分别是什么？
13.六面体铣削加工的方法及步骤是什么？
14.铣削加工预留量应如何选择？
15.凸、凹模型芯加工前图纸确认的内容有哪些？
16.凸、凹模型芯加工的一般工序是什么？
17.凸、凹模型芯铣加工时应注意哪些问题？
18.螺纹孔加工的方法及注意事项是什么？
19.斜孔加工的方法及注意事项是什么？
20.细小孔加工的方法及注意事项是什么？
21.孔加工的注意事项有哪些？
22.凸、凹模型芯磨削加工时应注意哪些问题？
23.模板数控加工方法及注意事项有哪些？

项目四

塑料模具的装配

知识目标

1.塑料模具装配图的内容，识图方法及注意事项。

2.塑料模具主要零部件的装配内容、方法、要求及注意事项。

3.典型塑料模具的装配内容、方法、要求及注意事项。

技能目标

1.能正确识别模具装配图，理解装配图的内容

2.熟练掌握塑料模具各种机构件的装配方法、步骤、注意事项及要求。

3.熟练掌握典型塑料模具总装配的装配方法、步骤、注意事项及要求。

任务一 模具装配的基础知识

一、任务描述

本任务主要介绍塑料模具装配的基础知识。通过本任务的学习，应熟练掌握塑料模具装配图及零件图的识图方法及模具装配的方法、步骤及注意事项等相关知识。

二、任务分析

塑料模具做为成形塑件的专用工具，它是由若干零部件组成的，无论零（部）件多么复杂，都不能单独工作，只有这些零件相互配合、协调工作，模具才能发挥其功能和作用。并非所有的模具零件合格就一定装配出合格的模具，在装配中要具备相关的知识和方法，才能装配出合格的模具。

三、相关知识

1.塑料模的装配及工艺过程

塑料模装配就是根据装配图纸和技术要求，将模具的零件、部件，按照一定的工艺顺序进行配合与定位、连接与固定，使之成为符合要求的模具产品，称为塑料模具的装配；其装配过程，就称为塑料模的装配工艺过程。

模具的装配是模具制造过程的最后阶段，它包括装配、调整、检验和试模。其过程通常按装配工作的顺序划分为相应的工序和工步。

一个工人或一组工人在不更换设备或地点的情况下完成的装配工作，叫做装配工序。用同一工具，不改变工作方法，并在固定的位置上连续完成的装配工作，叫装配工步。一个装配工序可以包括一个或几个装配工步。模具的部装和总装都是由若干个装配工序组成的。

2.塑料模装配图及零件图的内容及方法

（1）塑料模具图的内容主要有四部分

1）图形。由点、线、面构成，按机械制图标准画的平面或立体形状，来表示模具的总体形状和各零件的位置关系；2）尺寸标注。由箭头、尺寸线及尺寸界线和尺寸数字组成，来表示模具及零件的尺寸大小、单位未注按毫米（mm）；3）技术要求。主要对模具零件加工或使用过程中图形、尺寸无法表达的内容进行说明，如热处理、表面处理的要求、加工时严禁倒角或靠破等特殊说明等；4）标题栏和明细表。按机械制图标准画的表格，来表示模具的名称、数量、规格、材料、绘图比例、设计者或设计厂家等内容。

（2）塑料模具总装配图的绘制内容及方法

1）尽可能按1∶1比例绘制，并应符合机械制图国家标准。

2）绘制时先由模腔开始，主视图与其他视图同时画出。为了更好地表达模具中成形塑件的形状、浇口位置等，在模具总图中俯视图上，可将上模（定模）拿掉，而只画出下模（动模）部分的俯视图。

3）模具总装图应包含包括全部组成零件，要求投影正确，轮廓清晰。

4）通常将塑件零件图绘制在模具总装图的右上方，并注明名称、材料、收缩率及制图比例等。

5）按顺序将全部零件的序号编出，并填写零件明细表。

6）标注技术要求和使用说明，标注必要尺寸（如外形尺寸、装配尺寸、闭合尺寸等）。模具的技术要求的内容通常是：模具装配工艺要求，使用及装拆方法，试模及检验要求等。

(3）塑料模具主要零件图的绘制内容及方法

一般应先画塑料模具总装图，然后再拆画零件图。由模具总装图拆画零件图的顺序为：先内后外，先复杂后简单，先成形零件后结构零件。

1）图形应按需要选择适当比例绘制，要求视图选择合理，投影正确，布置得当，图形清晰。

2）标注尺寸统一、集中、有序、完整。

3）根据零件用途，正确标注表面粗糙度。

4）填写零件名称、图号、材料、数量、热处理、表面处理、硬度及绘图比例等内容。

（4）塑料模具图的识图方法及注意事项

1）投影方法。常用的机械制图投影有第一角法和第三角法。

①第一角投影法

a）凡将物体置于第一象限内，以「视点（观察者）」→「物体」→「投影面」关系而投影视图的画法，即称为第一角法，亦称第一象限法。

b）第一角投影箱之展开方向，以观察者而言，为由近而远之方向翻转展开。

c）第一角法展开后的视图排列如下，以常用的三视图（前视、俯视、左侧视图）而言，其左侧视图位于前视图之右侧，俯视图则位于前视图之正下方。

②第三角投影法

a）凡将物体置于第三象限内，以「视点（观察者）」→「投影面」→「物体」关系而投影视图的画法，即称为第三角法，亦称第三象限法。

b）第三角投影箱之展开方向，以观察者而言，为由远而近之方向翻转展开。

c）第三角法展开后的六个视图排列如下，以常用之三视图而言，其右侧视图位于前视图之右侧，而俯视图则位于前视图之正上方。

第一角投影法的三视图就是第一角视图，第三角投影法的三视图就是第三角视图。

③区别

主要是视图放置位置：

第一角视图：左视图放右边，右视图放左边，上视图放下面，依此类推；

第三角视图：左视图放左边，右视图放右边，上视图放上面，依此类推。

2）装配图标注的尺寸及公差的要求：既要使模具生产出的产品尺寸符合客户的要求，还要使加工简单化。就实际工厂而言在标图时一般都标两位小数，看标题栏右则的一般公差可知我们的一般公差为正负0.01，但是对于有些部位如水路、螺丝等根本没必要做到这么小的公差来增加加工的难度。如图4-1所示

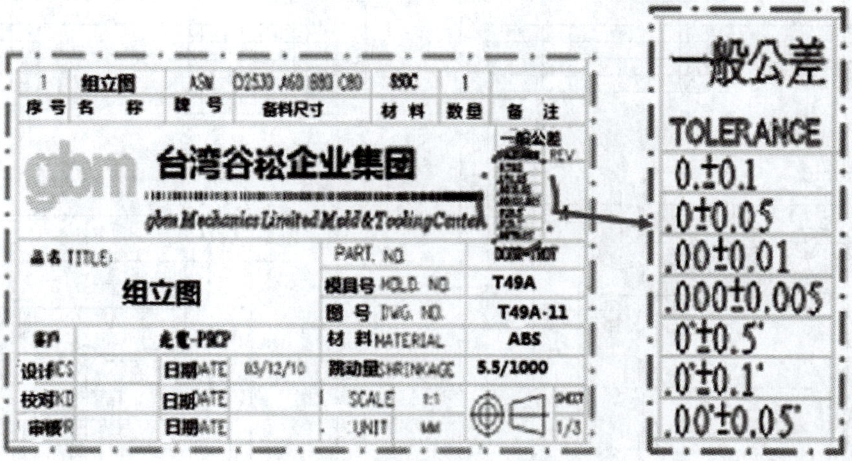

图4-1　装配图的尺寸公差要求图表

3）装配图标注的准则。在标注时要遵循下面的几项平面标注的准则：

①真实 在平面图中所表达的所有尺寸，在计算机图面上是绝对的，不能有图面的尺寸与实测的不一致，（有时设计只是改变尺寸，而没变更图面形状）以免导致模具制造或装配时发生错误；

②清晰 能够表达工件中各处形状，让现场操作者能看懂所画的平面图；

③美观 对于图面的要求，平面图一定要线型、文字清晰，线宽、颜色以及文字大小的统一设定；

④准确 准确的表达工件，工件的最终目的是要现场加工准确，那图面一定要准确标示出现场在加工时所用到的尺寸；

⑤对应 标注完成之后必须以模具装配所分配零件编号及版次发行的方式命名归档，以便查阅和管理。

4）装配图标注的内容。装配图中的标注可分为：模座的标注、组立装配图的标注、模仁的标注、模板的标注、零配件的标注、成品的标注等。

①模座的标注。模座的标注是相对于模座供应厂商为模具制造厂开框的模座以及非标准模座才有标注，在所有模座备料图时都要注明指令编号、模座型号（CID、CI等）和A、B、C板厚。常用模座分为两板模座、三板模座和非标准模座。我们所用到的模座不同，标注注意事项也有不同。

两板模的模座的标注，如图4-2所示。三板模的模座的标注，如图4-3所示。

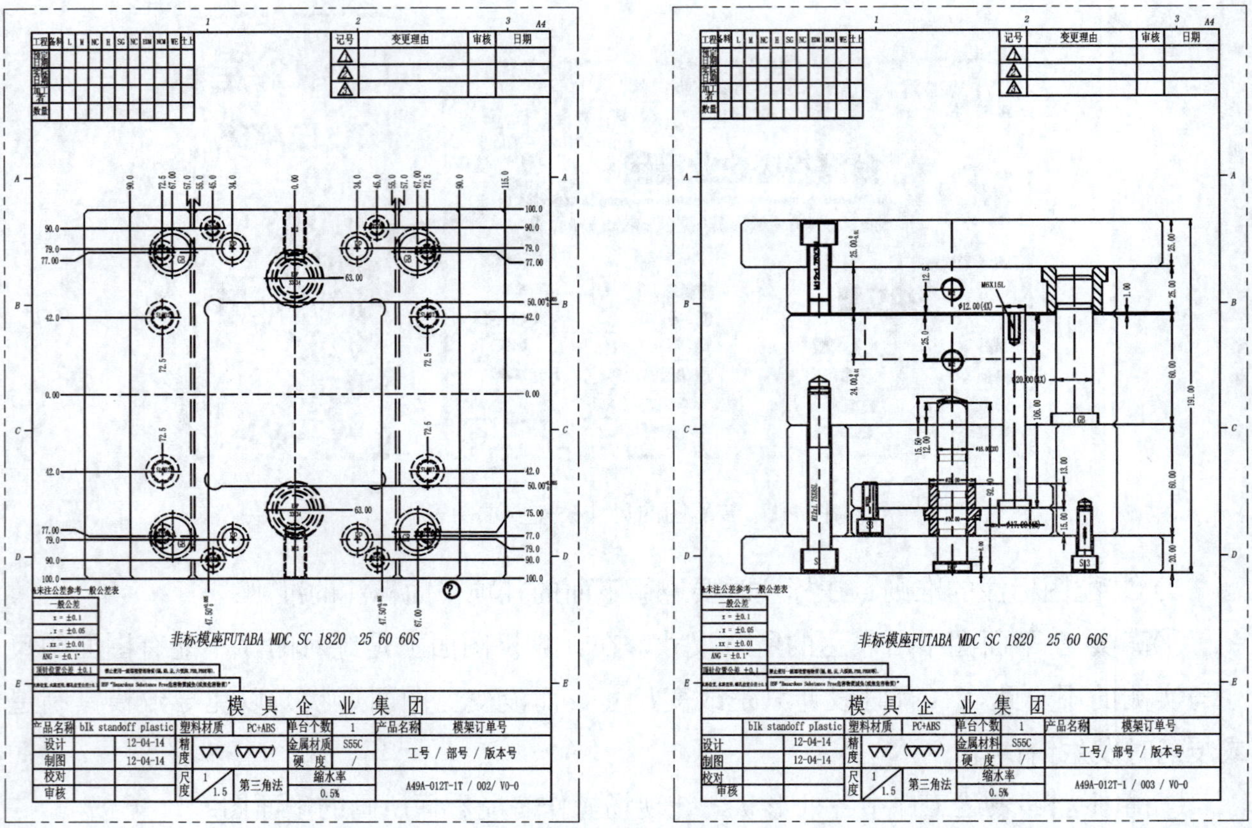

图4-2 两板模模座所在板的外形及定位环、回位销、弹簧孔等尺寸示意图

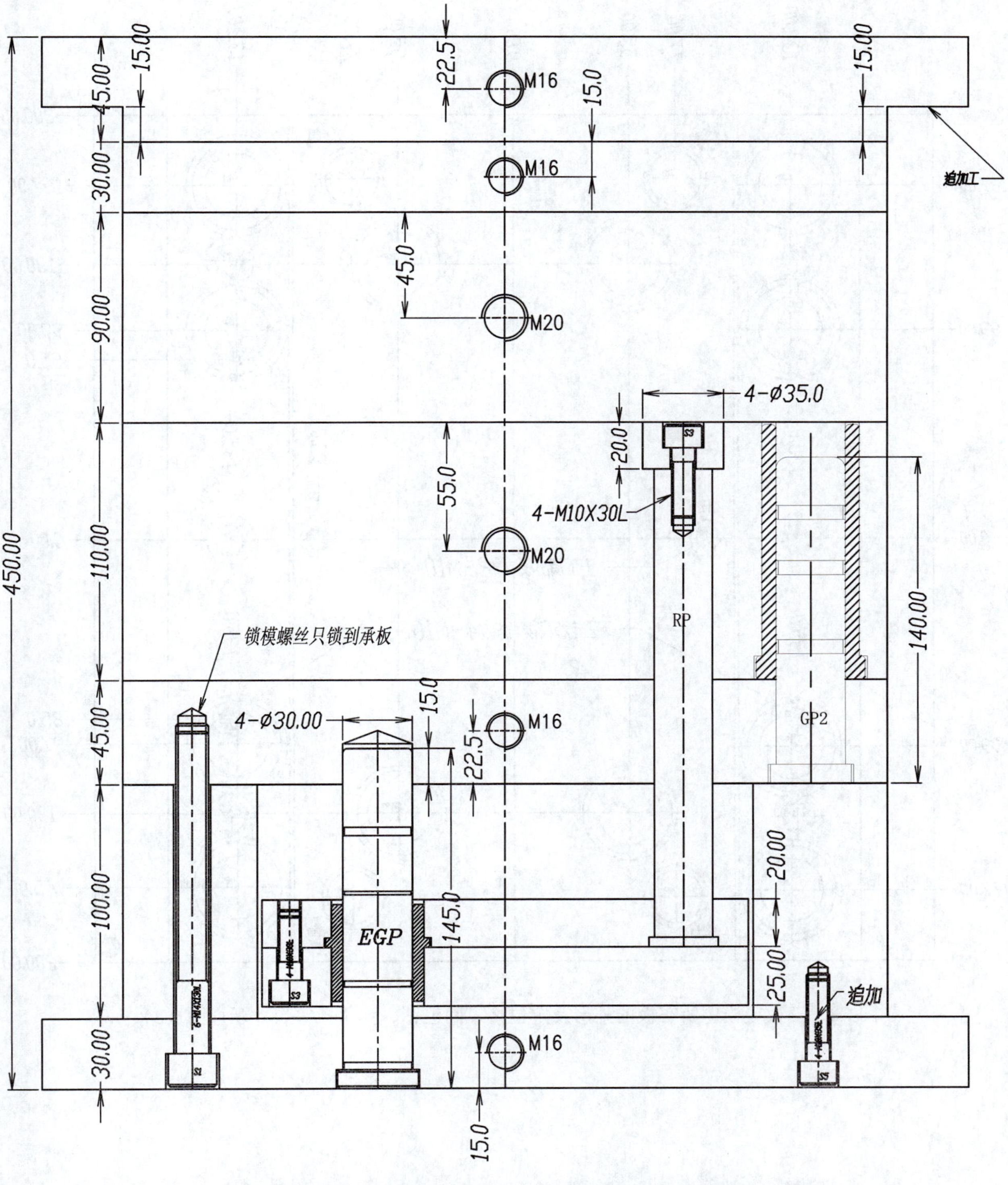

图4-3　三板模模座所在板的外形及定位环、回位销、弹簧孔等尺寸示意图（1）

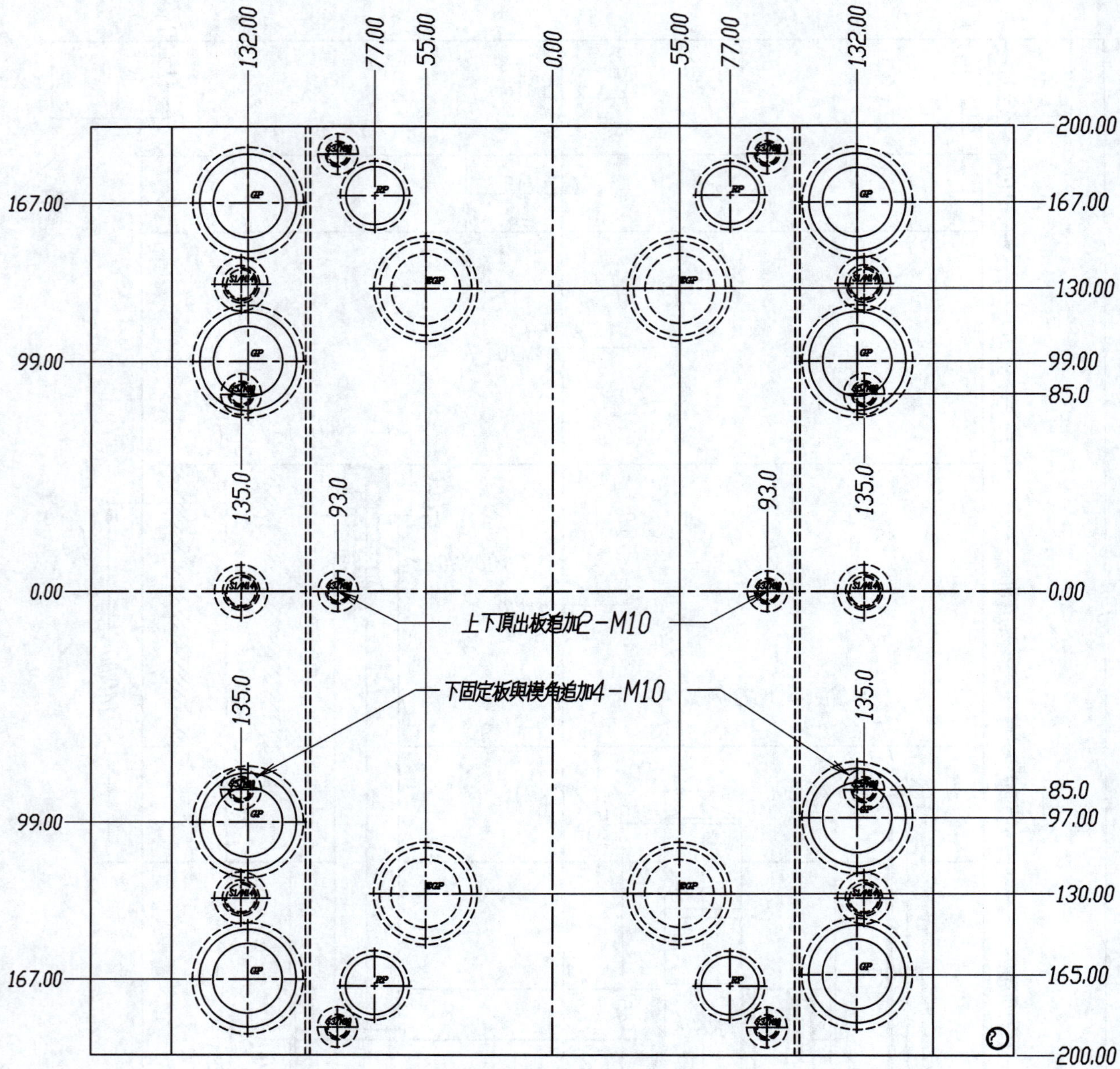

图4-3　三板模模座所在板的外形及定位环、回位销、弹簧孔等尺寸示意图（2）

非标准模座：非标准模座的每一个工件都是由厂商加工完成，所以我们的每一个尺寸都要表达清楚，如图4-4所示。

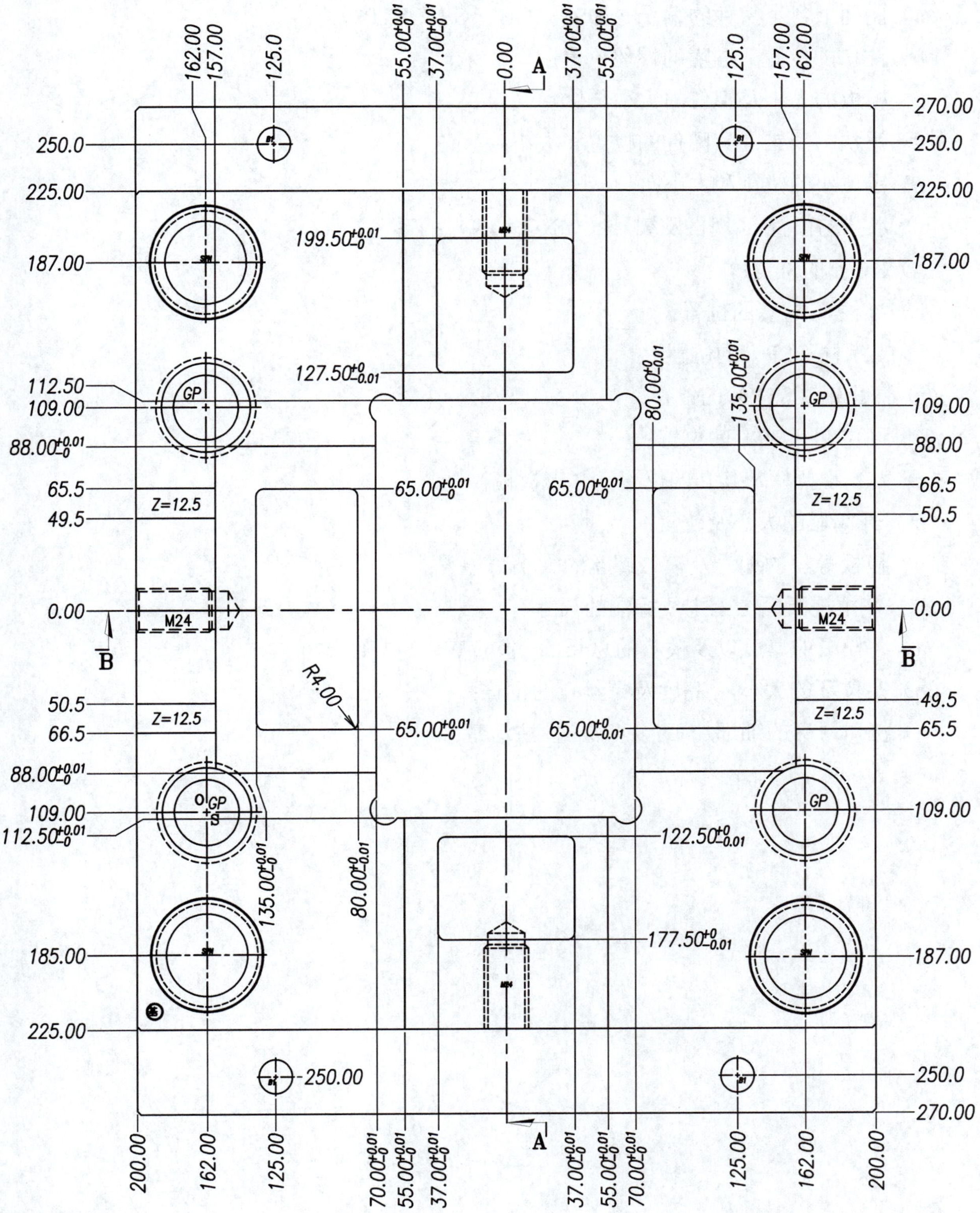

图4-4　非标准模架所在板的外形尺寸图

②组立装配图的标注。我们的组立图标注的要让看图的人既能清晰明了，又能了解

我们所画的每个零件的形状、大小及位置。

A、在俯视平面图上以模具中心为原点，标注以下各零件的大小和位置尺寸：

a）图面上各个零件的编号（如SP、GB、SP、STP等）；

b）注口的位置、灌嘴的螺丝位置；

c）模板的大小及模仁的大小与位置；

d）滑块、斜销及其配件的位置和大小；

e）定位块的位置和大小；

f）水孔的位置，规格及编号（如NO.1 IN）；

g）KO孔的位置；

h）导柱，导套的位置；

i）支承柱（SP）的位置；

j）停止销（STP）的位置；

k）回位销（RP）的位置；

l）大、小拉杆及其孔的位置；（三板模）

m）开闭器的大小及位置；

n）模板螺丝的编号及模仁螺丝的大小与位置；

B、在主视断面图上主要标注的尺寸有：

a）各模板的厚度以及模具的总长L、总宽 W、总高H；

b）定位环的大小，高度及螺丝孔的位置；

c）浇口衬套的细部加工尺寸都应标注清楚；

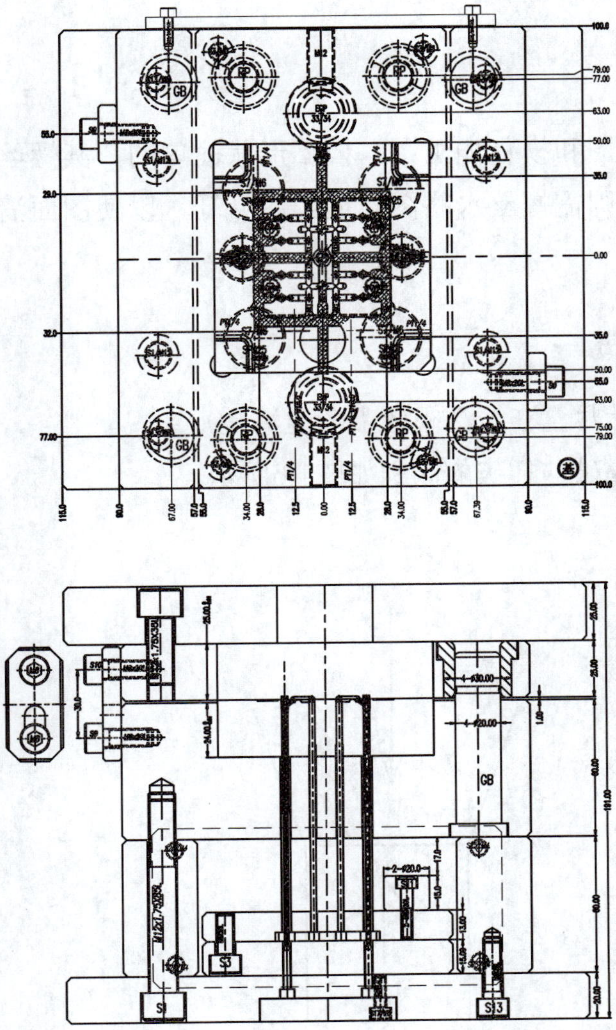

图4-5 组立装配图（a）

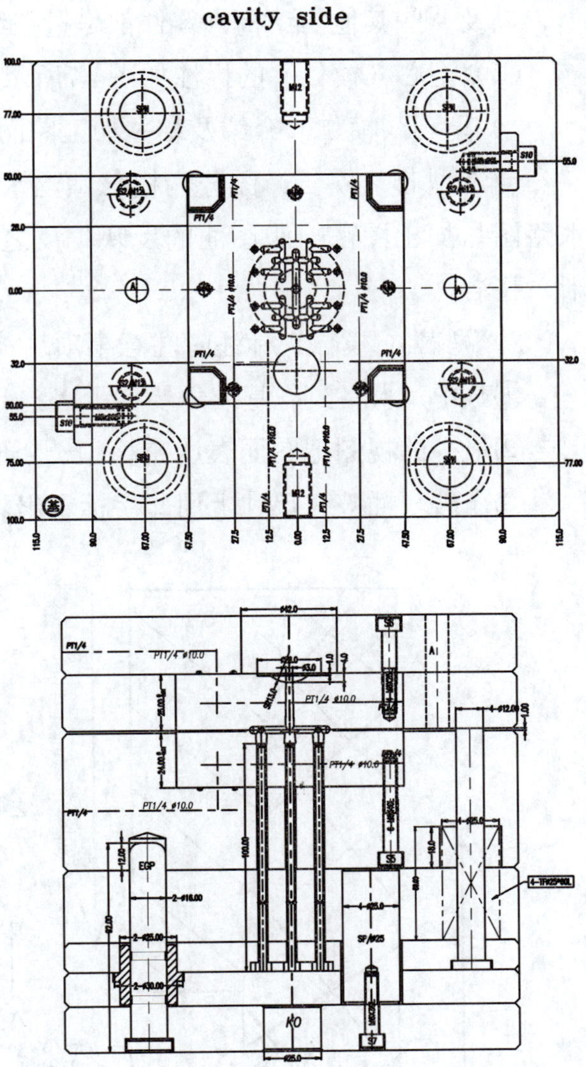

图4-5 组立装配图（b）

d）型芯（模仁）的厚度；

e）水孔的深度；

f）导柱，导套的长度及其大小；

g）大、小拉杆的行程及其大小（拉杆、托销、流道之间的关系尺寸）（三板模）；

h）顶板导柱及其导套的长度和大小；

i）KO（顶针）孔的直径；

j）支柱（SP）的长度和直径。12）停止销的直径和厚度；

k）回位销的大小和长度；

l）开闭器的直径和长度（三板模）；

m）定位块的高度；

n）各吊模螺钉的规格及高度；

o）有关滑块、斜销的各个参数及配件的大小尺寸。

以及一些其他的结构、零件都尽量在组立图上表达清楚。

(3) 型芯（模仁）的标注如图4-7所示。

1）型芯（模仁）介绍及相关加工图面

通常型芯（模仁）图分为模仁螺丝水路图和模仁加工图，模仁形状简单的，其螺丝水路图与加工图在一张图面的反映，反之，则需螺丝水路图与加工图分开，以使图面清晰、整洁。

2）型芯（模仁）标注时注意事项

①TOP（水路）与基准角要标示出。

②最少的视图把图面表达完整，一个形状尽量在一个视图上表达清楚。

③靠破与插破在尺寸上用文字标示出。靠破与插破的区别如图4-6所示。

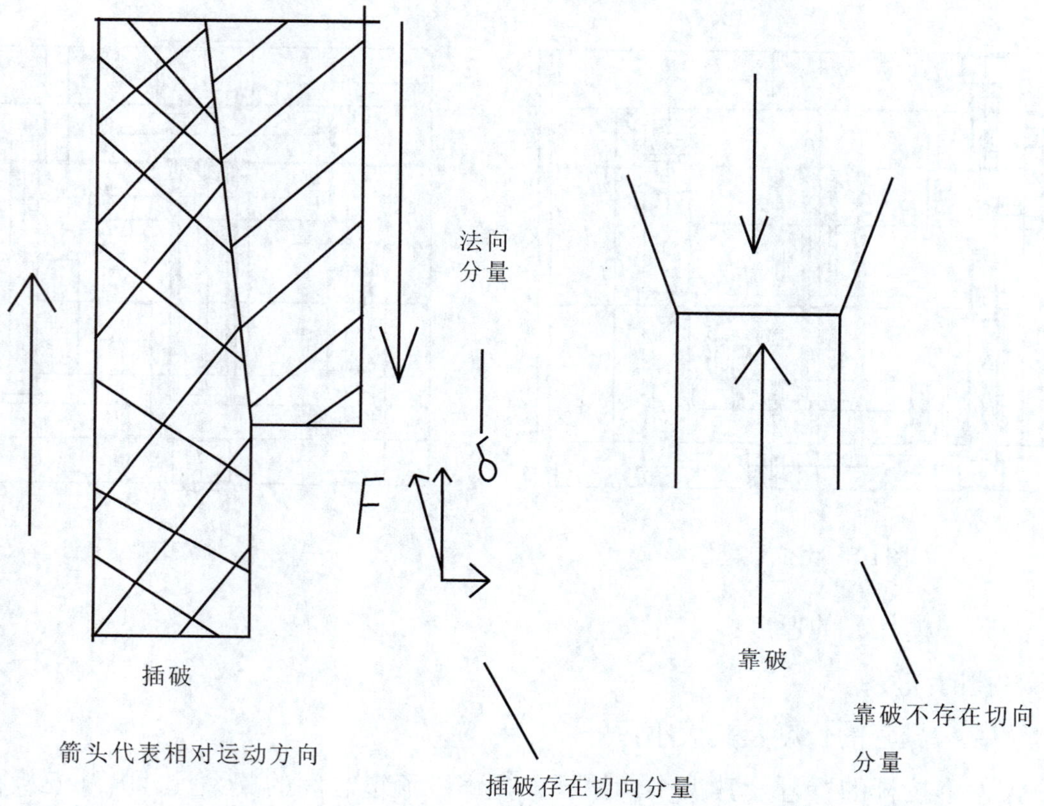

图4-6　图示插破与靠破的区别

④通孔的地方打剖面线。

⑤型芯（模仁）的最大尺寸的标注。

⑥PL按组立图标示出，基准零点与组立图一致。

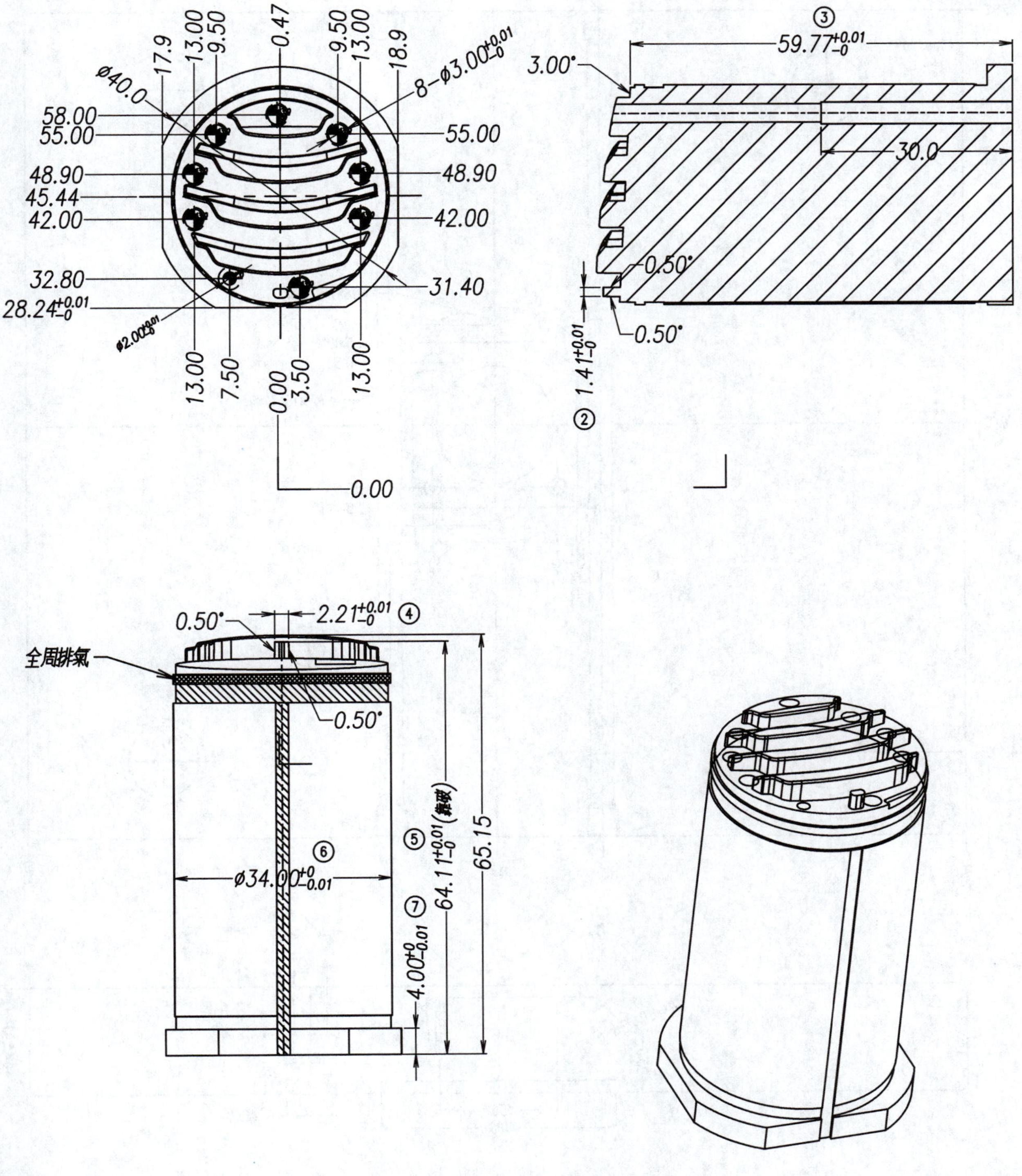

图4-7　型芯（模仁）的标注

（4）模板的标注 模板的标注可简单的分为：定模座板、定模板、动模板、上下顶针板、动模座板。

①定模座板。它包含了：定位环孔、螺丝孔等，螺丝孔又分为锁母模板的螺丝沉头孔、锁定位环的螺丝孔以及吊模螺丝孔，有隔热板的还应加上锁隔热板的螺丝孔，有时为了方便导柱排气会在上固定板上加上排气槽。如图4-8所示。

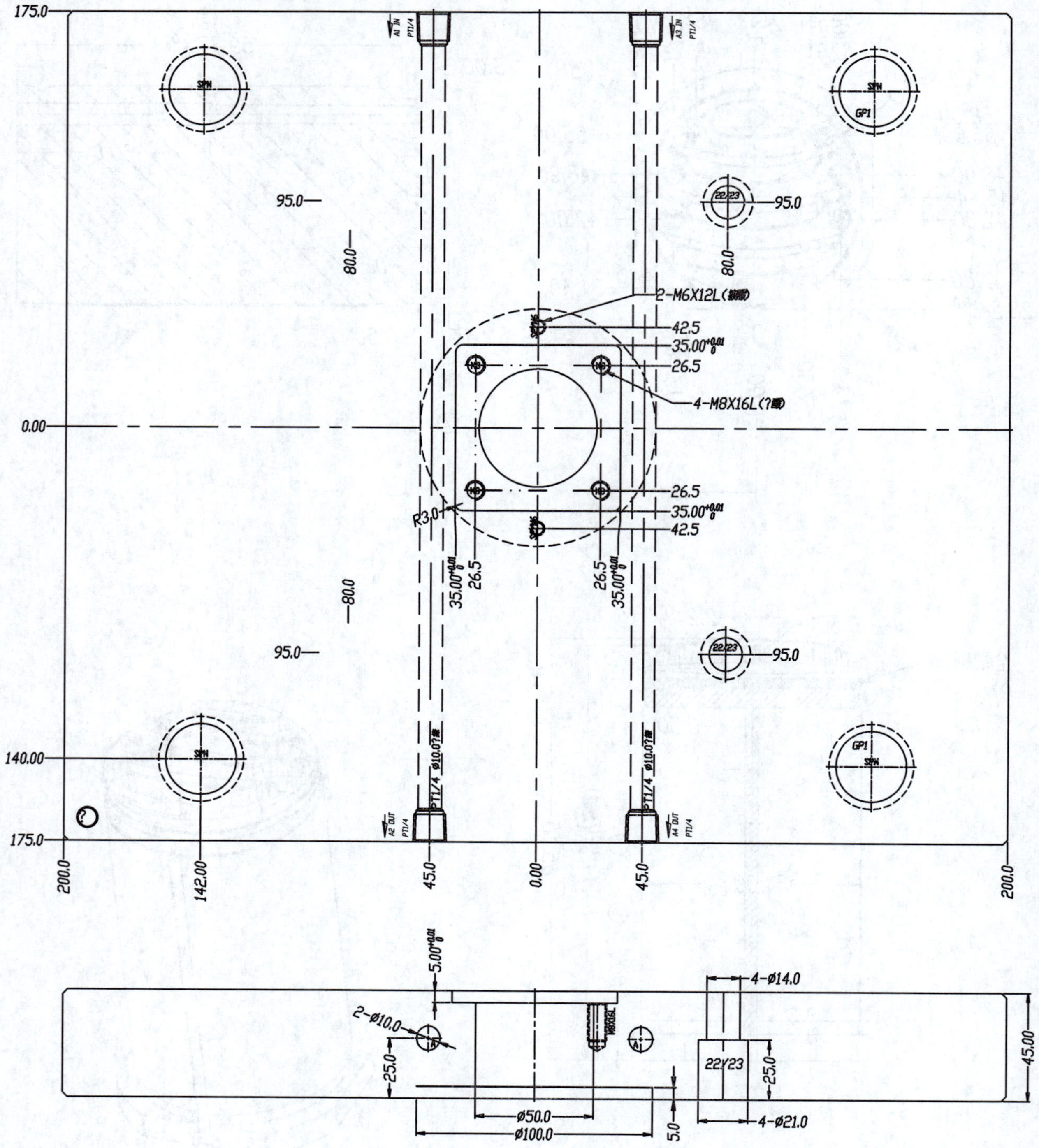

图4-8　定模座板加工图

b）定模板包含了：模框、水路、螺丝孔、导柱（导套）孔、注口衬套孔等，对于有其他机构的（如：滑块机构、定模斜销机构等），定模板的也应反映出其相应的机构（如斜销孔、锁紧块等）。如图4-9所示。

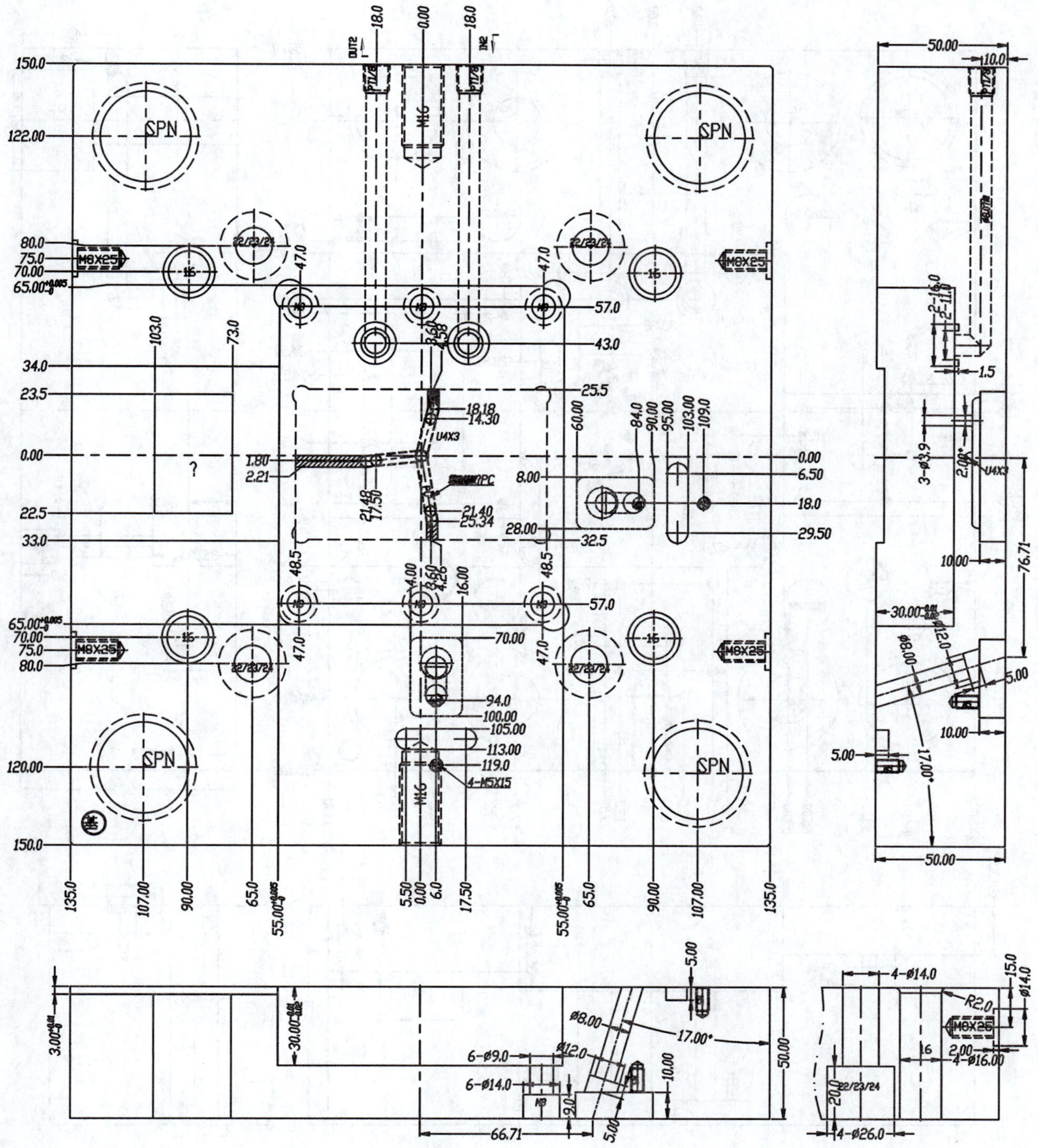

图4-9　定模板的标注示意图

c）动模板的标注包含了：模框、水路、螺丝孔、导柱（导套）孔、顶针（套筒）孔、回位销孔、顶板导柱孔、开闭器孔等，对于有其他机构的（如：滑块机构、斜销机构等），动模板的也应反映出其相应的机构。如图4-10所示。

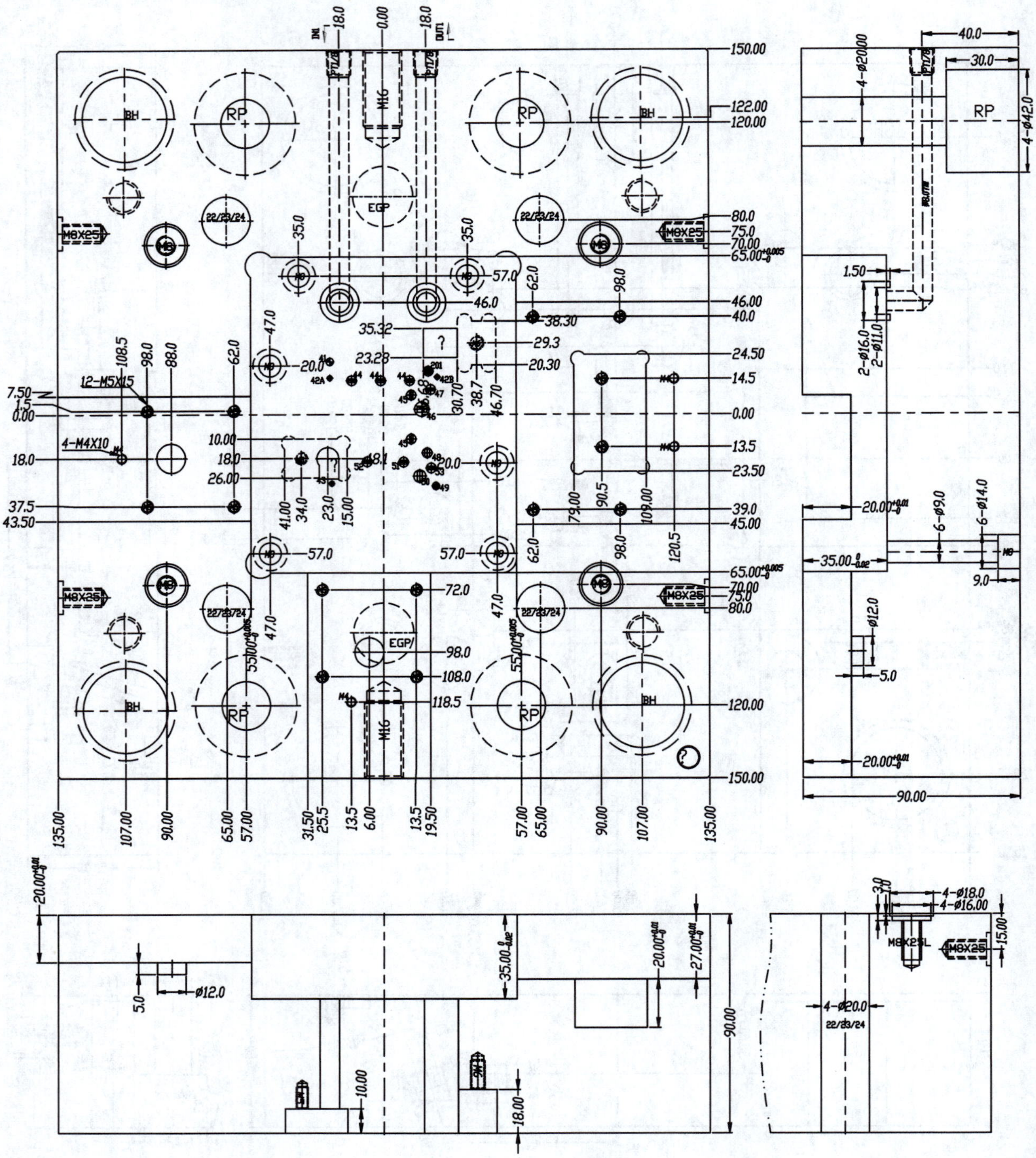

图4-10　动模板的标注示意图

d）上下顶针板与上下顶出板密切相关，因此将它们为一个整体进行标注。

上下顶出板上包含了顶针沉头孔、套筒孔、螺丝孔、回位销孔、顶板导套孔、斜销座孔、支撑柱过孔、拉回装置孔等。

i）上下顶出板支撑柱孔（SP）可以不在侧视图上反映，可直接在主视图上标明其直径，并注明其通孔即可。

ii）对于斜销座孔一致而斜销编号不一致的情况，可不必将每一座孔在剖视图的反映，注明（A001，A002，A003）斜销座孔形式一致之字样。

iii）回位销孔应标出孔径及沉头高度、大小，顶板导柱孔应标出孔径、沉头高度及大小、斜销座孔及拉回装置孔应依其具体形式进行标注。如图4-11所示。

iv）各顶针、司筒、扁销的沉头均应标注出孔径、沉头高度及大小。如图4-12所示。

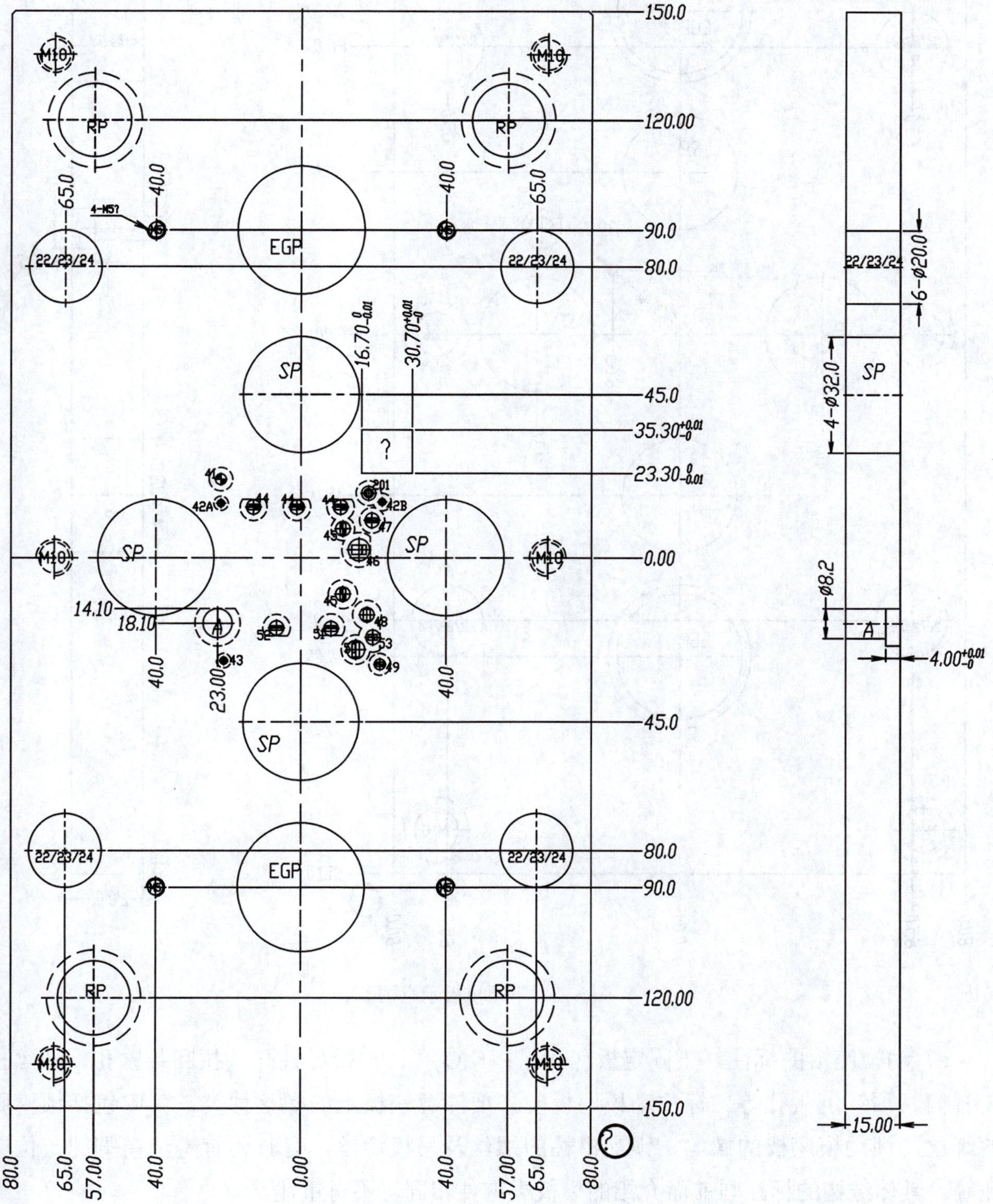

图4-11　上顶出板示意图

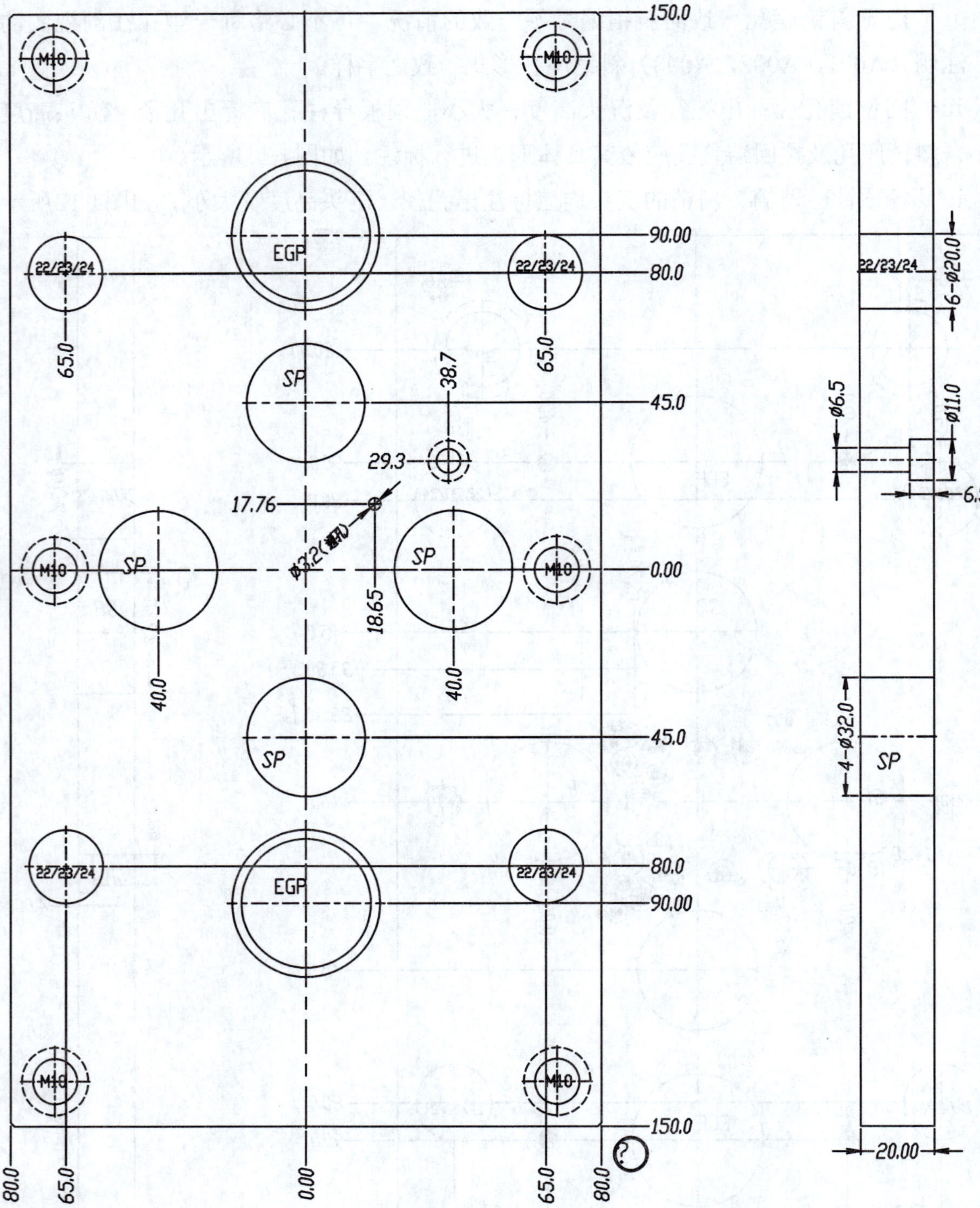

图4-12　下顶出板示意图

e）动模座板的标注，下固定板包含了：K.O.孔、顶板导柱孔、拉回装置孔、螺丝孔、套筒、顶针沉头孔等。标注动模座板时，要注意座板上的螺丝种类，其中包括锁模脚的螺丝，锁动模座板的螺丝，锁支撑柱的螺丝及吊模螺丝，有时还有定位模脚的定位销孔等。具体结构的标注与前面介绍的模板类零件相同，不再重述。

（5）零配件的标注，我们通常所用到的零配件有小型芯（入子）、斜销、斜销座、滑块、拨块、压块、耐磨块、斜撑销、引料棱头、支撑柱、套筒、等。在标注之前我们先来了解零件的编号如下。

图面文件名称为模号末3位数字符号加上图面零件编码

H XX XXX XX+零件编码

A）组立图：HXXXASM

B）爆炸图：HXXXEXP

C）固定侧（定模侧）A板

a）固定侧编码为A

b）定模板A001，固定侧固定板A002…以凹模板为启始编号，A001、A002…往下类推。若为三板模，定模板A001，拨料板A002、固定板A003…往下类推。例如HXXXA001

D）可动侧（动模侧）B板

a）可动侧编码为B

b）动模板B001，可动侧固定板B002以凸模板为启始编号，B001、B002往下类推。例如HXXXB001

E）凹模仁（型芯）F

a）凹模仁（型芯）编码为F

b）凹模仁及其小型芯（镶块或成形杆）编码以最大本体为启始编号，由大至小依序为F001、F2002…以此类推。例如HXXXF001

F）凸模仁（型芯）编码为M

凸模仁及其小型芯（镶块或成形杆）编码，以最大本体为启始编号，由大至小依序为M001、M002…以此类推。例如HXXXM001

G）滑块编码为S

a）滑块、滑块镶块（入子）及其零件，如压板、耐磨板、耐磨块后跟块编码等，以滑块本体为启始编号，依序为滑块镶块（入子）、压板、耐磨块。

b）滑块组以10为一单位，S001～S010为一组编号，下一组滑块块为为S011～S020，以此类推。

c）第一组：S001、S002、S003…S010

第二组：S011、S012、S013…S020例如HXXXS001

H）斜销编号为L

a）斜销、斜销小型芯及其零件，如引导块，斜销座、耐磨块等编码，以斜销本体为起始编号，依序为斜销小型芯引导块、斜销座、耐磨块……由上而下编号。

b）斜销组以10为一单位，L001～L010为一组编号，下一组为L011～L020以此类

推。例：第一组：L001、L002、L003…L010

第二组：L011、L012、L013…L020 例如HXXXL001

I）水路、顶针、线割、螺丝图W

a）零件为零件编号再加W

b）M001W、F001W……

J）套筒顶针P，套筒顶针编码为P、P001、P002… 例如HXXXP001

K）方形顶针R，方形顶针编码为R，R001、R002… 例如HXXXR001

L）其他零件N

a）其他零件编码为N

b）其他零件：如急回机构、拉回机构、油压缸、锁模块、垫块等，以N为编号，若有附件则以10为一组单位。例如HXXX N001

其他零配件标注示意图如图4-13到4-16所示。

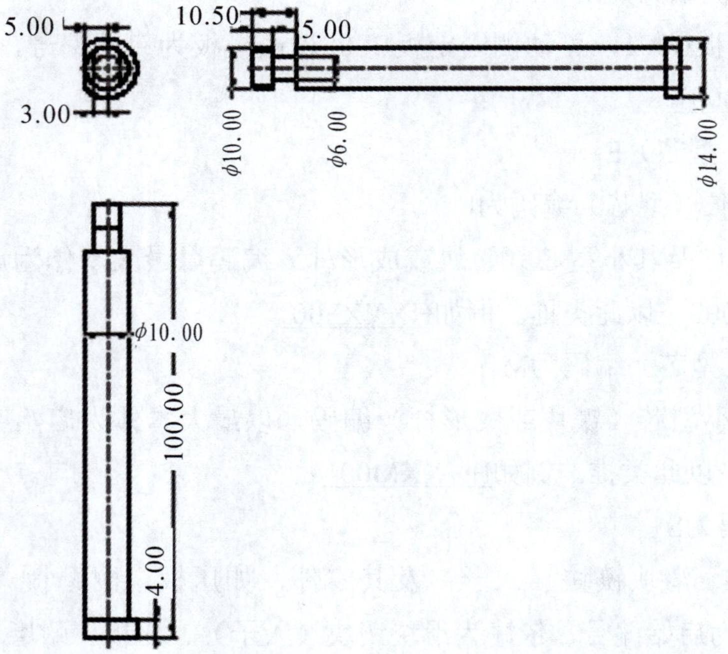

图4-13　小型芯的标注

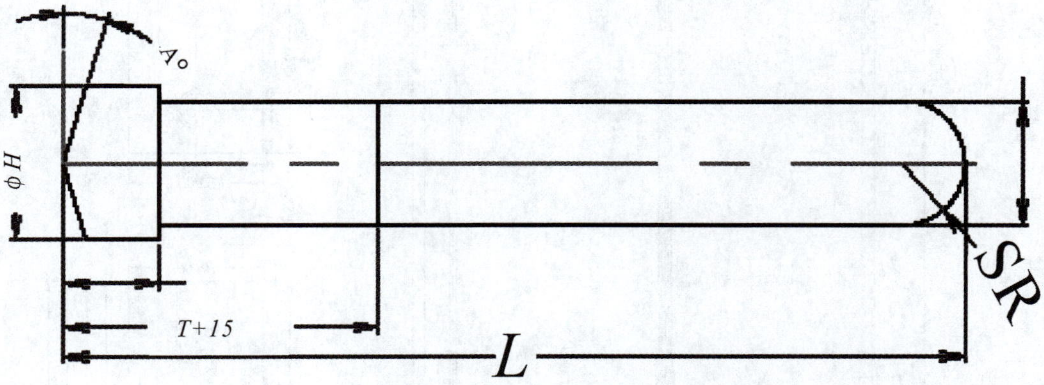

型号	H	∅D	A	T	L	SR	数量
304	15.0	12.00	17	10	75.22	6.0	2
404 604	16.0	13.00	17	10	62.12	6.5	2
504	19.0	16.00	17	13	80.95	8.0	1

图4-14　斜销的标注

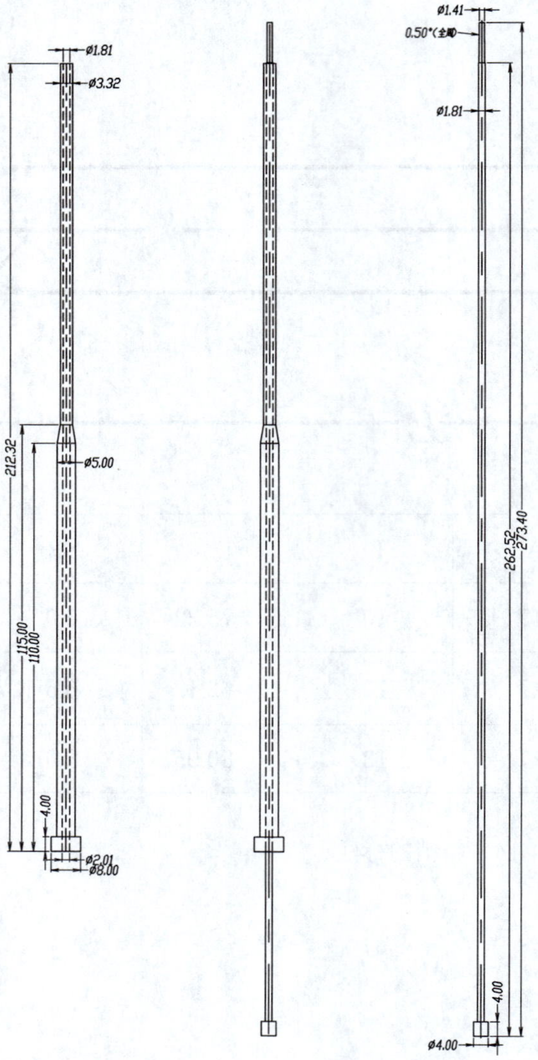

图4-15　套筒的标注

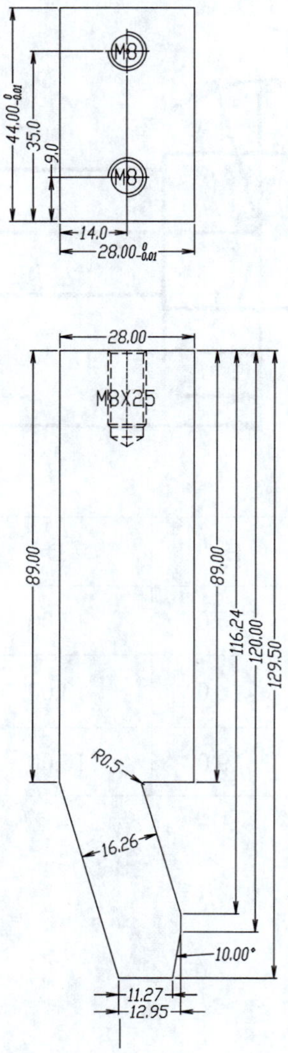

图4-16　拨块的标注

套筒标注注意事项：a）PL（分型面）一定要标示出；b）套筒C角的做法；c）套筒芯子的预留1 mm。

（6）成品的标注 成品零件的标注参考机械制图要求，在此不再重复。

四、任务实施

1.塑料模具的装配工艺过程包括以下三个阶段。

（1）装配前的准备阶段

1）熟悉模具装配图、工艺文件和各项技术要求，了解产品结构、零件的作用以及相互之间连接关系。

2）确定装配方法、顺序和所需的工艺设备。

3）对装配所需的零件进行清洗，去掉零件上的毛刺、铁锈及油污，必要时进行钳工修整。

4）对照模具装配总图明细，仔细检查所需的零件是否齐全，加工件是否符合图纸要求，有无漏、错加工现象，标准件的数量及规格是否符合要求等。

（2）组立装配阶段

1）组装阶段。将许多零件装配在一起构成的组件成为模具的某一组成部分，称为模具的部件，其中那些直接组成部件的零件，称为模具的组件。把零件装配成组件、部件的过程称为模具的组件装配或部件装配。如图4-17所示。

2）总装阶段。把零件、组件、部件装配成最终产品的过程称为总装。

（3）检验和试模阶段

1）模具的检验主要是检验模具的外观质量、装配精度和运动精度。

2）模具装配后的试模、修正和调整统称为调试。其目的是试验模具各零、部件之间的配合、连接情况和工作状态，并及时进行修配和调整。

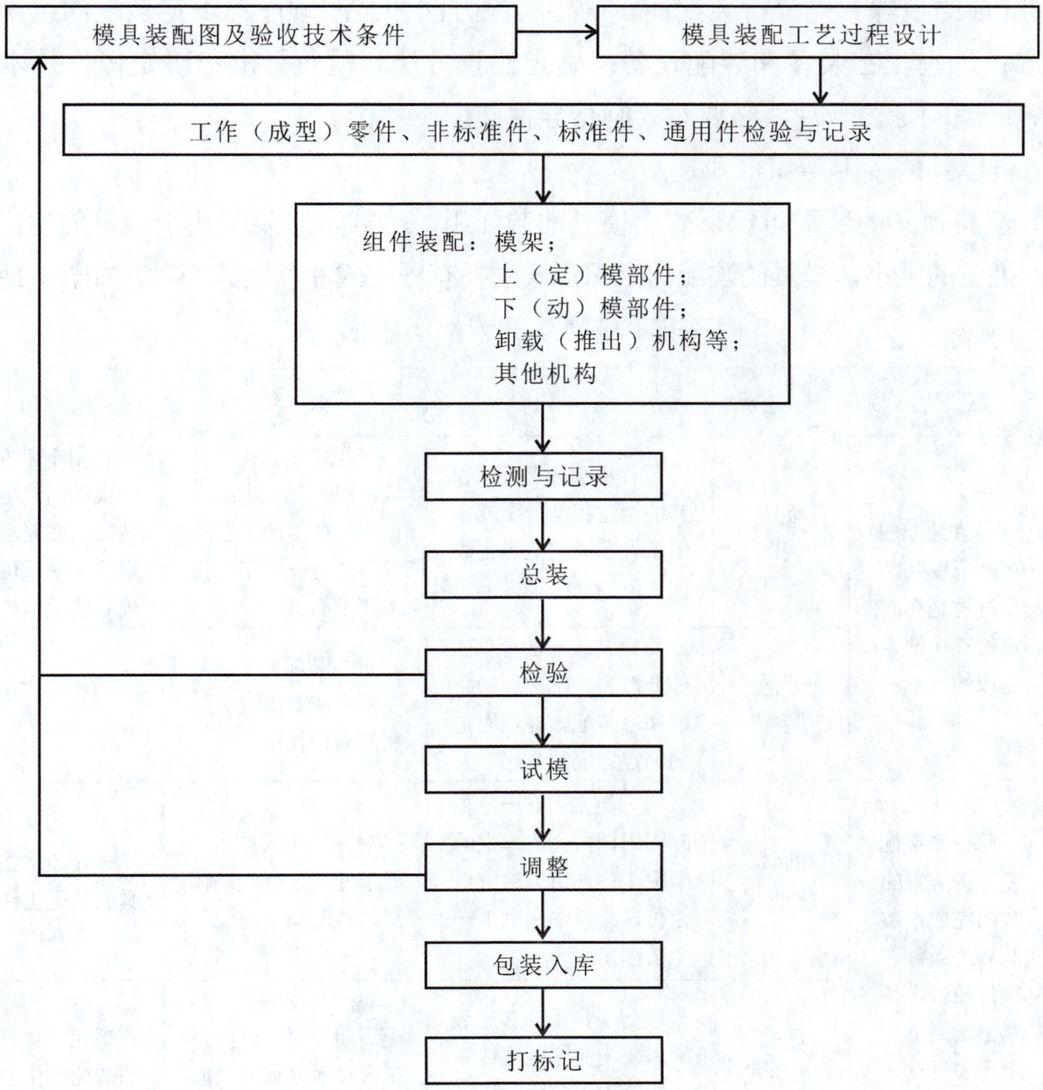

图4-17　塑料模装配过程示意图

2.塑料模具的装配工艺规程

（1）基本内容其规定模具或零、部件装配工艺过程和操作方法的工艺文件。是指导模具或零、部件装配工作的技术文件，也是制定生产计划。进行技术准备的依据。模具的装配工艺规程必须具备以下几项内容：

1）模具零、部件的装配顺序及装配方法；

2）装配工序的内容与装配工作时间定额，装配技术要求与操作工艺规范；

3）装配所需的工艺装备及生产条件；

4）装配质量检验标准与验收方法。

（2）制订的依据与步骤

1）制订的依据。制订模具的装配工艺规程时。应具备各种技术资料，包括模具的总装图，部件装配图及零件图；模具零、部件的明细表及各项精度要求；模具验收技术条件及各项装配单元质量标准；模具的生产类型及现有的工艺装备等。

2）制订的步骤。先分析装配图，确定装配方法和装配顺序；确定装配的组织形式和工序内容；选择工艺装备和装配设备；确定检查方法和验收标准；确定操作技术等级和时间定额；编制工艺卡片，必要时绘制指导性装配工序图。

5.塑料模具的装配组织形式及装配方法

（1）塑料模具的装配组织形式　模具的装配组织形式，主要取决于模具的生产类型。根据生产批量的大小，模具的装配的组织形式主要有固定式和移动式两种，如表4-1所示。

表4-1塑料模具的装配组织形式

名称	装配方式	分 类	装配内容	装配特点	应用范围
固定式装配	零件装配成部件或模具的全过程是在固定的工作地点完成的	集中装配	零件组装成部件或模具的全过程是一个或一组工人在固定地点完成的	装配周期长，生产效率低，工作占地面积大，所需的工艺装备多，对操作工人技术要求高	适用于单件和小批量模具的装配，以及装配精度要求较高，需要调整部位较多的模具装配
		分散装配	将模具装配的全部工作分散为各个部件的装配和总装配，并在固定的地点完成的装配	参与装配的工人较多，生产效率较高，装配周期较短	适用于批量模具的装配
移动式装配	每一道装配工序按一定的时间完成，装配后的组件、部件经传送装置输送到下一个工序进行	断续移动式	每一组工人在一定的时间周期内完成一定的装配工序，组装结束后由传送装置输送到下一个装配工序	对操作工人技术要求低，生产效率较高，装配周期短	适用于大批大量模具的装配工作
		连续移动式	装配工作是在传送装置以一定的速度连续移动的过程中完成的	生产效率较高，装配周期较短，对操作工人技术要求低，但必须熟练	适用于大批量模具的装配工作

（2）塑料模具的装配方法　根据模具组成装配零件能够达到的互换程度，可分为完全互换法和不完全互换法。其中完全互换法又叫直接装配法，不完全互换法又叫配做法。由于模具装配技术要求一般都很高，其装配尺寸链又较多，因此，模具装配通常选择非互换性装配法。非互换性装配法主要有修配法和调整装配法。不完全互换法是指装配时，各配合零件的制造公差将有部分不能达到完全互换装配的要求，对装配相关的零件进行配作，使各零件装配后的相对位置保持正确关系。它分为修配装配法和修配调整法。

1）修配装配法。在单件小批生产中，当装配精度要求高时，如果采用完全互换法，则使相关零件的要求很高，这对降低成本不利。在这种情况下，常常采用修配法。

修配法是在某零件上预留修配量，装配时根据实际需要修整预修面来达到装配要求的方法。修配法的优点是能够获得很高的装配精度，而零件的制造精度可以放宽。缺点是装配中增加了修配工作量，工时多且不易预先确定，装配质量依赖工人的技术水平，生产效率低。

图4-18所示是一注射模具的浇口套组件。浇口套装入定模板后要求上面高出定模板0.02 mm，以便定位圈将其压紧。下表面则与定模板平齐。为了保证零件加工和装配的经济可行性，上表面高出定模板平面的0.02 mm由加工精度保证，下表面则选择浇口套为修配零件，预留高出定模板平面的修配余量*h*，将浇口套压入模板配合孔后，在平面磨床上将浇口套下表面和定模板平面一起磨平，使之达到装配要求。

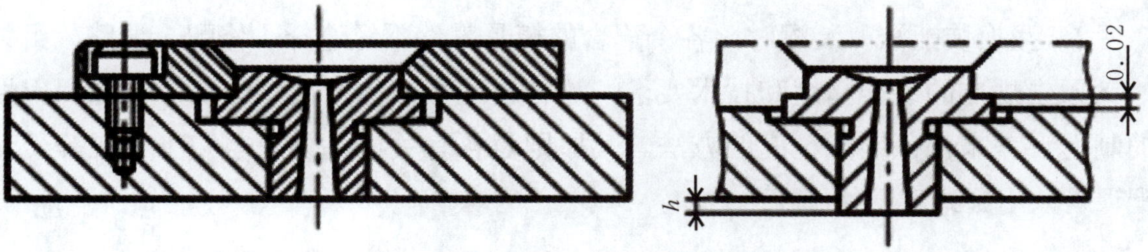

图4-18　浇口套组件修配装配

采用修配法时应注意：

①应正确选择修配对象。即选择那些只与本装配精度有关，而与其他装配精度无关的零件作为修配对象。然后再选择其中易于拆装且修配面不大的零件作为修配件。

②应通过尺寸链计算。合理确定修配件的尺寸和公差，既要保证它有足够的修配量，又不要使修配量过大。

③应考虑用机械加工方法来代替手工修配。如用手持电动或气动修配工具。

2）修配调整法。将各相关模具零件按经济加工精度制造，在装配时通过改变一个零件的位置或选定适当尺寸的调节件（如垫片、垫圈、套筒等）加入到尺寸链中进行补偿，以达到规定装配精度要求的方法称为调整装配法。

图4-19所示是塑料注射模滑块型芯水平位置的装配调整示意图。根据预装配时对间隙

的测量结果，从一套不同厚度的调整垫片中，选择一个适当厚度的调整垫片进行装配，从而达到所要求的型芯位置。

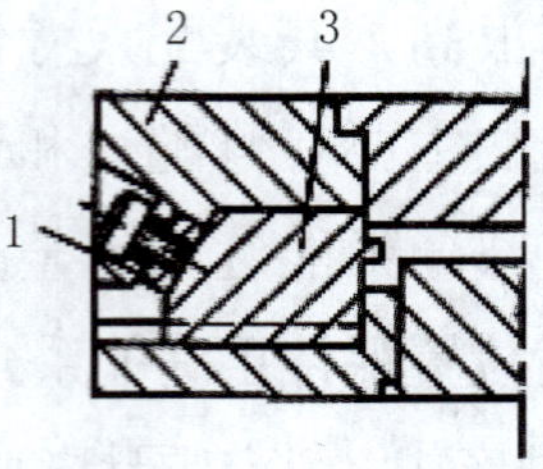

1—调整垫片；2—紧楔块；3—滑块型芯

图4-19 调节装配法

调整法的优点是：

①在各组成环按经济加工精度制造的条件下，能获得较高的装配精度。

②不需要做任何修配加工，还可以补偿因磨损和热变形对装配精度的影响。

缺点是：需要增加尺寸链中零件的数量，装配精度依赖工人的技术水平。

这种方法克服了完全互换法对零件精度要求高，制造困难等不足，但耗时较多，对装配工人技术要求高，生产效率低。

鉴于前述，完全互换法适用于设备齐全的大中型工厂及专业化模具生产厂。不完全互 换法适用于不具备高精度设备的小型模具厂。

（2）互换装配法 装配时，各个配合的模具零件不经选择、修配、调整，组装后就能达到预先规定的装配精度和技术要求，这种装配方法称互换装配法。它是利用控制零件的制造误差来保证装配精度的方法。其原则是各有关零件公差之和小于或等于允许的装配误差。用公式表示如下：

$$\delta_{\Delta} \geqslant \sum_{i=1}^{n} \delta_{i}$$

式中：δ_{Δ}—装配允许的误差（公差）；δ_{i}—各有关零件的制造公差。

在这种装配中，零件是可以完全互换的。互换法的优点是：

1）装配过程简单，质量稳定，生产率高；

2）对工人技术水平要求不高，便于流水作业和自动化装配；

3）容易实现专业化生产，降低成本；

4）备件供应方便。

但是互换法将提高零件的加工精度（相对其他装配法），使零件加工困难。同时要求管理水平较高。适用于批量大和尺寸链较短的模具零件的装配。

2.塑料模具装配的重点内容

（1）水孔位置是否正确，模仁水孔要堵塞，并对其密封性进行检查，保证不漏。模板上的螺钉孔是否齐全，否则，做其对应螺钉孔符合要求。必要时浇口套内孔要抛光。

（2）小型芯（入子）倒角不能太大，不能配太紧，否则会损坏小型芯（入子），必要时非工作面开油槽。

（3）动、定模型芯（模仁）与相配的动、定模板的倒角。型芯（模仁）与模板相配不能太紧或太松，保证间隙0.01 mm。

（4）注入口的抛光 浇道部位抛光，抛光时注意倒勾和尖角不能抛钝。

（5）动、定模型芯（模仁）有型芯小型芯（入子）的先配，配小型芯（入子）时注意倒角的方向、大小和长度，两个小型芯（入子）拼在一起的两个面四角不用倒，倒角的大小要边配边倒，使其松紧合适，倒角的长度不可过长，否则会产生毛边，所有小型芯（入子）实配前要先清理孔内异物。

（6）动、定模型芯（模仁）有滑块的先配滑块，配滑块时要注意接触面，特别是凹模内滑块配时较困难，一定要先清理好滑槽，再磨滑块，这样才能达到配合要求。

（7）动、定模型芯（模仁）有斜销的先配斜销，配斜销时由于斜销与线切割孔有尺寸偏差，若配合太紧无法压入，不可磨斜销，要先放电清理孔后再配斜销，否则会出现毛边。

（8）动、定模的合模，动、定模所有的型芯的小型芯（入子）、斜销、滑块配好后，就可以合模了，配合面上涂上红丹粉，合模后打开观察其配合部位是否均匀。

（9）动、定模配完后，就可以装顶针、滑块等整套模具，然后在合模机时合模，若无异常，就可保养后试模，否则返修。

3.塑料模具装配的要求

塑料模具装配的目的是生产出合格塑件，因此模具装配后必须满足规定的技术要求，不仅如此，还应按照模具验收的技术条件进行试模验收。

塑料模具装配的技术要求包括模具的外观和安装尺寸、总体装配精度两大方面。

（1）模具外观和安装尺寸要求

1）铸造表面应清理干净，安装面应光滑平整，螺钉、销钉头部不能高出安装基准面。

2）模具表面应平整，无锈斑、毛刺、锤痕、碰伤、焊补等缺陷，并对除刃口、型孔以外的锐边、尖角进行倒钝。

3）模具的闭合高度、安装于机床的各配合部位尺寸，应符合选用的设备型号和规格。

4）当模具质量大于25 kg时，模具应装有起重杆或吊钩，对于大、中型模具应设有起重孔或吊环，以便于模具的搬运和安装。

5）装配后的模具应模具的编号、图号及生产日期等内容。塑料模还应有动、定模方向的记号及使用设备的型号。

6）注射模的分型面上除导柱孔、斜销孔外，不得有外漏的螺钉孔、销钉孔和工艺孔，如有这些孔需堵塞，且与分型面平齐。

7）装配后的塑料模，其闭合高度、安装部位的配合尺寸、顶出形式、开模距离等均应符合设计要求及设备使用的技术条件。

（2）塑料模具总体装配技术要求

1）所组装的模具零件的材料、几何形状、尺寸精度、表面粗糙度和热处理等均应符合图样要求。零件表面不允许有；裂纹和机械损伤等缺陷。

2）模具所有活动部分，应保证位置准确，配合间隙适当、动作协调可靠、定位和导向正确、运功平稳灵活。固定的零件，应牢固可靠，在使用中不得出现松动和脱落。锁紧零件达到可靠锁紧作用。

3）模具装配后，必须保证模具各零件间的相对位置精度。

4）模具分型面的对定、动模座板安装平面的平行度和导柱、导套对定、动模板安装面的垂直度的要求应符合有关技术标准和使用条件的规定。各零件之间的支承面要相互平行，平行度偏差在长度200 mm内不大于0.05 mm。

5）开模时，推出部分应保证制件和浇注系统的顺利脱模或取出。合模时，应准确退回原始位置。

6）合模后分型面应紧密贴合，如有局部间隙，其间隙值应不大于0.015 mm。

7）在分型面上，动、定模镶块要求紧密无缝，镶块平面应分别与动、定模板平齐，或可允许略高，但高出量不得大于0.05 mm。

8）推杆、复位杆应分别与分型面平齐，推杆允许凸出分型面，但不应大于0.05 mm，复位杆允许低于分型面，但不得大于0.02 mm。

9）滑块运动应平稳，开模后应定位可靠；合模后滑块斜面与楔紧块的斜面应压紧，接触面积不小于75%，且有一定的预紧力。

10）抽芯结构中，抽芯动作结束时，所抽出型芯端面与制件时对应孔的端面距离应大于2 mm。

11）在多块剖分模结构中，合模后拼合面应紧密，推出时应同步。

4.塑料模具验收技术条件

为保证试模验收工作，模具验收技术条件包括验收项目、验收内容和标准以及试模方法等。

（1）模具应进行以下验收工作：

外观检查。组成模具各零件的外观无缺陷。

尺寸检查。组成模具各零件的尺寸符合图纸尺寸要求。

试模和制件检查。

质量稳定性检查。

模具材质和热处理要求检查。

（2）模具检查按模具图样和技术条件，检查模具各零件的尺寸、模具材质、热处理方法、硬度、表面粗糙度和有无伤痕等，检查模具组装后的外形尺寸、运动状态和工作性能。检验部门应将检查部位、检查项目、检测方法等内容逐项填入模具验收卡中。

（3）模具的试模经上述检验合格的模具才能试模，试模应严格遵守有关工艺规程。试件的材质应符合有关国家标准和专业标准。

1）试模的技术要求。试模用的设备应符合技术要求。装机后应达到模具各工作系统工作可靠，活动部分灵活平稳，动作相互协调，定位起止正确。

2）对试件的要求。试模提取检验用的试件，应在工艺参数稳定后进行。在最后一次试模时，应连续取出一定数量的试件交付模具制造部门和使用部门检查。经双方确认试件合格后，有模具制造方开具合格证，连同试件及模具交付使用部门。

3）模具质量稳定性检查批量。模具质量稳定性检查的批量生产所规定的制件数量按有关规定执行。

五、检查与评价

表4-2塑料模具装配工艺过程

班级________ 姓名________ 学号________ 总分________

项次	项目与技术要求	配分	评定方法	实测记录	得分
1	模具装配图及相关零件图的识读	10	检查图样的完整性和正确性		
2	装配零件的清理	10	依据图纸检查零件有无漏加工的内容，毛刺是否去除，是否需要抛光等		
3	审查装配工艺性	15	①减少装配的调整与拆装次数；②装配时时便于装配和测量；③减少装配表面和缩小维修表面积。		
4	装配的技术要求分析	15	①装配的尺寸精度；②装配主要表面的形状精度；③主要装配表面之间的相互位置精度；④装配表面的粗糙度及表面质量要求；⑤装配及操作的注意事项等其他要求。		
5	装配定位基准的选择	5	应符合基准重合、基准统一原则		

续表

项次	项目与技术要求	配分	评定方法	实测记录	得分
6	装配工艺路线的拟定	20	①装配阶段的划分；②装配方法的选择；③组装工序的集中于分散；④组件装配顺序的确定；⑤辅助工序的安排；⑥试模工序的的安排等		
7	确定装配工序的具体内容	10	①修配余量的确定；②装配工艺尺寸及公差的确定；③机床与注射装备的选择；④维修用量与工时定额的确定		
8	装配工艺尺寸链的计算	10	①装配与设计基准不重合的工序尺寸计算；②测量与设计基准不重合的工序尺寸计算；③中间工序尺寸计算		
9	装配工艺方案的技术分析	5	应降低生产成本和工艺成本		

六、思考与练习

1.何谓塑料模具装配？

2.读图时第一角法与第三角法的区别与联系是什么？

3.一副完整零件图所包含的内容是什么？

4.装配图尺寸及精度标注的原则是什么？

5.装配图标注时有哪些主要内容？

6.装配俯视平面图一般应标注哪些内容？

7.装配主视截面图一般应标注哪些内容？

8.动、定模型芯（模仁）标注应注意哪些问题？

9.塑料模具装配工艺过程分哪几个阶段？

10.塑料模具装配工艺规程内容有哪些？

11.塑料模具装配工艺规程制订依据与步骤是什么？

12.塑料模具装配的方法有哪些？各有何优缺点？

13.塑料模具总体装配有哪些技术要求？

14.塑料模具验收项目有哪些？

15.塑料模具装配检验的内容有哪些？

任务二 塑料模具主要零部件的装配

一、任务描述

本任务主要介绍塑料模具主要零部件的结构类型、装配方法和和选择原则。通过本任务的学习重点掌握塑料模具成形零部件的类型、装配、固定方法，应能够熟练掌握塑料零部件的装配技巧及方法。

二、任务分析

组成塑料模具的零件很多，但这些零件在组成模具的过程是按照：零件—部件—模具的顺序来组立装配的，因此，塑料模具零部件的装配是塑料模具装配的重要环节。

三、相关知识

塑料模具是实现塑料成形生产的专用工具和主要设备。利用塑料模具可以成形各种形状和尺寸的塑料制件。虽然塑料模的类型较多，而同一类型的塑料模又有各种不同的结构形式，但任何一幅塑料模的组成零件都可按其用途分为成形零件、浇注系统与加料腔零件、排气系统、导向零件、推出机构、侧向分型抽芯机构、加热与冷却装置及支撑与固定零件等。因此，塑料模具的装配就是把组成模具的零件依照一定的要求进行配合、定位、连接固定起来成为各种组件、部件，最后将所有的零件、组件和部件连接或固定起来成为符合要求的完整模具。

塑料模具零部件的详细分类如表4-3所示。

表4-3 塑料模具零部件的分类

成形零件	凸模、型芯、侧型芯；凹模、镶件；螺纹型芯、螺纹型环
浇注系统	浇口套、分流锥
排气系统	排气槽、排气塞
加料腔	加料室、柱塞

续表

导向机构	导柱、导套
推出机构	推杆、推管、推件板；复位杆、拉料杆；推杆固定板、推板；推板导柱与导套
侧向分型抽芯机构	斜销、滑块、斜滑块、楔紧块、导滑板、滑块定位装置、限位装置、止动装置
加热冷却装置	电热板、电热棒、电热套、隔热板、隔板、喷水管、水接头
支撑与固定零件	定模座板、上模座板、动模座板，下模座板、定模板、上模板、动模板，下模板、模套、支撑板、定位圈、垫块、支架、螺钉、销钉

四、任务实施

1.成形零件的装配

成形零件的装配主要是指凸模型芯（公模仁）及型腔凹模（母模仁）的装配，它包括小型芯（入子）与其固定板的装配，模仁与动（公）、定（母）模板的装配及过盈配合件的装配。

（1）成形零件装配技术要求　对这类零件的装配，应按照以下装配要求进行。

1）在装配前需对各成形零件进行检查，要求其形状、尺寸精度均符合图样标准及有关技术条件的规定。

2）型腔分型面处、浇口及进料口处应保持锐边，一般不准修成圆角。

3）相互接触的承压零件，如相互接触的型芯、凸模与挤压环、柱塞与加料室之间，在装配时应有适当的间隙或合理的承压面积，以防模具使用时由于直接挤压造成零件损伤。

4）动、定模座安装面对分型面平行度误差在300 mm内不大于0.05 mm。

5）活动型芯、顶出及导向部位运动时，起止位置要准确，滑动要平稳，动作要可靠、灵活、协调，不得有卡紧和歪斜现象。

6）装配后，相互配合的成形零件相对位置精度应符合图样要求。镶拼式型腔或型芯拼接面应配合紧密、牢靠，表面光洁，无接缝。各镶嵌紧固件要紧固可靠，不得松动。各紧固螺钉、销钉要拧紧。

7）成形零件装配后，应在生产条件下与其他部件一起进行最后的总装配和试模，试制的零件应符合图样要求。

（2）成形零件装配工艺特点　成形零件装配的主要特点是：零件的加工与装配是同步进行的，并且各组成零件装配的次序没有严格的要求。

（3）成形零件的装配工艺方法：其装配的主要方法有压入法、旋入法和镶入法等。具体装配方法介绍如下：

1）压入装配法。图4-20所示为型腔凹模及型芯的结构，其固定板型孔是通孔，其装配方法可采用直接将型腔凹模及型芯压入模板型孔内，在压入时，最好是在液压机或专用 压力机上进行。型芯及型腔压入前，首先要在模板上调整好位置，并在压入表面及模板型孔表面涂适当的润滑油，以便压入。压入模板极小部分后，用百分表校正压入部位所在面与安装基面的垂直度，合格后，再压入模板。压入时，用力要缓慢。压入后，用销钉定位，以防松动。

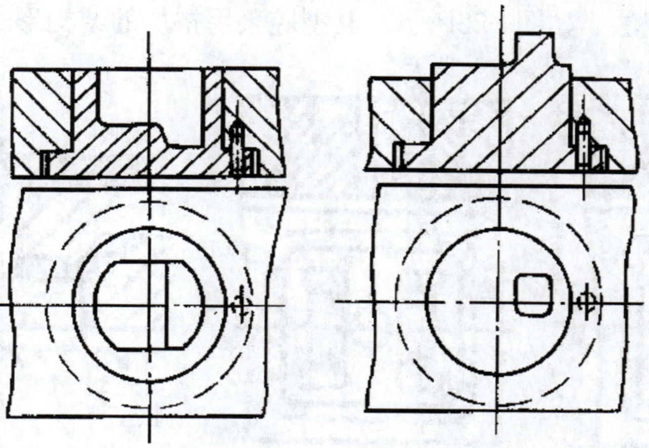

a）型腔凹模　　b）型芯

图4-20　压入法装配型芯与型腔凹模

2）镶嵌装配法。图4-21所示的结构是在一块模板上镶入两个或以上的型腔凹模（或型芯），并且动模与定模之间要求有精确的相对位置，这就是镶嵌装配法。这种方法的装配，可先选择装配基准，然后按工艺要求进行装配。其装配过程如下：

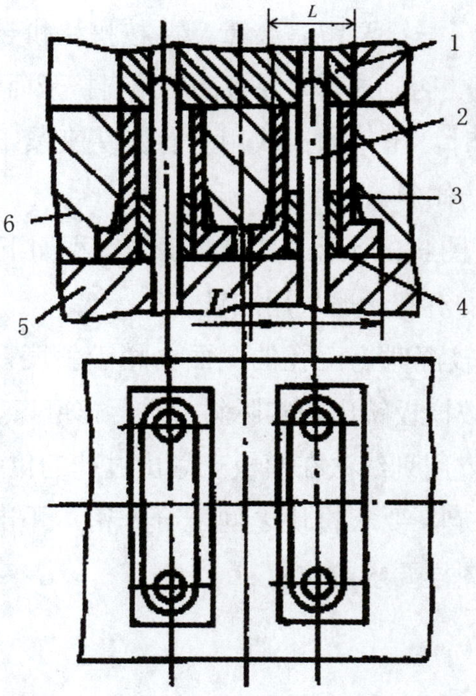

1—定模镶块；2—小型芯；3—型腔凹模；4—推块；5—固定板

图4-21　镶嵌装配法

①用工艺销钉穿入定模镶块1和推块4的孔中作定位用；

②将型腔凹模3套在推块上，按型腔凹模外形的实际尺寸l与L修正动模板固定孔；

③将型腔凹模压入动模板，并磨平两端面；

④放入推块，以推块孔配钻小型芯固定孔；

⑤将小型芯2压入定模镶块1孔中，并保证其位置精度。

4）拼块镶入装配法。如图4-22所示，其型腔采用拼块的结构形式，其装配过程如下。

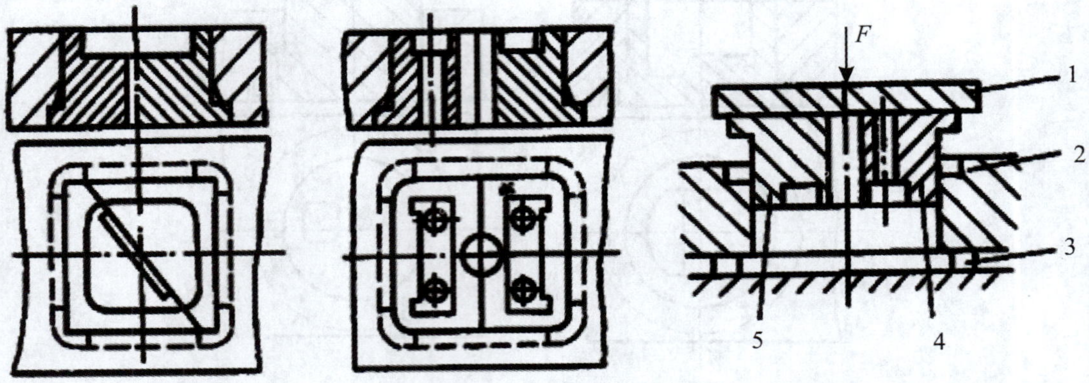

(a) (b) (c)

1—平垫板；2—模板；3—等高垫铁；4、5—型腔拼块

图4-22 单、双型腔拼块的装配

①拼块在装配前，所有配合面应仔细磨平，并用红丹粉对研，检查其密合程度，要求各拼块在拼合后应紧密无缝，以防模具成形时渗料。

②模板上的型腔固定孔，一般要留有余量，并按拼块拼合后的尺寸进行修正，使型腔拼块的镶入有足够的过盈量。否则成形时易被高压熔料挤开而形成毛边，造成脱件困难。

③拼块压入模板固定孔时，压入的拼块用平行夹头夹紧，并在拼块上端加平垫块，使各拼块同步进入孔内，以防倾斜。

5）沉孔内镶入装配法。图4-23所示。其装配工艺过程如下。

①在装配时，固定模板的沉孔一般采用立铣加工。

②将拼块压入。当沉孔较深时，沉孔的侧面会稍带斜度，且修整困难。可采取修磨拼块或型芯尾部的办法，并按模板铣出的实际斜度进行修磨，以便装配。

③根据拼块螺孔的位置，用划线法在模板上划出过孔的位置，并钻、锪孔。

④将内六方螺钉拧入固定，要求拼块之间配合严密，不准有缝隙存在，螺钉不得高出模板面，保证拼块紧固在图样要求的位置。

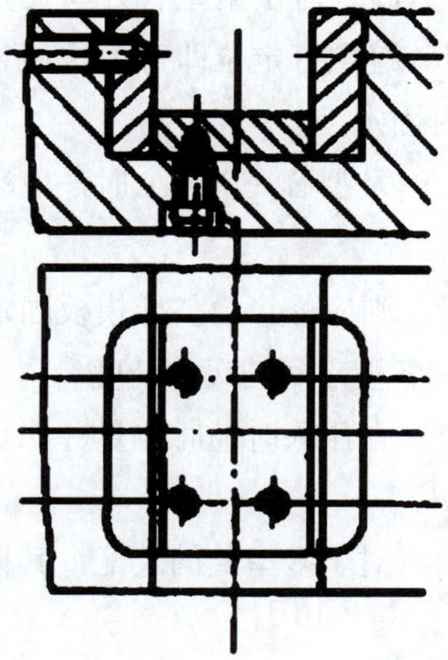

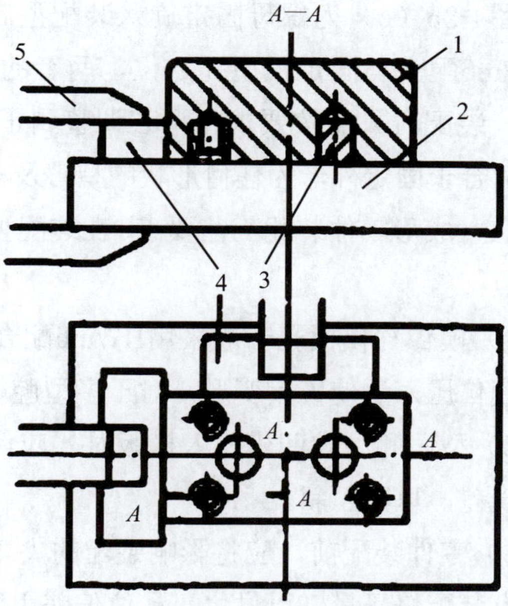

1—型芯；2—固定板；3—销钉套；4—定位块；5—平行夹头

图4-23　拼块型腔的镶入

图4-24　螺钉固定式装配

6）螺钉固定式装配法。对于面积大且高度低的型芯，常用螺钉和销钉直接与模板连接，如图4-24所示。其装配过程如下。

①将实心销钉套3压入淬硬的型芯1上的销钉套座孔内，然后根据型芯在固定板2上的位置，将定位块4用平行夹头固定于固定板上。

②用红丹粉将型芯的螺孔复印到固定板上，然后钻、锪孔。

③初步用螺钉将型芯紧固。若固定板上已装好导柱、导套，则需调整型芯，以确保定、动模板的正确位置。调整正确后，拧紧固定螺钉。

④在固定板上划出销钉孔的位置，并与型芯一起钻、铰销钉孔，然后将销钉打入。

⑤为便于拆卸型芯，销钉与销钉套的配合长度一般取3～5 mm即可。

7）旋入装配法。图4-25所示为热固性塑料压模中常用的旋入装配型芯的方法，它是通过配合螺纹连接型芯和固定板的。装配时将型芯拧紧，然后用骑缝螺钉定位。

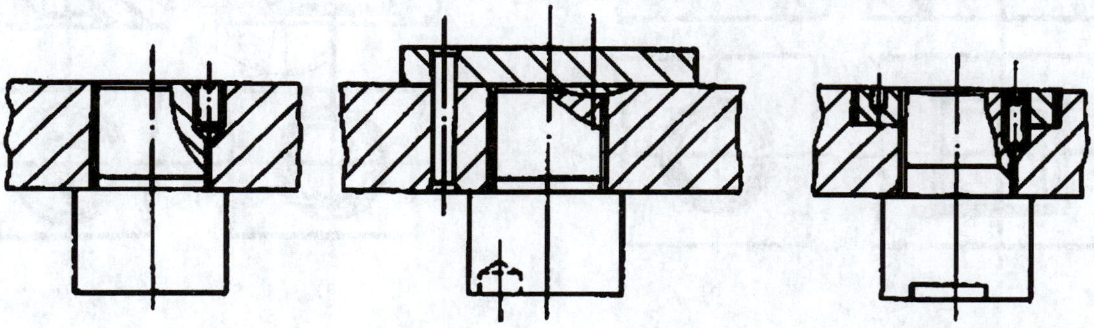

（a）螺钉定位装配　　（b）键定位装配　　（c）螺母固定装配

图4-25　旋入法装配安装型芯

图4-25（c）为螺母固定旋入装配型芯的方法。其装配方式为型芯连接段采用H7/k6或H7/m6配合与固定板型孔定位，两者的连接采用螺母紧固。对于某些有方向性要求的型芯，装配时只需按要求将型芯调整到正确位置后，用骑缝螺钉定位即可。这种装配方法，适合于固定外形为任何形状的型芯及多个型芯的同时固定。

（4）成形零件装配工艺要点 在装配型腔凹模（模仁）及型芯（入子）时，应注意以下几点：

1）模仁与模板孔一般采用H7/m6配合，若配合过紧，则应修正模仁或模板固定孔，否则模仁压入后使模板变形，对于多型腔模具，还会影响各型芯间的尺寸精度。

2）型芯和型腔凹模压入模版时，应保持平稳、垂直。在压入时随时测量并修正其垂直度误差，以防歪斜。

3）零件装配前，应将影响装配的尖角倒棱修成圆角。对于多型腔的装配，其模板孔要留有装配修正量，以供修正孔位偏差用。

4）在采用压入法装配模仁时，有时为了装配方便，可使模仁与模板之间保持0.01～0.02 mm的配合间隙，模仁装入模板后用螺钉锁紧，最后在平面磨床上将模仁两端面与模板一起磨平，以防模仁端面高出模板端面。

5）在采用拼块镶入法装配时，对工作表面不能在热处理前加工到要求尺寸的型腔，如果热处理后硬度不高，可在装配后应用切削加工的方法得到所要求的尺寸。

6）为了便于将型芯和型腔凹模镶入模板内并防止切坏孔壁，在其压入端应设有斜度。其中型芯的压入端四周可修出10′～20′、长3～5 mm的斜度（见图4-26所示）；若型芯不允许修斜度，则应将模板孔的压入端修出斜度，斜度一般为1°左右，高5 mm以内，见图4-27所示。

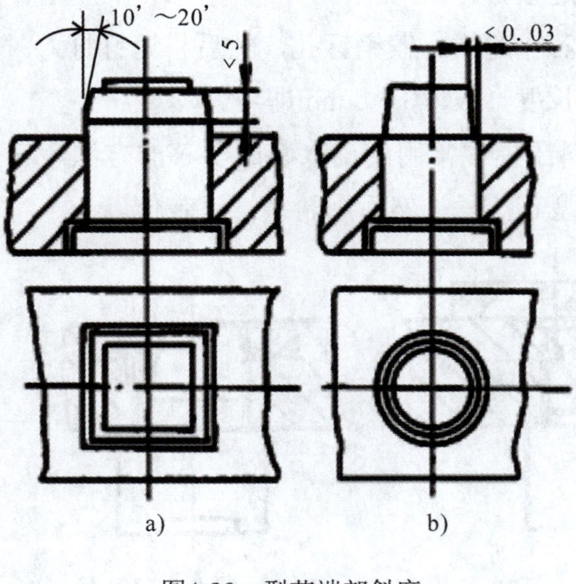

a) b)

图4-26 型芯端部斜度

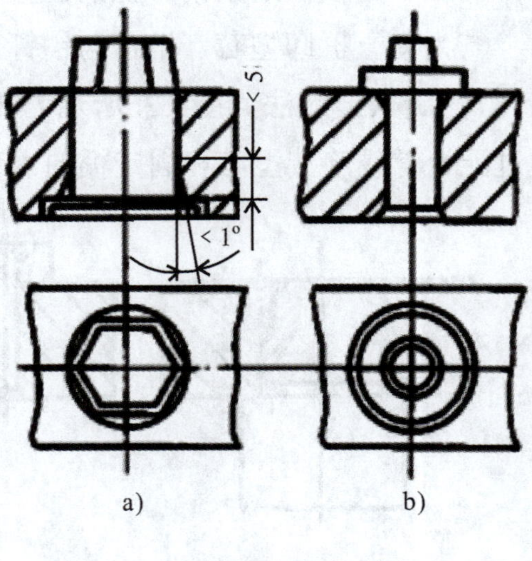

a) b)

图4-27 模板孔的导入斜度

7）型芯与模板孔配合的尖角部分，应将型芯角部修成R0.3 mm左右的圆角。当不允许修圆角时，应将模板孔的角部修出清角或窄的沉割槽。如图4-28所示。

8）对于埋入式型芯的装配（如图4-29所示），可通过修正固定板沉孔与型芯尾部形状及尺寸差异来达到装配要求。当型芯埋入固定板较深时，可将型芯尾部四周稍微修出斜度。而埋入深度5 mm以内时，则不应修出斜度，否则会影响固定长度。当固定板的沉孔与型芯配合端尺寸有偏差时，应按合模的相对位置确定修整方向和修整量，一般都修整型芯较为方便。

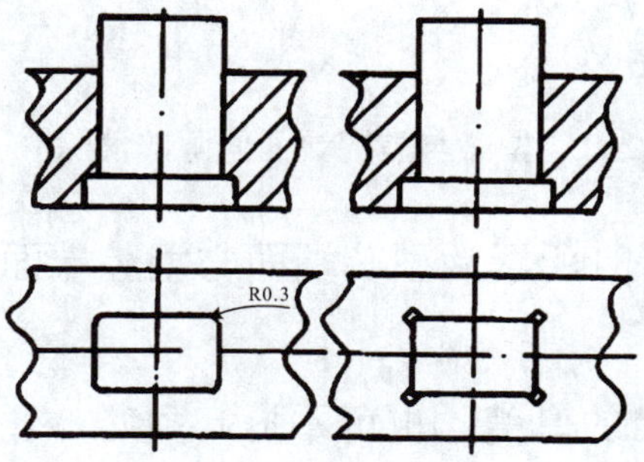

图4-28　尖角配合处的修正

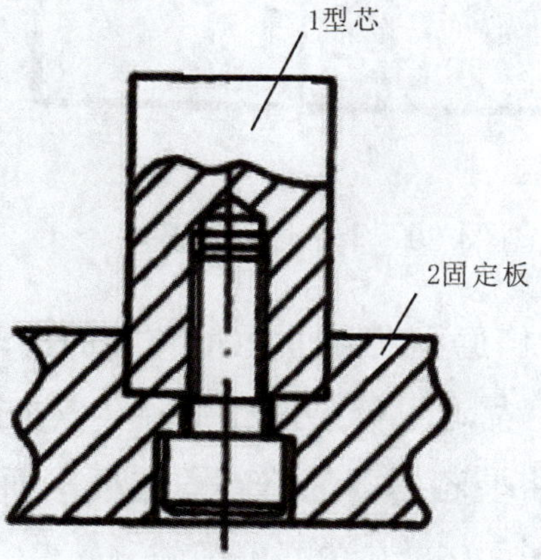

图4-29　埋入式型芯装配

9）在采用旋入法装配型芯时，若型芯与固定板之间出现了角度偏差，则必须对其调整。对于不对称形状的型芯，可采用修磨固定板平面或修磨型芯固定台肩平面的方法进行调整。也可在型芯固定好后再加工型芯不对称面。图4-30所示为不对称且有方向性要求的型芯，当螺钉拧紧后，型芯的理想位置与实际位置之间出现偏差。图中的a为理想位置与实际位置之间的夹角，型芯的位置偏差可以通过修磨固定板的a面或b面来消除。修磨前，要进行预装并测出角度a的大小。对a面或b面的修磨

$$\varDelta = Pa/360^\circ$$

其中a—误差角度，(°)　P—连接螺纹的螺距，mm。

（5）成形零件装配的修磨　在对塑料模成形零件装配时，尽管各零件的制造公差限制较严，但在组装后仍有些部位达不到装配技术要求，因此在装配过程中这些部位进行局部修磨。

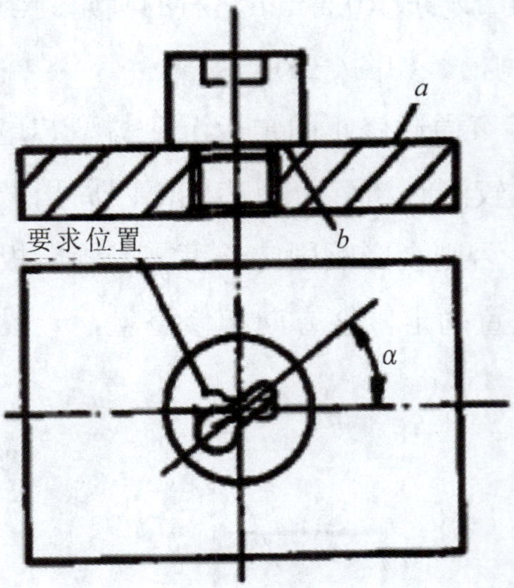

图4-30　型芯位置的误差

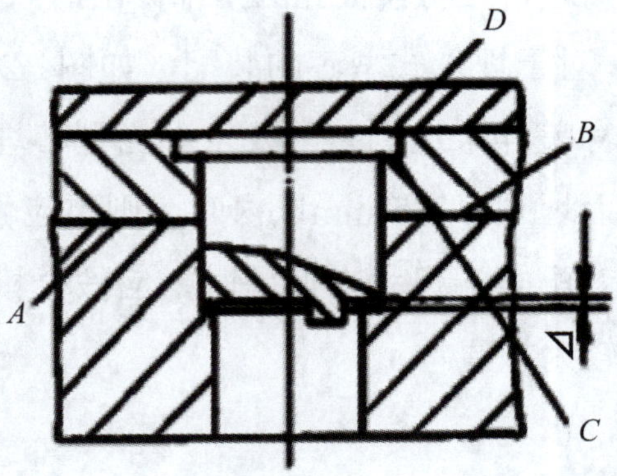

图4-31　型芯与型腔端面间隙的消除

1）修磨型芯端面与型腔端面出现的间隙。图4-31所示为型芯端面与型腔端面出现的间隙⊿，需通过修磨进行消除，其方法为：

①将型芯拆下，修磨固定板平面A，直至磨到⊿的厚度。也可不拆卸型芯，通过修磨型腔上平面B的方法磨去间隙⊿。

②将型芯拆下，修磨台阶面C面，使C面磨去⊿的厚度。注意：重新装配时需将D面与型芯一起磨平。

2）修磨型腔端面与固定板之间的间隙。当型腔端面与固定板出现的间隙⊿时，可以采用以下方法进行消除。

①当型芯工作面为平面时，可修磨型芯工作面A面，如图4-32（a）所示。

②在型芯定位台肩和固定板孔底部垫入厚度等于间隙⊿的垫片，如图4-32（b）所示，然后磨平固定板和型芯支撑面。此法适用于小型模具。

③在型腔上面与固定板间增加垫板，如图4-32（c）所示。但对于垫板厚度小于2 mm时不适用，因为是通过对垫板的修磨来消除间隙的。一般适用于大、中型模具。

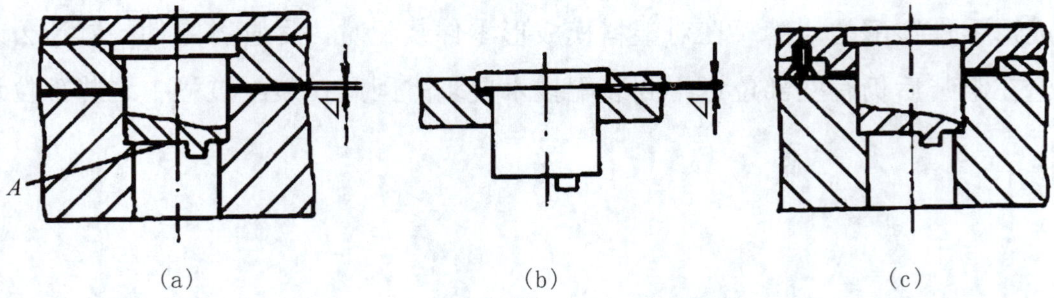

图4-32　型腔与固定板间隙的消除

3）修磨型腔成形尺寸。如图4-33所示模具，要求型腔组装完成后保证尺寸a，对于这种模具结构，在型芯加工时就应注意在高度方向上加适当的修磨量；固定板凹坑加工时，其深度尺寸就应取最小极限尺寸，其修磨方法为：

①当A、B面上无凹、凸形状时，可根据高度尺寸修磨A面或B面。

②当A、B面上有凹、凸形状时，可修磨型芯的底面尺寸使尺寸*a*变大，或在型芯垫上薄垫片使尺寸*a*变小。

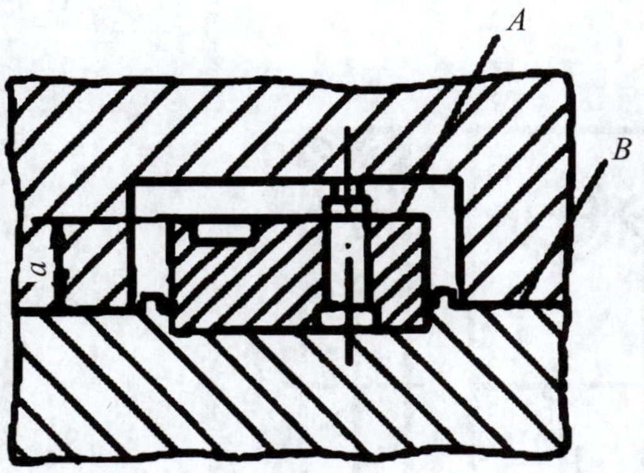

图4-33　型腔成形尺寸的修磨

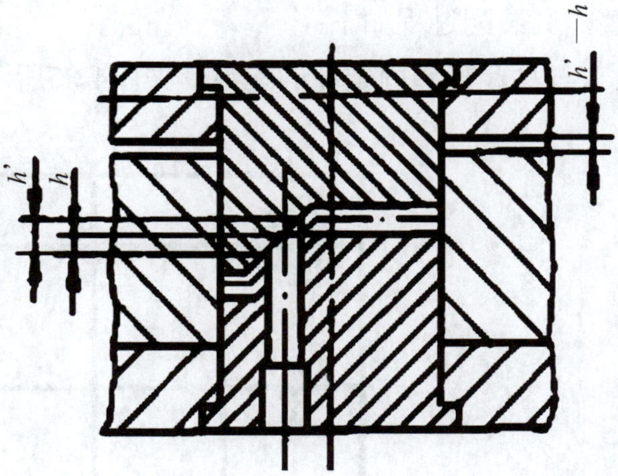

图4-34　型芯贴合面的修磨

4）修磨型腔成形面的贴合部位。如图4-34所示，型腔零件组装后与型面之间存在间隙$\Delta = h' - h$，通过修磨予以消除，确保型面间相互贴合。其方法为：将小型芯斜面先磨削成形，在其总高度上预留修磨余量。小型芯试模后，使其与型腔零件表面接触，测出修磨量Δ，然后对小型芯斜面进行修磨即可。

2.模架零件的装配

（1）装配技术要求　模架零件主要指模板、导柱和导套。要求它们的尺寸精度、形位精度和表面粗糙度均应符合国家标准所规定的各项技术指标。模架组装后应符合以下装配要求：

1）模架上、下平面的平行度在300 mm长度内不大于0.005 mm（精度要求高的为0.002 mm）。

2）导柱、导套是模具合模和开模的导向装置，它们是采用压入法分别安装在塑料模动、定模板上的。装配后，要达到设计要求的配合精度和具有良好的导向定作用。

3）导柱、导套装配后，应垂直于模板平面，要求导柱、导套轴线对模板平面的垂直度误差，在100 mm长度内不大于0.002 mm。导柱孔至基准面边距公差为±0.02 mm。基准面的直角相邻面应作出明显标记。

4）导柱与导套的配合间隙应控制在0.02～0.04 mm之间，要求滑动灵活、平稳、无卡滞。

5）导柱、导套与模板孔固定结合面之间不允许有间隙。一般导柱与模板的配合为

H7/k6。当采用带头导套时，导套固定部分与模板固定孔的配合为H7/k6；当采用直导套时配合为H7/n6。

6）分型面闭合时，应贴合紧密，如有局部间隙，其间隙值不大于0.02 mm。

7）复位杆顶端面与分型面平齐，复位杆与动模板的配合为H7/e7。

8）模架组装后，其导向精度要达到设计要求，并对动、定模有良好的定位、导向作用。

（2）模架装配工艺　塑料模模架的装配主要是将导柱、导套装入模板和复位杆及顶杆的调整。其装配过程如下：

1）导柱、导套固定孔的配镗，如图4-35所示。

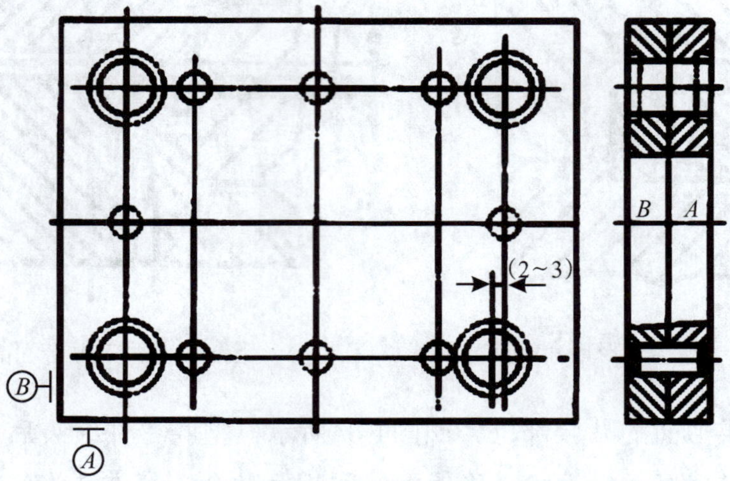

图4-35　导柱、导套固定孔的配镗

①A、B板分别完成其六个平面的加工并达到所要求的位置精度后，以A、B面作为镗削加工的定位基准。镗孔前先加工工艺销钉定位孔（以A、B面作基准，配钻、铰后装入定位销）。180 mm×180 mm以内的小模具，用2个ϕ8销钉定位；600 mm×600 mm以内的中等模具用4个ϕ8或ϕ10的定位销定位；600 mm以上的大模具则需要6～8个ϕ2～ϕ16的销钉定位。

②以A、B面作基准，配镗A、B板中的导柱导套孔。（先钻预孔再镗孔。镗后再扩台阶固定孔）。

③为保证模具使用安全，四孔中每一孔的中心应错开2～3 mm。

④镗好后清除毛刺、铁屑、擦净A、B板。

2）压入导套。导套在压入前应测量并严格控制导套与模板安装孔的过盈量，以防压入时导套孔径变形。图4-36所示为导套要入装配示意图，导套压入时，应随时注意控制器垂直度以防偏斜，或采用导向芯棒引导导套压入。导向芯棒与模板孔的配合为间隙配合，芯棒直径与导向孔间应留有0.02～0.03 mm的间隙。

3）压入导柱 导柱的压压入应根据导柱的长短采取不同的方法。

①压入短导柱时，如图4-37所示，将动模板朝下放在两等高垫铁上，然后把导柱与导套的配合部分先插入导柱安装孔内，在压力机上进行预压之后检查导柱与模板的垂直度，符合要求后再继续往下压，直到导柱压入部位全部压入为止。

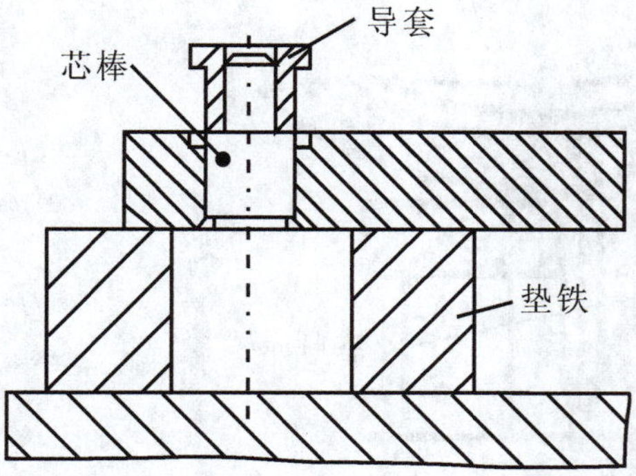

图4-36　利用芯棒压入导套

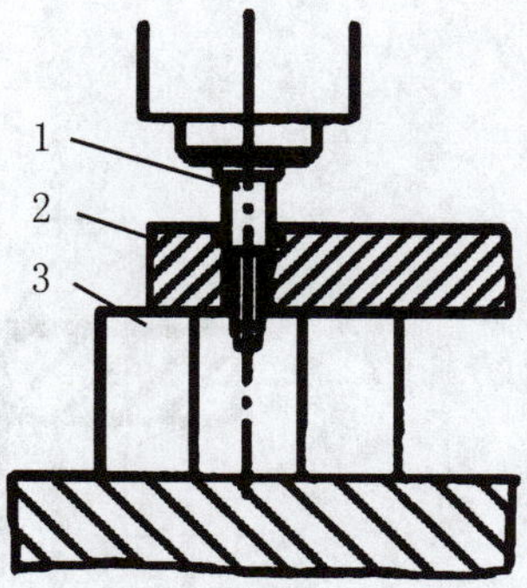

1-导柱；2-定模板；3-平行垫块

图4-37　短导柱装配

②压入长导柱时，如图4-38所示。为保证导柱对模板的垂直度要求，压入时要借助定模板上的导套作引导来压入导柱。

说明：为使导柱、导套压入动、定模板后，开模和合模时导柱与导套间滑动灵活，导柱压入时，应选压入距离最远的两个导柱，然后合上已经装入导套的定模板，检查一下开模和合模是否灵活。如有卡滞现象，则应分析原因，并将导柱退出，修正后重新压入。在两导柱装配合格后再压入第三、第四个导柱。每装入一个导柱均应重复上述检查。

③圆锥定位件的组装，采用圆锥定位件锥面定位属于导柱、导套进行一次初定位后采用的二次精定位。当模具动、定模有精定位要求时，模具常选用圆锥定位件。圆锥定位件的组装如图4-39所示。

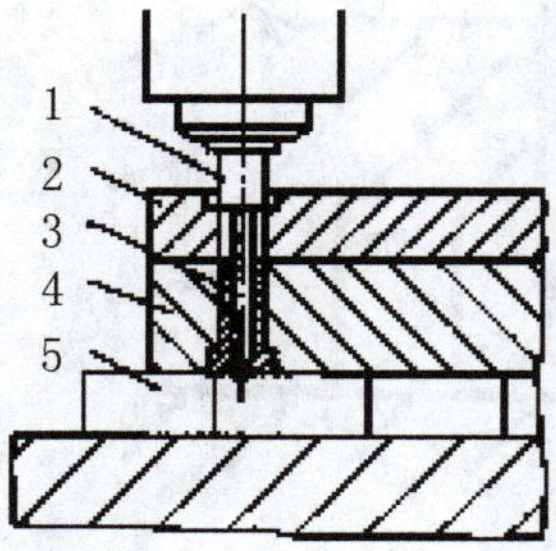

1-导柱；2-固定板；3-导套；
4-定模板；5-平行垫块

图4-38　长导柱、导套导向装配图

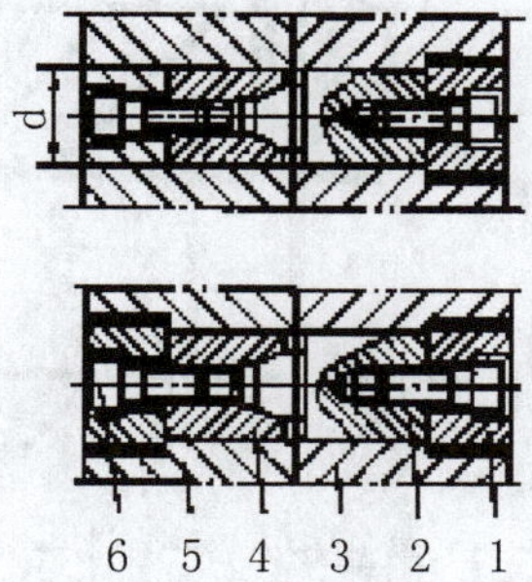

1-调整圈；2、4-圆锥定位件；
3-定模板；5-动模板；6-螺钉

4-39　圆锥定位件的组装

圆锥定位件材料选用T10A，热处理56～60 HRC。锥面应进行配研，涂红粉检验，其配合锥面的85%以上应印有红粉，且分布均匀。

导柱、导套装入模板后，大端应高出模板0.1～0.2㎜，待成形件安装好后，在磨床上一同磨平，如图4-40所示。

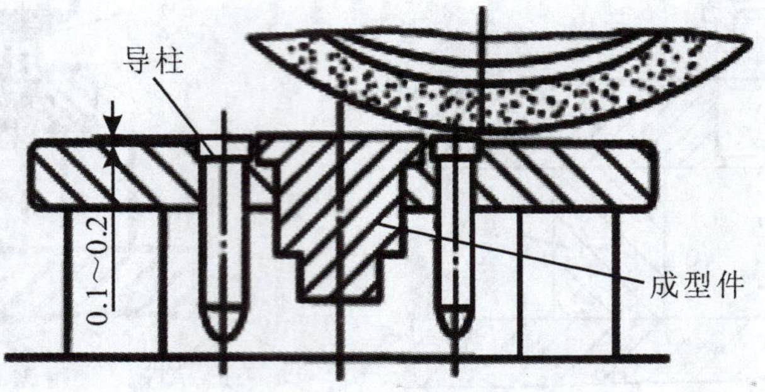

图4-40　导柱装入后磨平

4）组装动模模板。如图4-41所示，把动模板7的分型面朝下放在等高垫铁8上，先盖上支承板6，再放上推杆固定板4，装进复位杆5，装好后把推板3放在推杆固定板上，并用内六角螺钉拧紧。然后把垫铁2和动模座板1重叠放在支承板上，用内六角螺钉把整个动模部分拧紧。翻转模架，并在推板和动模座板之间插入推杆，检查推件装置是否灵活。

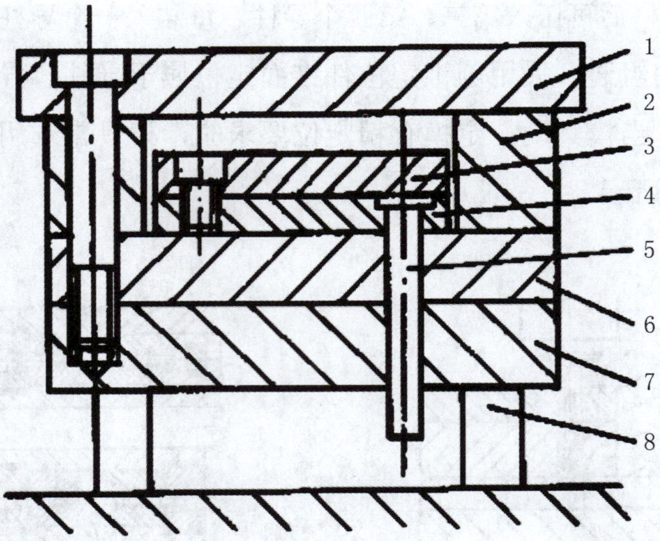

1—动模座板；2—垫块；3—推板；4—推杆固定板；5—复位杆；
6—支承板；7—动模板；8—等高垫铁

图4-41　动模部分装配

5）组装定模模板。

6）修磨复位杆顶端面。根据模具装配图，合模时计算下顶针板的上端面与分型面的距离既是复位杆的长度尺寸，它们之间尺寸要相等，否则就要修磨复位杆顶端面或下顶针板厚度。

7）动模与动模座板及模脚的组装。

8）定模与动模座板的组装。

9）完成模架的合模。将动模部分与定模部分在导柱与导套的导引下合在一起，并在合模方向打上标记。

（3）检验 按模架装配技术要求逐项检查。

3.滑块抽芯结构的装配

滑块抽芯结构的作用是在模具开模时，将塑件的侧向型芯先行抽出，再顶出塑件的机构。装配中的主要工作是侧向型芯的装配和锁紧块的装配。

（1）侧向型芯的装配　一般是在滑块和滑槽、型腔和固定板装配后，再装配滑块上的侧向型芯。如图4-42所示，型腔镶件按H7/K6配合装入模板（圆形镶件则应装定位止转销）后，两端与模板一同磨平。装入测量用销钉，经测量得A_1和B_1的具体尺寸，计算得出A、B之值A+B+Δ（修磨量）=侧滑块高，侧滑块上的侧型芯中心的装配位置即是尺寸A、B。同理可量出滑块宽度和型芯在宽度方向的具体位置尺寸。滑块型芯与型腔镶件孔的配制，如表4-4所示。

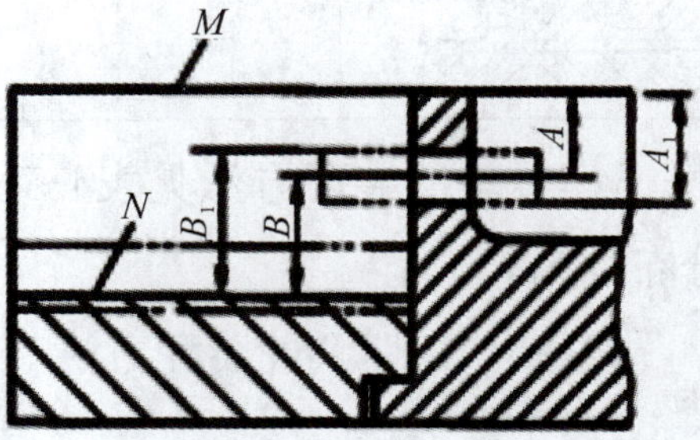

图4-42　抽芯滑块装配

表4-4　滑块型芯与型腔镶块孔的配制

结构形式	结构简图	加工示意图	说明
圆形的滑块型芯穿过型腔镶块	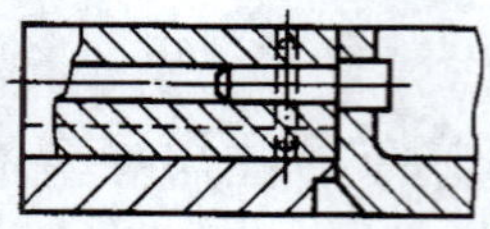	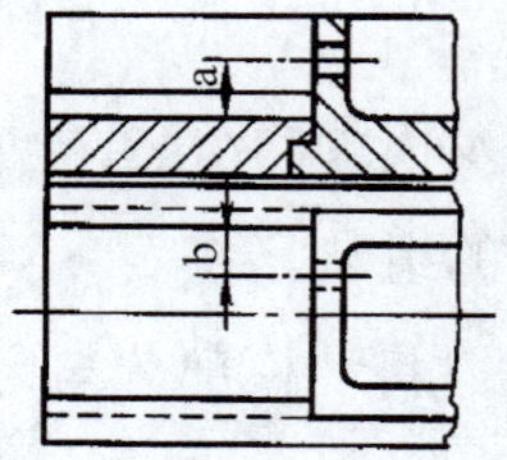 (a) 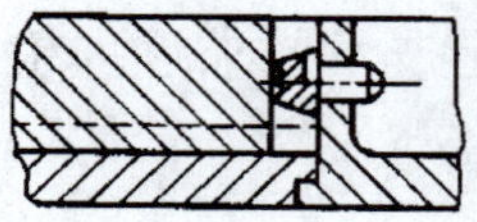 (b)	方法一（图(a)）： 1.测量出a与b的尺寸 2.在滑块的相应位置，按测量的实际尺寸，镗型芯安装孔。如孔尺寸较大，可先用镗刀镗φ（6～10）mm的孔，然后在车床上校正孔后车制 方法二（图(b)）： 利用二类工具压印，在滑块上压出中心孔与一个圆形印，用车床加工型芯孔时可校正此圆
非圆形滑块型芯，穿过型腔镶块	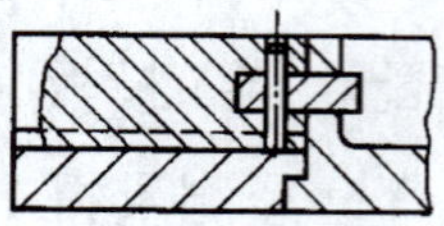	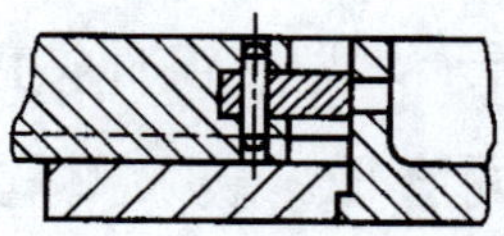	型腔镶块的型孔周围加修正余量。滑块与滑块槽正确配合以后，以滑块型芯对动模镶块的型孔进行压印，逐渐将型孔进行修正
滑块局部伸入型腔镶块	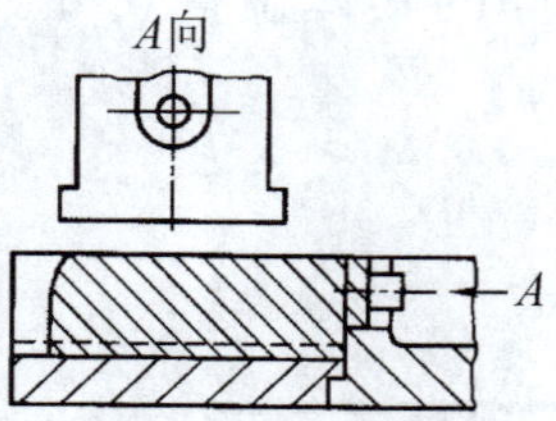	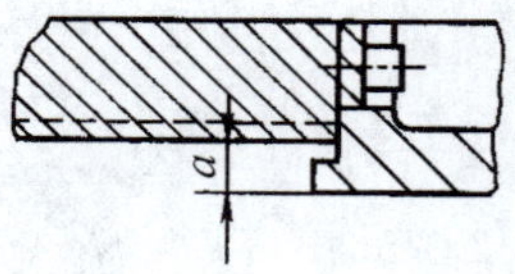	先将滑块和型芯镶块的镶合部分修正到正确的配合，然后测量得出滑块槽在动模板上的位置尺寸，按此尺寸加工滑块槽

（2）楔紧块的装配和修磨　楔紧块的装配方法见表4-5所示。修磨后涂红粉检验，要求80%的斜面印有红粉，且分布均匀。

表4-5　楔紧块的装配方法

紧楔块形式	简图	装配方法
螺钉、销钉固定式	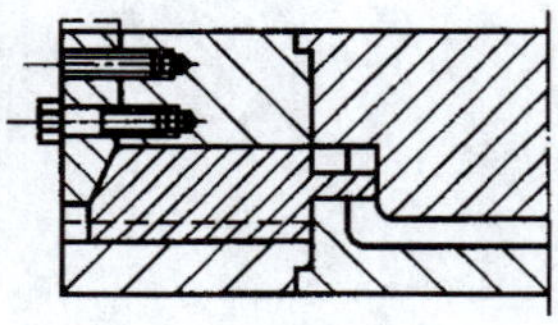	1.用螺钉紧固紧楔块 2.修磨滑块斜面，使与紧楔块斜面密合 3.通过紧楔块，对定模板复钻、铰销钉孔，然后装入销钉 4.将紧楔块后端面与定模板一起磨平

续表

紧楔块形式	简图	装配方法
镶入式	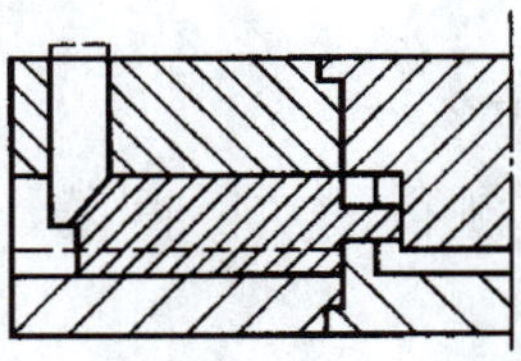	1.钳工修配定模板上的紧楔块固定孔，并装入紧楔块 2.修磨滑块斜面 3.紧楔块后端面与定模板一起磨平
整体式	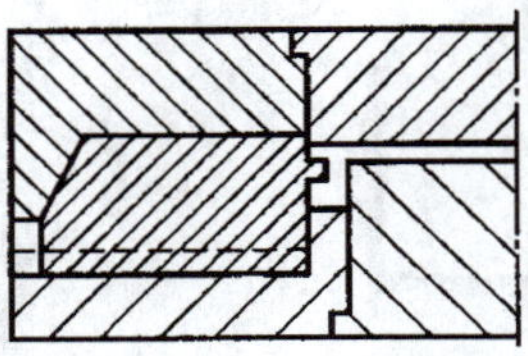	1.修磨滑块斜面（带镶片式的可先装好镶片，然后修磨滑块斜面） 2.修磨滑块，使滑块与定模板之间具有0.2 mm间隙。两侧均有滑块时，可分别逐个予以修正
整体镶片式	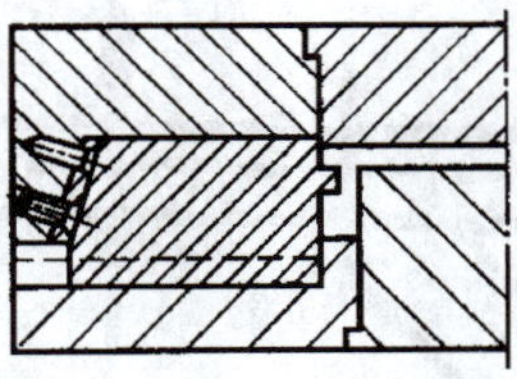	

（3）锁紧块的装配　在滑块型芯和侧向孔修配密合后，便可确定锁紧块的位置。锁紧块的斜面和滑块的斜面必须均应接触。由于零件加工和装配存在误差，所以装配时需进行修磨。为了修磨的方便，一般是对滑块斜面进行修磨，修磨后用红粉检查接触面。锁紧块的装配方法如表4-6所示。

表4-6　锁紧块的装配方法

形 式	螺钉 销钉固定式	镶入式	整体式	整体镶片式
简 图	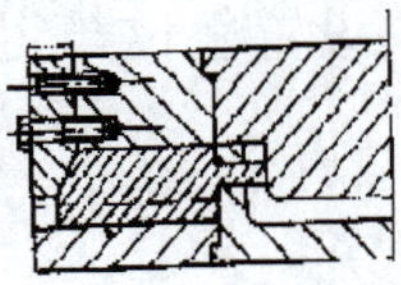	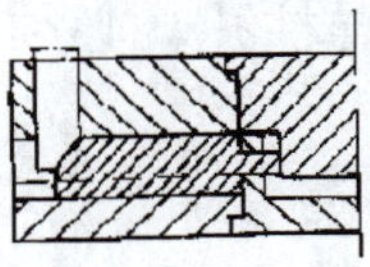	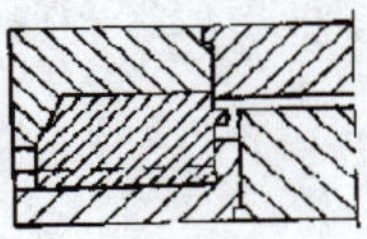	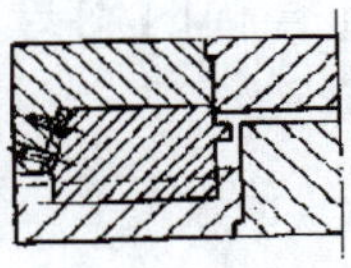
装配方法	1.用螺钉紧固锁紧块 2.修磨滑块斜面，使之与楔紧块斜面密合 3.通过锁紧块对定模板复钻、铰销钉孔，然后装入销钉 4.将锁紧块端面与定模板一起磨平	1.钳工修配定模板上的锁紧块固定孔，并装入锁紧块 2.修磨滑块斜面 3.锁紧块后端面与定模板一起磨平	1.修磨滑块斜面（带镶片式的可预先装好镶片，然后修磨滑块斜面） 2.修磨滑块，使滑块与定模板之间具有0.2mm间隙。两侧均有滑块时，可分别予以逐个修正。	

模具闭合后，为保证锁紧块和滑块之间有一定的锁紧力，一般要求装配后锁紧块和滑块斜面接触后，在分模面之间留有0.2 mm的间隙进行修配，如图4-43所示滑块修磨量计算公式为：

$$b=(a-0.2)\times\sin\alpha$$

式中：b—滑块斜面修磨量，mm；a—闭模后测得的实际间隙，mm；α—锁紧块斜度，（°）。

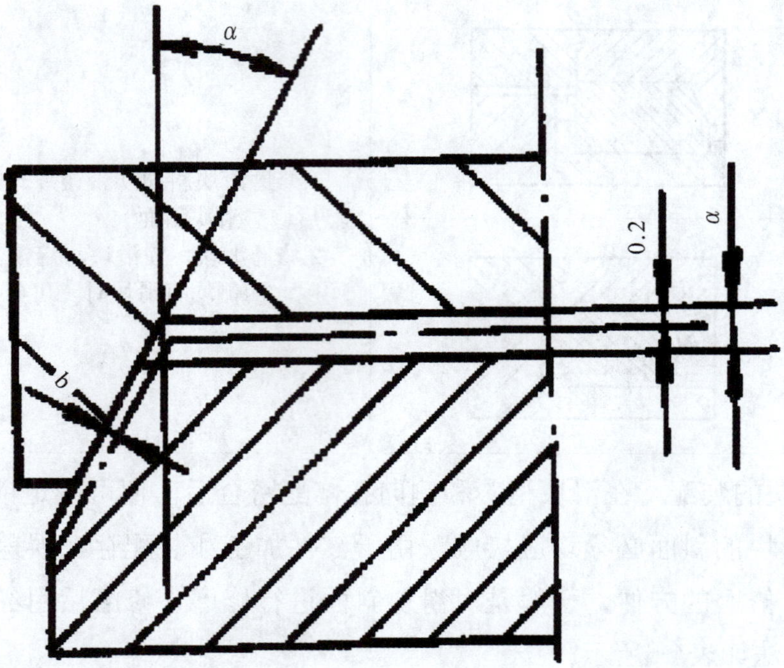

图4-43　滑块斜面的修磨量

（4）滑块的复位与定位　模具开模后，滑块在导柱作用下侧向抽出。模具闭合后，为保证合模时斜导柱能正确的进入滑块的斜导柱孔，必须对滑块设置复位与定位装置。

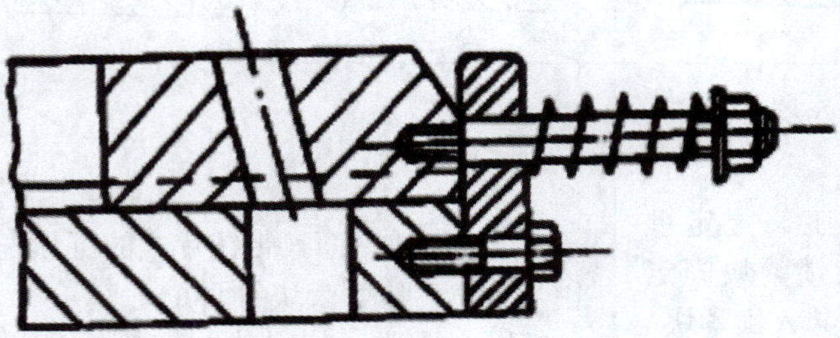

图4-44　用定位板作滑块复位的定位

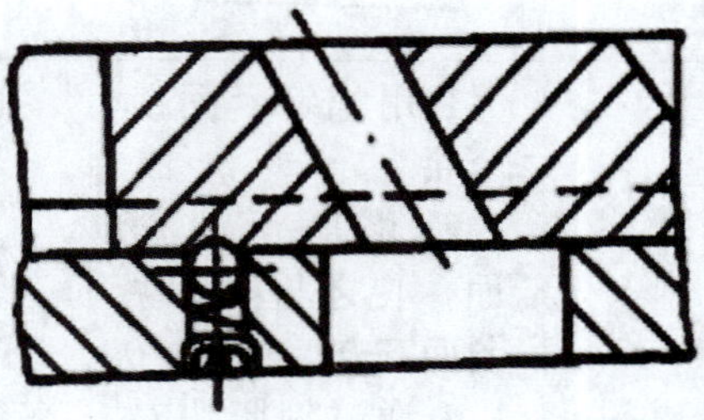

图4-45　用滚珠作滑块复位的定位

4.斜导柱的装配

滑块型芯抽芯结构的斜导柱装配，如图4-46所示。一般是滑块型芯和型腔装配合格后，用导柱、导套定位，将动、定模板及滑块合装后按要求的角度进行配加工斜导柱孔，然后再压入斜导柱。为了减小侧向抽芯结构的脱模力，一般斜导柱孔比斜导柱外圆直径大0.5～1 mm。

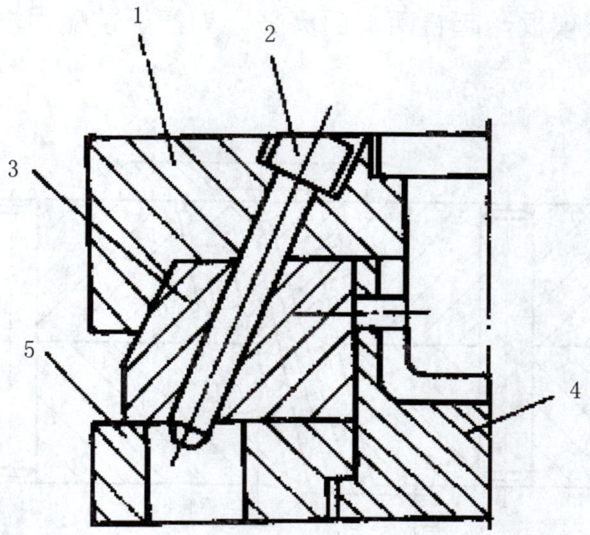

1—定模板；2—斜导柱；3—滑块；4—型腔；5—动模板

图4-46　斜导柱的装配

5.浇口套的装配

浇口套与定模板的装配，一般采用过盈配合。装配要求为：

1）浇口套与模板配合孔紧密，无缝隙；浇口套与模板孔的定位台肩紧密贴实。

2）装配后，浇口套要高出模板平面0.02 mm，如图4-47所示。为达到这一装配要求，浇口套的压入外表面不允许设置导入斜度。压入端要磨成小圆角，以免压入时切坏模板孔壁。同时压入的轴向尺寸应留有去除圆角的修磨余量⊿H。

3）在装配时，将浇口套压入模板配合孔，使预留余量⊿H突出模板之外。在平面磨床上磨平，如图4-48所示。最后将磨平的浇口套稍稍退出。再将模板磨去0.02 mm，重新压入浇口套，如图4-49所示。

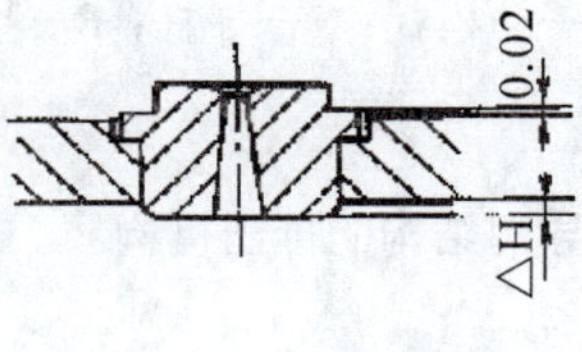

图4—47　装配后浇口套

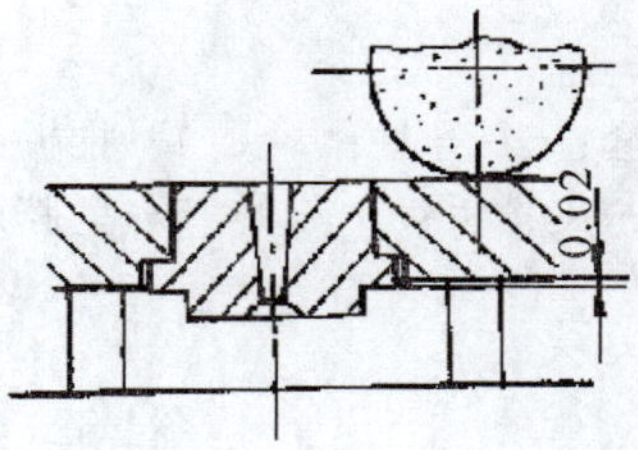

图4—48　修磨浇口套

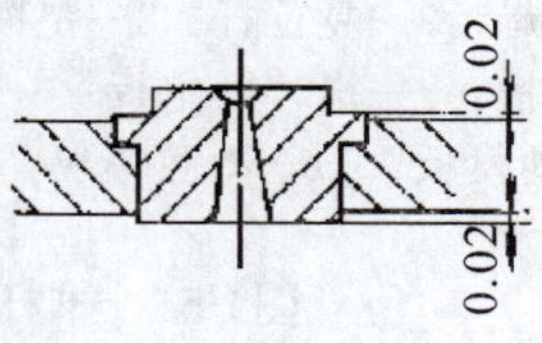

图4—49　修磨后的浇口套

4）对于台肩相对于定模板高出的0.02 mm，可由零件的加工精度保证。

5）如图4-50所示为斜浇口套的装配关系和位置。两块模板应首先加工并装以工艺定位钉，然后，采用调整角度的夹具，在镗床上镗出dH7的浇口套装配孔。压入浇口套时，可选用半径R与浇口套喷嘴进料口处的R相同的钢珠，用垫板（铜质）将斜浇口套压入到正确装配位置。然后与模板一起将两端面磨平。为便于装配，浇口套小端有与轴心线相交的倒角或是相宜的圆角R。

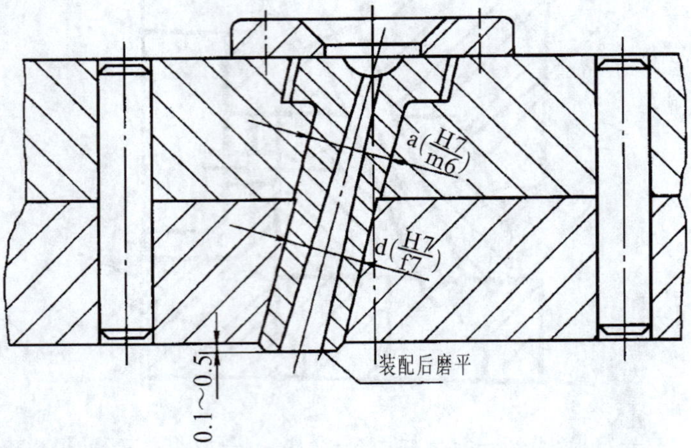

图4-50 斜浇口套装配

6.推出机构的装配

塑料模具的制件推出机构，一般是由推板、推杆固定板、导柱和复位杆组成，如图4-51所示。其装配工艺如下。

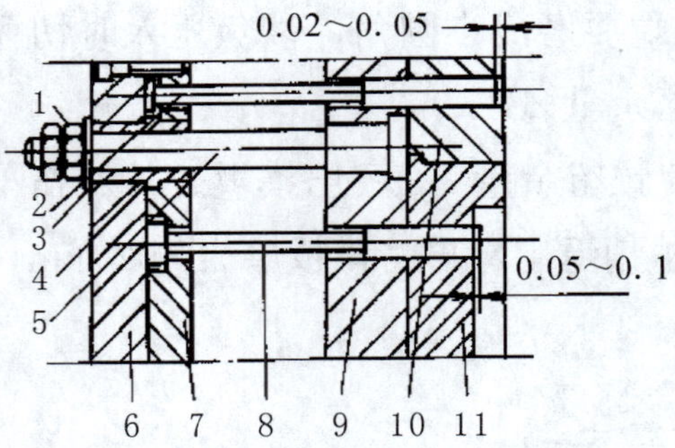

1—螺母；2—复位杆；3—垫圈；4—导套；5—导柱；6—推板；7—推杆固定板；8—推杆；9—支撑板；10—动模板；11—型腔镶块

图4-51 推杆的装配

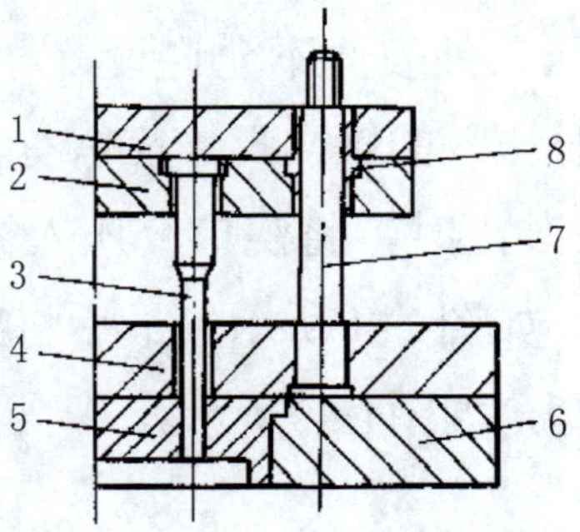

1—推板；2—推杆固定板；3—推杆；4—支承板；5—型腔镶块；6—动模板；7—导柱；8—导套

图4-52 用导柱导向结构的推出机构

(1) 装配技术要求

1）推出机构装配后各推出零件动作协调一致，平稳，无卡滞现象。

2）推杆的导向与型腔推杆孔的配合间隙，既要确保推杆动作灵活，又要防止间隙过大而渗料，一般采用H8/f8的 。要求推杆要有足够的强度和刚度，在固定板孔内应有0.5 mm的间隙。

3）推杆和复位杆端面应分别与型腔表面和分型面平齐，并且推杆和复位杆在完成制品脱出后，能在合模时自动退回原始位置。

（2）装配工艺过程

1）推杆固定板的配作与装配。为了保证制件的顺利脱模，各个推出原件应灵活、复位可靠，推杆固定板与推板需要导向装置和复位支撑。其结构形式有：用导柱导向的结构（图4-52）、用复位杆导向的结构（图4-53）和用模脚作推板固定板支撑结构（图4-54）。其中用导柱导向的结构的推杆推出装置是最常用的。其推杆固定板孔的位置是与型腔镶块上的推杆孔相对应的。若现有加工设备不能满足分开加工孔位及尺寸的要求，则必须通过配钻获得。其配钻过程如下所述。

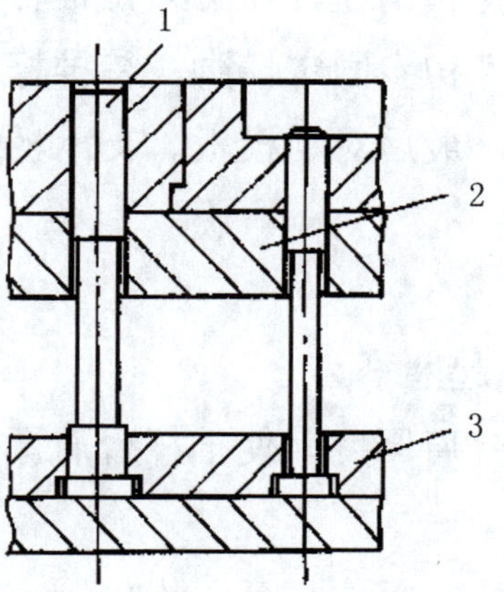

1—复位杆；2—支承板；3—推杆固定板

图4-53　利用复位杆导向的推出机构

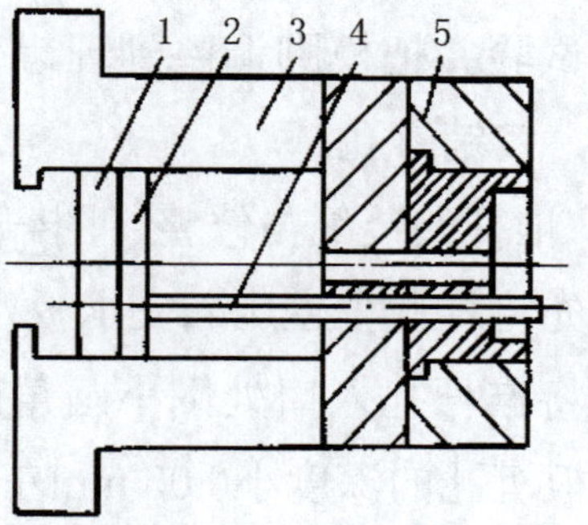

1—推板；2—推杆固定板；3—模脚；4—推杆；5—动模板

图4-54　以模脚作推杆固定板的支承

①先将型腔镶块上的推杆孔配钻到支承板上（图4-55（a）），配钻时用动模板和支承板上的原有螺钉与销钉定位于紧固。

②再通过支承板上的孔配钻到推杆固定板上（图4-55（b））。两者之间可利用已装配好的导柱、导套定位，用平行夹头夹紧。

说明：（a）在配钻的过程中，还可以配钻固定板上的其他孔，如复位杆和拉料杆的固定孔。

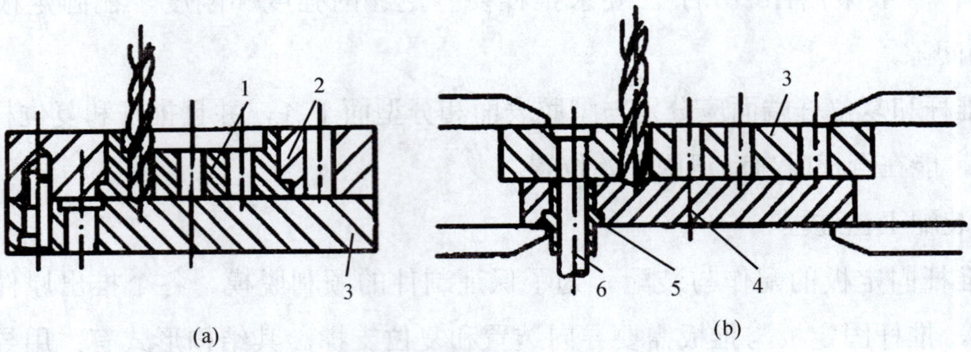

图4-55 推杆固定板的配钻

③利用复位杆作导向和利用模脚作推杆固定板支承的结构中，推杆固定板的配钻与上述相同，只是在支承板向推杆固定板配钻固定孔时，以复位杆作定位。

④利用模脚作推杆固定板支承的结构中，模脚的侧面做为推板的导轨，起导向作用。因此，装配模脚时，不可先钻攻、钻铰模脚上的螺孔和销孔，而必须在推杆固定板装好后，通过支承板的孔对模脚配加工螺孔。然后用螺钉初步固定模脚，待推杆固定板作滑动试验并把模脚调整到理想位置后，才能加以紧固，最后对动模板、支承板和模脚一起钻、铰销钉孔。

2）推杆的装配与修整（图4-51）。

①先将导柱垂直压入支承板中，并将端面与支承板一起磨平。

②将推杆孔入口处倒小圆角或斜度，修磨推杆尾部台肩厚度，使推杆台肩厚度比推杆固定板沉孔的深度小0.05 mm左右。

③将装有导套的推杆固定板套装在导柱上，并将推杆、复位杆穿入推杆固定板、支承板和型腔镶块11的配合孔中，盖上推板用螺母拧紧，并调整使其运动灵活。

④修磨推杆和复位杆的长度。如推板和垫圈接触时，复位杆、推杆低于型面，则修磨导柱的台肩。如果推杆、复位杆高于型面时，则修磨推板的底面。

⑤一般将推杆和复位杆在加工时加长一些，装配后将多余部分磨去。修磨后复位杆应与分型面平齐，但可以低0.02～0.05 mm，推杆面应与分型面平齐，但可以高出0.05～0.10 mm，推杆和复位杆顶端面可以倒角。

7.埋入式推件板的装配

埋入式推件板是指推件板埋入推杆固定板沉坑内，如图4-56所示。其装配的主要要求是：既要保证推件板与型芯和沉孔的配合要求，又要保证推件板上的螺纹孔与导套安装孔的同轴度要求。这是因为推件板与推杆之间是以通过装在导套内内的推杆螺钉连接的。这一导向装置，既是推件板的导向，也是推杆固定板的导向。其装配过程如下：

（1）修配推件板与固定板沉孔的锥面　修正推件板的侧面，使推件板底面与沉孔底面保持接触，同时与沉孔的斜面接触高度保持3～5 mm（如果二者的推面全部接触而配合过于紧密，反而使推件板推出困难），而推件板的上平面高出固定板0.03～0.06 mm。

（2）配钻推件板螺孔　将推件板放入沉孔内，用平行夹头夹紧。在导套安装孔内装入工艺钻套（钻套内径与螺孔底径相等），通过钻套配钻推件板上的螺纹底孔，然后取出推件板攻螺纹，攻螺纹时应注意保证垂直度要求。

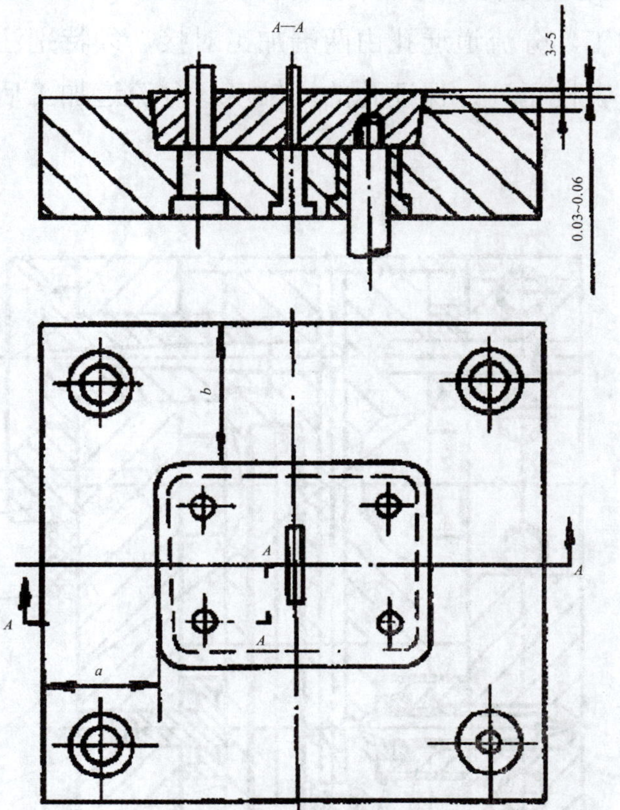

图4-56　埋入式推件板装配

8.热流道板模装配

图4-57所示热流道注射模的热流道板装配图。

装配顺序：

（1）件12依次装入件13之后，将13旋入件5，旋紧防漏料（螺纹为细牙螺纹）；

（2）件11找正方向后装入件5，用顶丝顶紧；

（3）件1装入件9（H7/f7配合），将件2、3、4装入件9之后，使件1小端向上，而将件5与件1小端相配合的孔向下，对准件1小端套入并找正（找正方法：使件5与件9左右两端长度之差异为零即已找正、对中）；

（4）用中心销钉将件17装在件5上；

（5）此时，需要测量各个件13端面处的高度H值，再测量件17端面处的H值，按最小值进行修磨，使其一致，再将件8高度修磨与之相同；

（6）将件8装在件9上；

（7）最后用件15装好件16，插入电热管6，并将电热管电源线接入绝缘性能良好的电源盒插座中，从而完成热流道板的装配，此时，应进行电热功率的测试和调整，使之符合设计要求为止。

热流道板中的分流道通孔和电热管安装孔（盲孔）属深孔加工，用深孔钻或枪钻在专用深孔机床上加工。分流道通孔由两端加工对接，须特别注意定位基准和定位精度（用块规定位，百分表校正），保证孔的同轴度。分流道加工后，应进行珩磨，以保证其表面质量的要求。

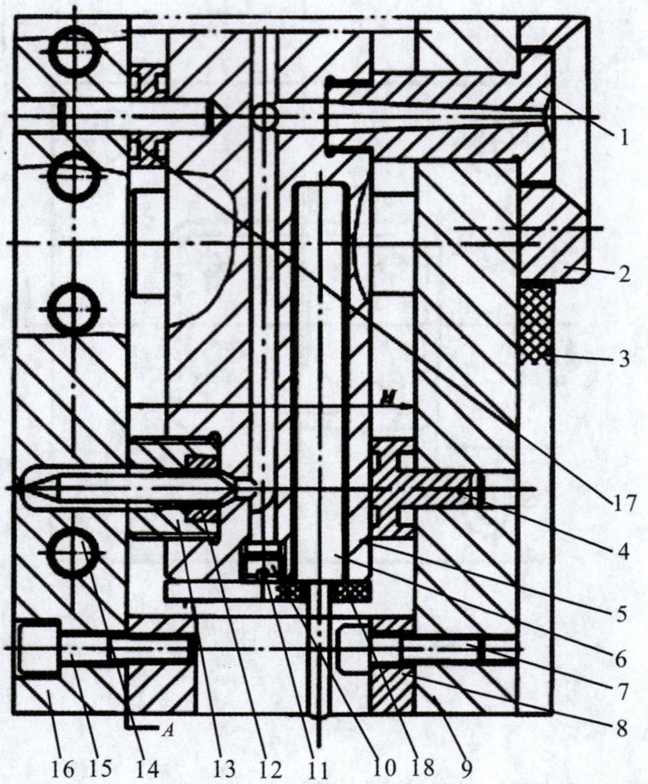

1-浇口套；2-定位圈；3-石棉隔热板；4-支承件；5-热流道板；6-电热管；
7-固定螺钉；8-支承板；9-定模固定板；10-顶丝；11-堵塞；12-分流梭芯；
13-热喷嘴；14-冷却水道；15-螺钉；16-定模板；17-垫板；18-隔热板

图4-57　热流道板装配结构

五、评分项目与标准（表4-5）

表4-5塑料模具零部件的装配

班级__________ 姓名__________ 学号__________ 总分__________

序号	考核项目	考核要求	配分	评分标准	实测记录	得分
1	装配前的准备	模具结构图的识图，选择合理的装配方法和装配顺序，准备好必要的标准件，如销钉、螺钉及装配用的辅助工具等	10	具备模具结构知识及识图能力		
2	同镗定模座板和动模座板的导柱、导套孔	制造辅助定位块，将辅助定位块放入动模后 动模座板，在铣床上镗导柱、导套孔，并锪台肩沉孔	5	操作熟练，目的明确，保证精度，保证安全		
3	浇口套、导柱和定模座板的装配	浇口套镀铬后压入定模座板，然后将导柱压入定模座板内	5	操作熟练，目的明确，保证精度，保证安全		
4	动、定模型芯与动、定模模板的装配	型芯与模板的装配并修磨，拧入螺钉，敲入销钉	10	修磨型芯的端面，使凸出的型面的尺寸符合要求		
5	滑块与动模的装配	将滑块拼块装入滑块，上、下两平面磨平。通过定模拼块的孔复钻动模板上的复位杆孔并铰孔	5	操作熟练，目的明确，保证精度，保证安全		
6	定模座板的斜面和滑块的修配	合模，滑块、型芯、定模拼块的表面均涂以红粉，在进行合模，按红粉印痕将分型面修配密合	5	按红粉印痕将分型面修配密合		
7	楔紧块斜面与滑块的修配	涂红粉，修磨楔紧块斜面	5	按图纸要求修配		
8	在定模座板上加工导柱限位孔	将定模座板面放在等高垫块上，用压板将模具压紧在机床台面。用百分表校正，使导柱孔中心与机床主轴中心重合	10	镗定模座板上导柱孔。反面锪台肩，保证深度一致		

续表

序号	考核项目	考核要求	配分	评分标准	实测记录	得分
9	镗制斜销孔	调整机床台面的倾斜度，使之等于斜销要求的角度。按划线找正斜销孔中心	5	镗斜销孔至要求尺寸		
10	装入斜销与限位导柱	台肩部分凸出面在工具磨床上局部磨平。将定模拼块套于限位导柱上，装入垫圈与螺母	5	操作熟练，目的明确，保证精度，保证安全		
11	安装定位板、限位垫圈及滑块拉杆	修磨定位板，修正限位垫圈尺寸，调整好滑块拉杆，装上弹簧与螺母	10	要求定位板，限位垫圈达到要求		
12	在推杆固定板上复钻推杆、复位杆孔	通过型芯和动模向推杆固定板复钻推杆、拉杆和复位杆的固定孔，推杆固定板上的螺纹孔通过推板复钻并攻螺纹	10	操作熟练，目的明确，保证精度，保证安全		
13	模脚与动模装配	装入模脚，敲入销钉，紧固螺钉	10	操作熟练，目的明确，保证精度，保证安全		
14	修正推杆、复位杆的长度	测量之后，将复位杆和推杆拆下并修磨顶端面，使其达到装配要求	5	推杆应高出分型面0.1 mm左右，复位杆应低于分界面0.1 mm左右		

六、思考与练习

1.注射模的主要零部件的种类与作用有哪些？

2.简述注射模成形零件的装配方法与注意事项。

3.简述注射模导向零件的装配方法与注意事项。

4.简述注射模浇注系统的装配方法与注意事项。

5.简述注射模推出系统的装配方法与注意事项。

6.简述注射模侧向分型抽芯结构的装配方法与注意事项。

7.简述注射模冷却系统的装配方法与注意事项。

8.简述注射热流道模的装配方法与注意事项。

任务三 热固性塑料注射模的装配

一、任务描述

本任务主要介绍热固性塑料注射模的装配。通过本任务的学习，熟练掌握塑料模的装配图的识读，装配的方法、步骤及注意事项。重点掌握塑料模的装配工艺过程及其工作零件的装配、固定和修磨的方法。

二、任务分析

如图4-58所示的塑料模。根据模具结构装配图（1）和图（2）并结合产品图样分析，可以判定该模具为带活动型芯的注射模，其装配模具的难度主要在于保证塑件制品的形状尺寸，同时为了保证卸料时浇注口不致于影响塑件的外观，所以内浇口设计为潜伏式，为了提高生产效率本模具为一模八腔，在模具成形时，依靠导柱18及导套19导向和复位杆的复位，模具的动模座板带动动模部分与定模部分进行正确合模，由注射机的喷嘴将熔融的塑料通过模具的灌嘴经浇注系统进入模具型腔，注射完毕后，要进行保压、冷却成形，开模时动模与定模分离，在拉料杆的作用下，主流道的凝料从浇口套中拉出，同时，推件系统开始推件将塑件从动模型芯里推出，与浇注系统一起落下，然后进行下一循环。

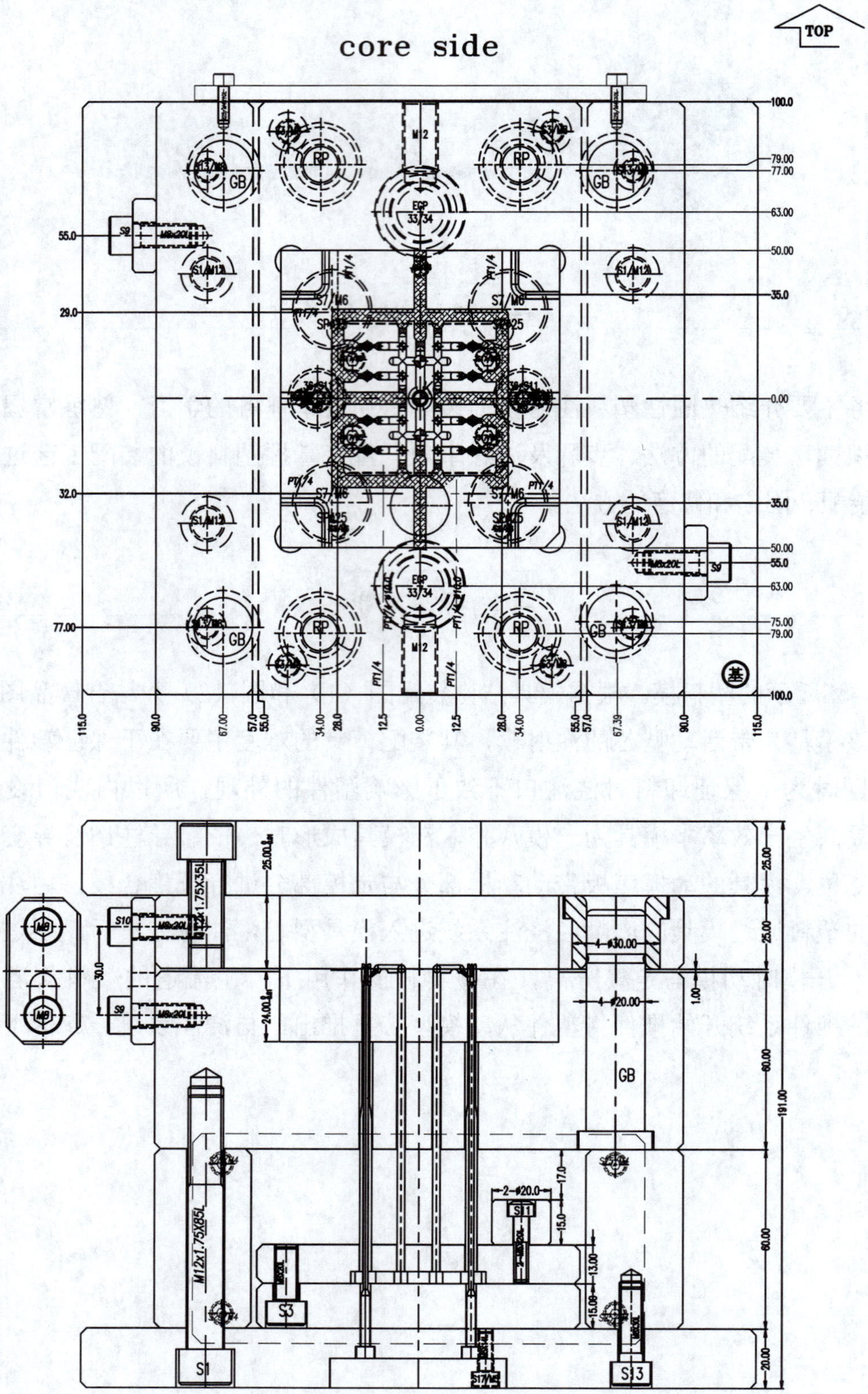

图4-58　两板模的装配图（1）

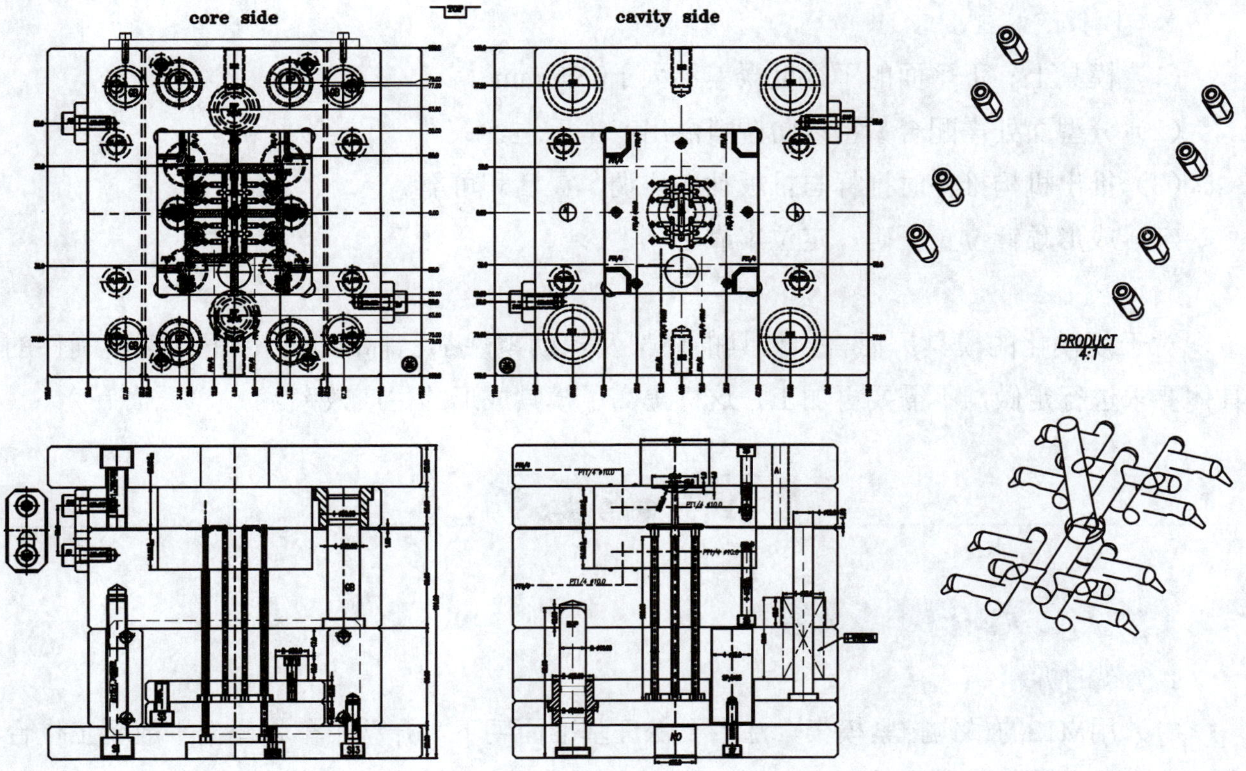

图4-58　两板模装配图（2）

三、相关知识

1.装配图的识读

根据图4-58（1）和（2）中可知要装配的整套模具的尺寸规格及各零件的相互位置关系，数量，要仔细阅读明细表及装配图的各项技术要求。

2.认真阅读各零件图及部件组装图，并与总装配图相对照以进一步加深对整套模具的理解。

3.装配顺序的选择

根据装配基准的不同，塑料模的装配顺序有两种：一种是当动、定模在合模后有正确的配合要求，相互之间易于对正时，装配顺序为；以主要零件如型芯、型腔和镶块作为装配基准，在动、定模相互对正后再加工、安装导柱和导套。另一种是当塑料件结构形状使型芯、型腔在合模后很难找到对正位置，或者是模具设有斜滑块机构时，通常先装好导柱、导套做为模具的装配基准，在装配型芯和型腔。以上无论哪种方法，都可归结为：先将相互配合的零件装配成组件或部件，然后再将组件或部件进行最后的总装配和试模。

4.本模具的装配要求

（1）模具上、下平面的平行度误差不大于0.05 mm。

（2）分型面处需配合紧密以防塑料溢出产生毛边。

（3）推出机构推件时推杆与推板动作协调、灵活和可靠。

（4）成形顶针位置正确，定位牢靠。

5.了解模具的生产方式

对于规模化的模具厂而言，模具的模架及辅助零件都已标准化了，根据塑料制件的具体要求进行定做，不需要再加工，这样提高了模具成形的生产效率。

四、任务实施

（一）模架的拆卸与清理

1.模架的拆卸

（1）用M12的吊钩拧紧模架，注意要保证基准面朝下。开动吊车将模架平放到工作台上（注意吊车运行过程中的安全）。

（2）按装配图纸要求在相应零件上打字体，如图4-59所示。左边打模具工号，右边打零件序号（打字体时的安全与注意事项）。

（3）用铜棒轻轻敲击定模座板，使动、定模部分分离。

（4）拆卸定模部分，用12号的内六方扳手将M12的螺钉2卸下，使定模座板1与定模板3分开，分别将其平放在工作台上（如图4-60所示）。

（5）用铜棒将导套16从定模板3内敲出，放在固定的盛物盒内。

（6）拆卸动模部分，用12号的内六方扳手将M12的螺杆5卸下，使动模板4与动模部分分开，将动模板其平放在工作台上。

（7）用8号的内六方扳手将M8的螺钉10卸下，使动模座板9与模脚6分开，将两个模脚分别平放在工作台上。

（8）用铜棒轻轻敲击导柱13，使其从导套12中退出，此时，定模座板与推件机构分开，将动模座板平放在工作台上。

（9）用8号的内六方扳手将M8的螺钉7卸下，使推件固定7板与推件板11分开，分别将推件板11平放在工作台上。再将导套12从推件板11中取出放在固定的盛物盒内。

（10）将复位杆14从推件固定7板中取出。

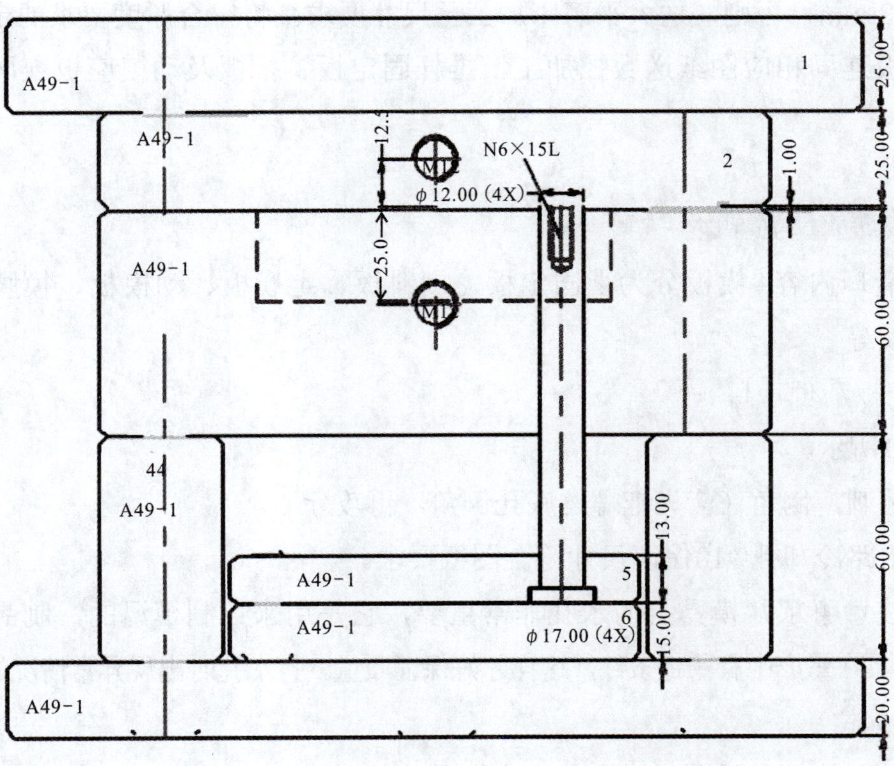

图4-59　模架的外观图

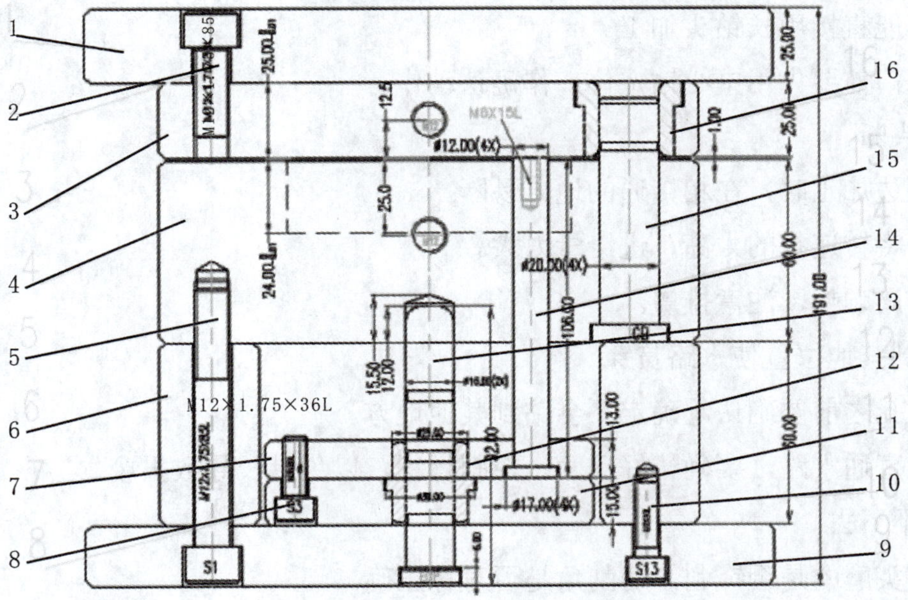

1—定模座板；2—连接螺钉；3—定模板；4—动模板；5—连接螺杆；6—模脚；
7—顶杆固定板；8—连接螺钉；　9—动模座板；10—连接螺钉；11—顶板固定板；
12—导套；13—导柱；14—复位杆；15—导柱；16—导套

图4-60　模架的装配图

2.模板的测量及加工

将拆卸下来的模板对照图纸测量各模板的厚度，保证各模板的厚度整数公差在

-0.01～-0.02 mm，否则，送大平磨床加工至尺寸要求。将符合厚度要求的定模座板、定模板及动模板连同相应图纸送数控加工，推杆固定板、推板及动模座板连同图纸送快捷铣床加工。

（二）模板的清理

模板的清理内容　模板分为上固定板、剥料板、定模板、动模板、模脚、上下顶针板、下固定板等

1.定模座板清理项目

如图4-61所示。

（1）打毛刺，倒角（应先把螺丝底孔倒角，再攻牙）。

（2）钻水路冷却孔∅10保证尺寸符合图纸要求。

钻孔的注意事项：模具上的水孔非常重要，它是用来控制模温的，制品成形很重要的因素。使模具在量产中有稳定条件，这样才好保证质量。打水孔时出现异常情况的处理方法。

1）水孔偏位

①打水孔之前一定要先划好线，确认位置是否正确。

②打直角水路要从两边打，不能看模板小从一边打通。

③先不能直接用长钻头加工。

④打水口前要先用中心钻定位，作确认动作。

2）钻头断

①当两边加工时，在相接通的地方易断。

②不可将转速打的太高，进给量太大。

③要排屑顺畅，注意排屑。

3）钻到其他位置使水路贯穿

①钻水孔之前要确认，确定不会钻到其他地方。

②不是直通水路，要确认好尺寸，控制行程，以免过长导致报废。

4）钻不下去

①看钻头磨的是否锋利，切削角是否对称正确。

②看对应的钻头是否和转速相配合。

（3）攻螺纹　灌嘴固定螺牙及水路螺纹1/4PT。

攻牙的注意事项：模板上的许多配件及镶块都要用螺丝固定锁紧，若螺牙不好，经常会有螺牙不正，配件锁不紧，锁不正，作动部位的还经常被卡死等，攻牙时则特别注意。

①攻牙前必须倒角，便于攻牙，锁螺丝。

②确认螺牙底孔是否合适。

③攻牙时一定要校垂直，一旦攻歪很难校正。

④用力均匀且小心，注意回丝，避免丝攻断在里面。

⑤丝攻必须一攻、二攻、三攻，否则很难攻好，深度要到位，一般要该螺丝沉头的2倍深。

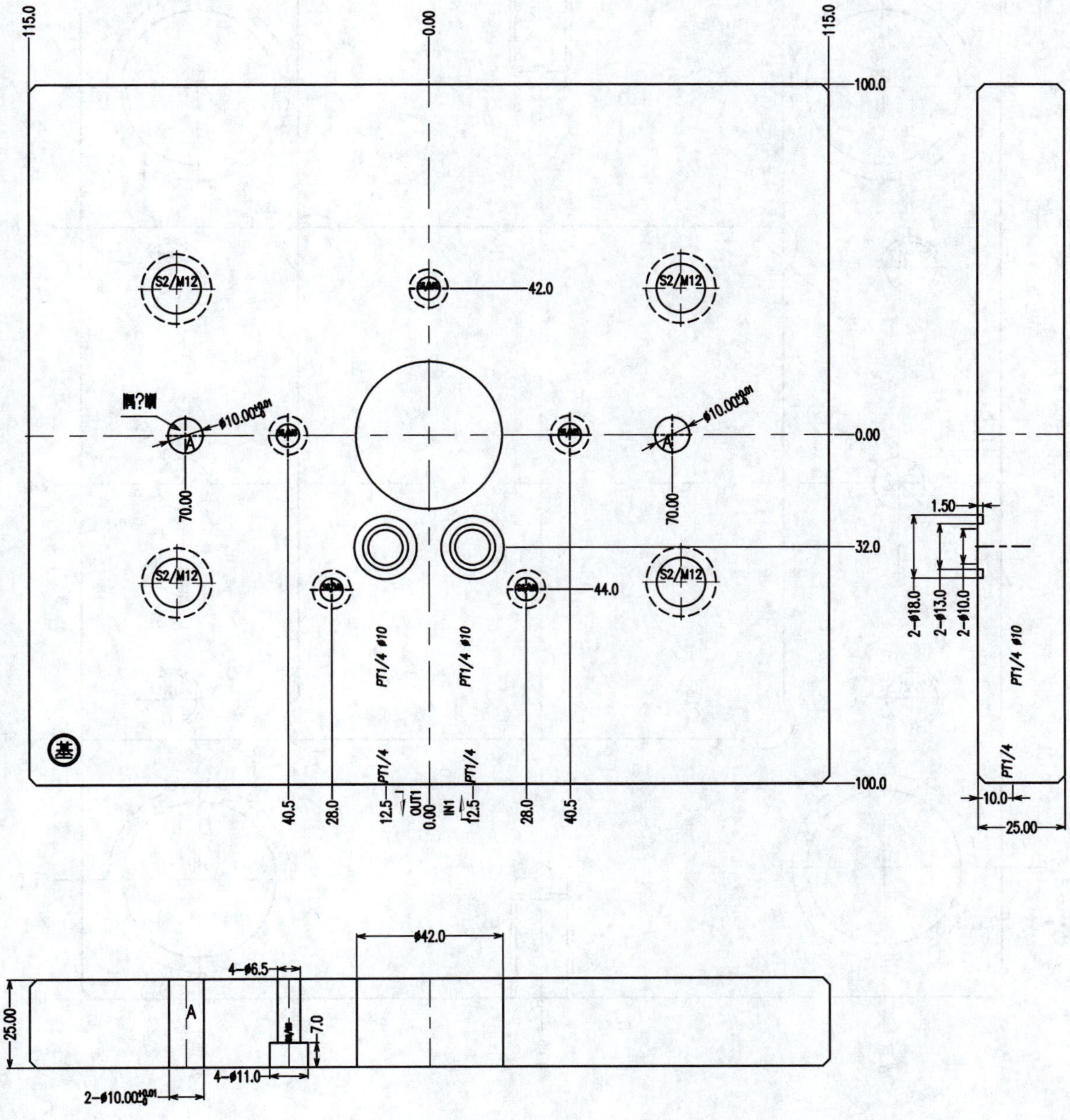

图4-61　定模座板加工图

2.定模板清理项目

如图4-62所示。

（1）攻牙，按图纸要求（钻、攻固定孔螺牙，斜导柱固定螺牙，水路螺牙，外拉杆固定螺牙等）。

（2）打毛刺，倒角（铣床和NC铣床开框后的边缘毛刺）。

（3）流道抛光和注入口抛光，（注意注入口前端不能倒角）。

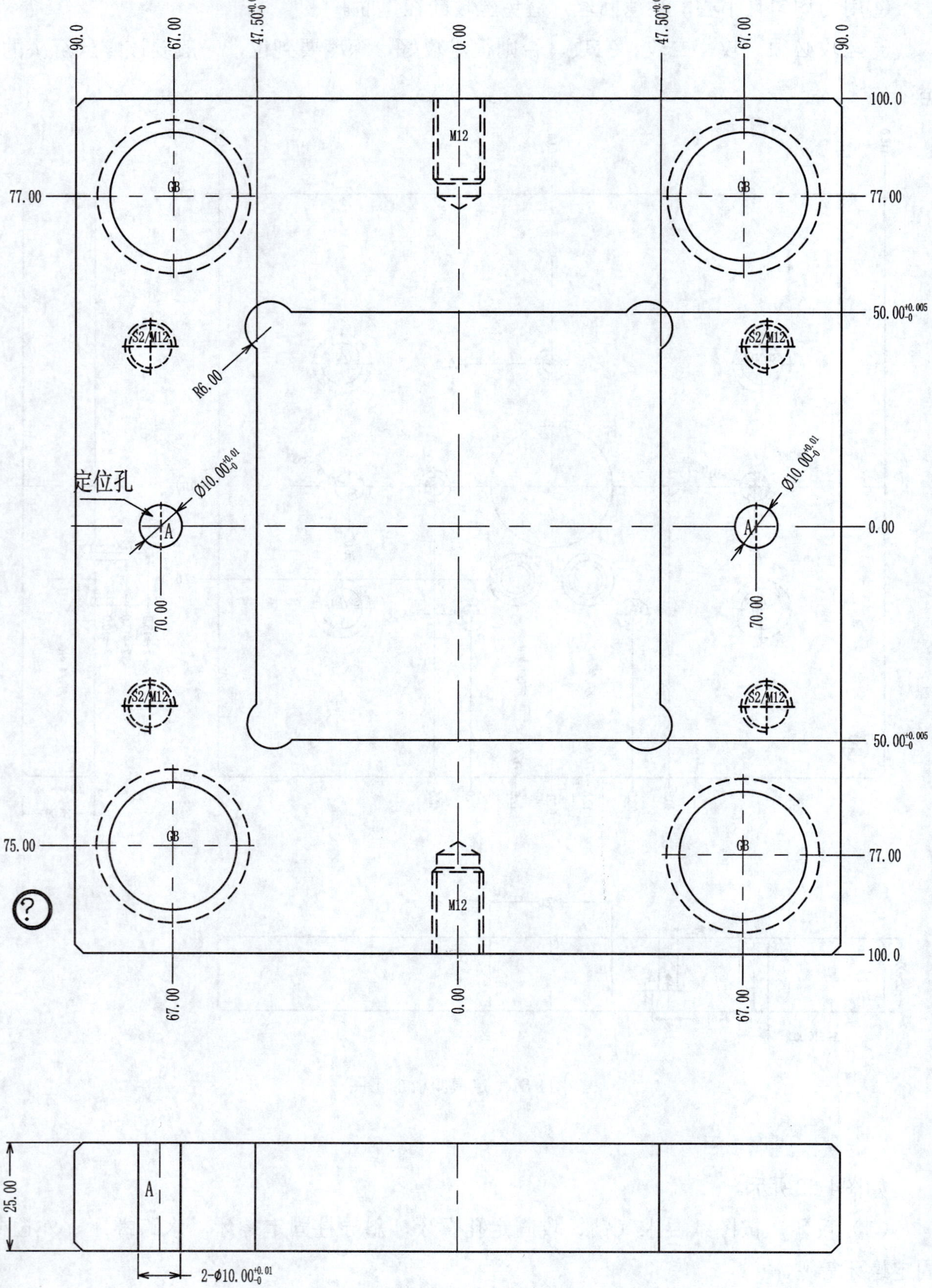

图4-62　定模板加工图

3.动模板清理项目

如图4-63所示。

（1）按图纸要求攻牙（滑座导轨固定螺牙，开闭器固定螺牙，外拉杆固定螺牙，斜销垫块固定螺牙，耐磨板固定螺牙等）。

（2）打毛刺，倒角（NC加工后滑座槽边缘产生毛刺）。

（3）配滑座和定位小型芯，耐磨板。

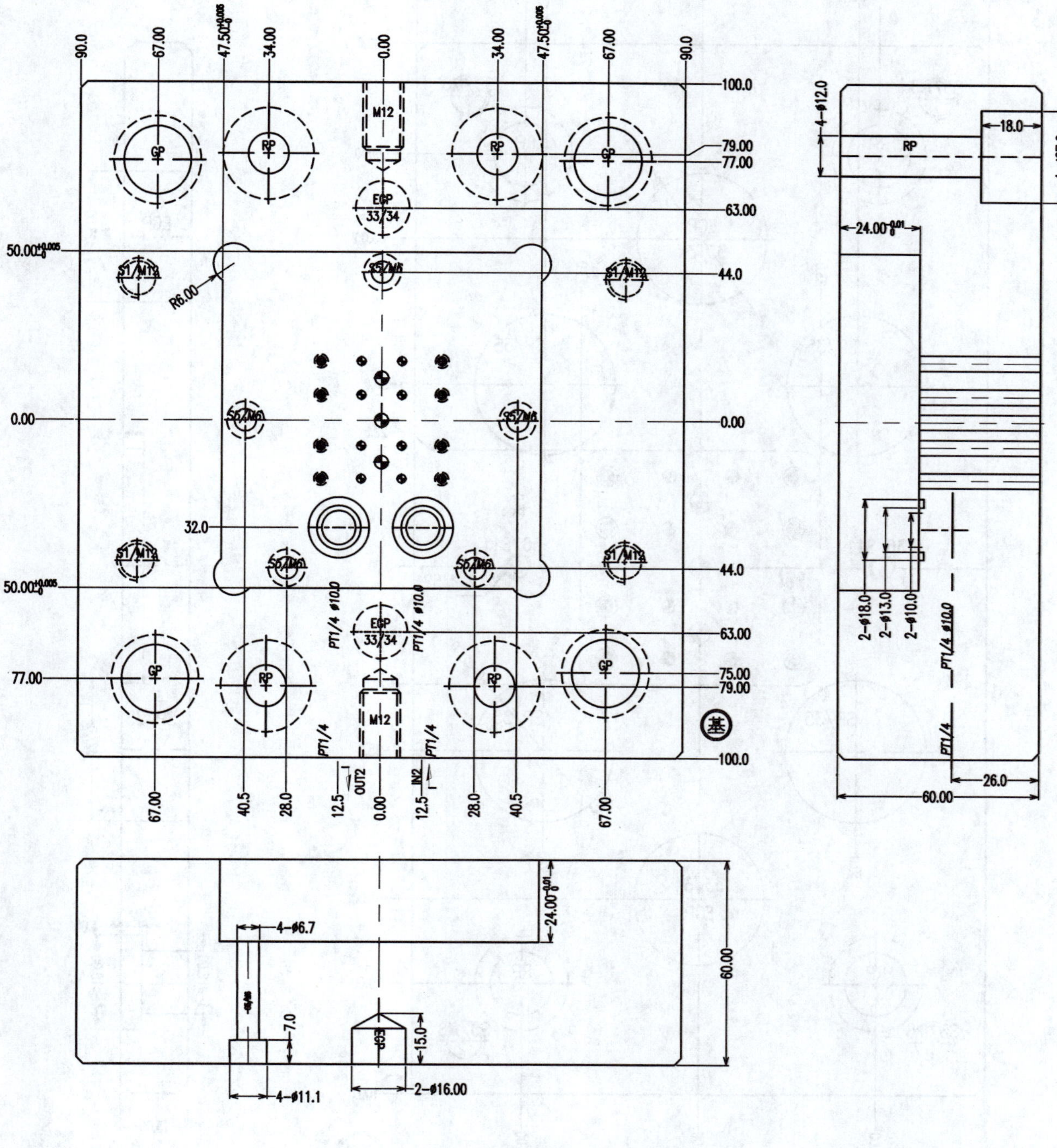

图4-63　动模板加工图

4.模脚平磨取高度至整数，比支撑柱工作高度低0.05 mm左右。

5.推杆固定板清理项目

如图4-64所示。

（1）攻牙（限位钉固定螺牙，与固定板连接螺牙等）。

（2）打毛刺（铣床铣完沉头后产生毛刺，线切割顶针过孔所产生的毛刺倒角）。

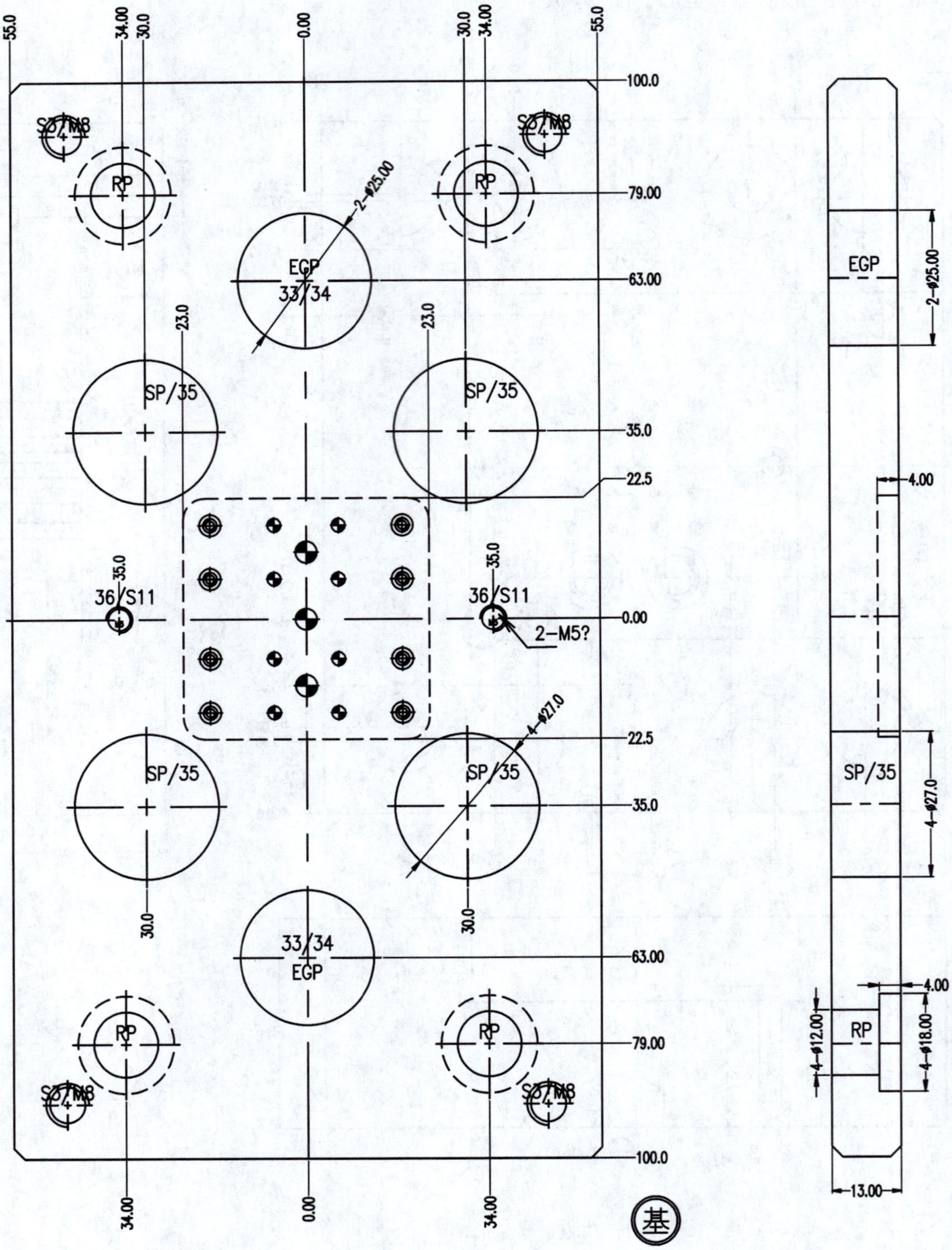

图4-64　推杆固定板加工图

6.推板清理项目

如图4-65所示。

（1）攻牙（套筒小型芯（入子）固定块螺牙）。

（2）打毛刺（铣床铣完沉头后产生毛刺，线切割顶针过孔所产生的毛刺倒角）。

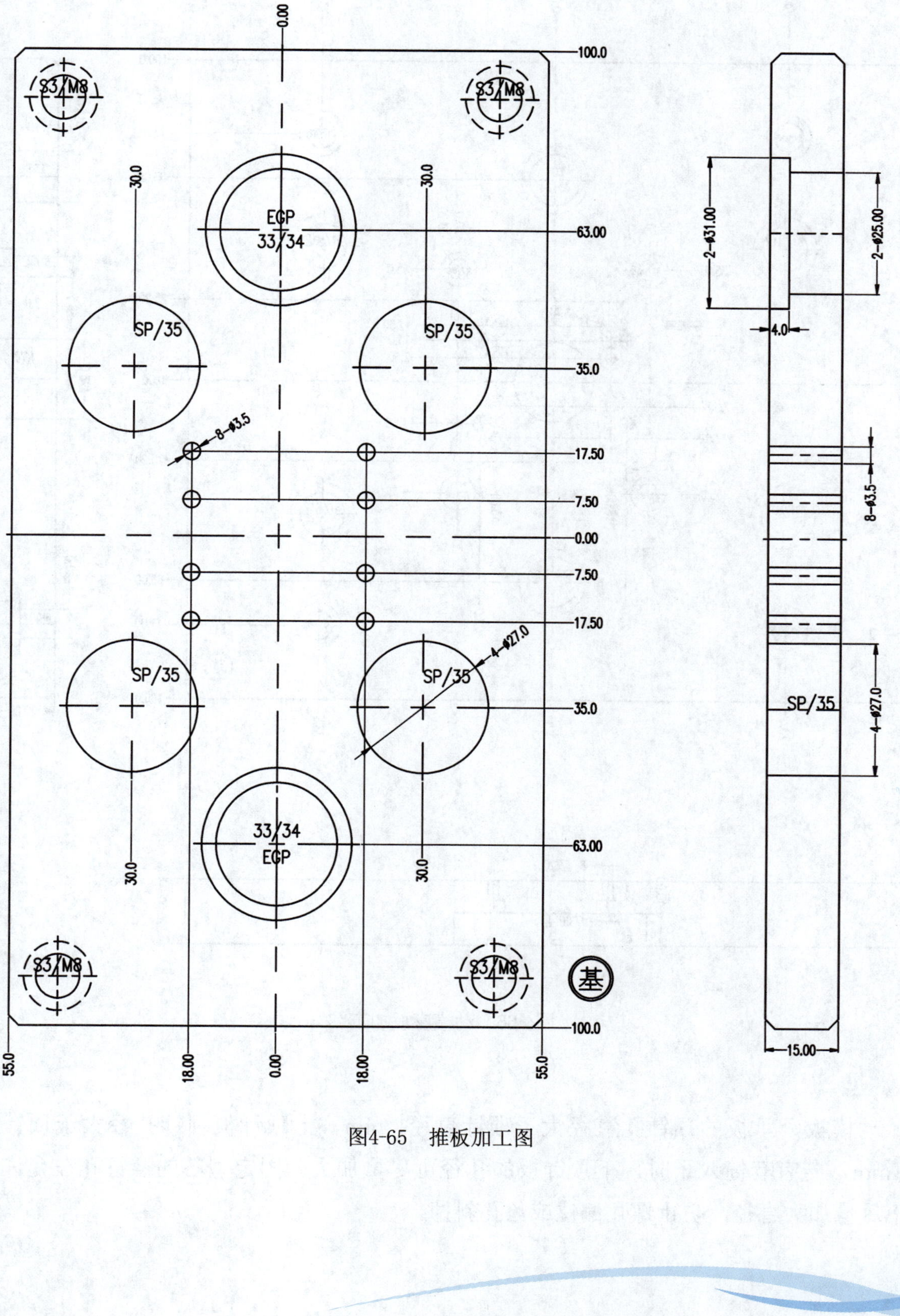

图4-65　推板加工图

7.动模座板清理项目

如图4-66所示。

（1）攻牙（垃圾钉固定用螺纹）。

（2）打毛刺（铣床铣完沉头后产生毛刺）。

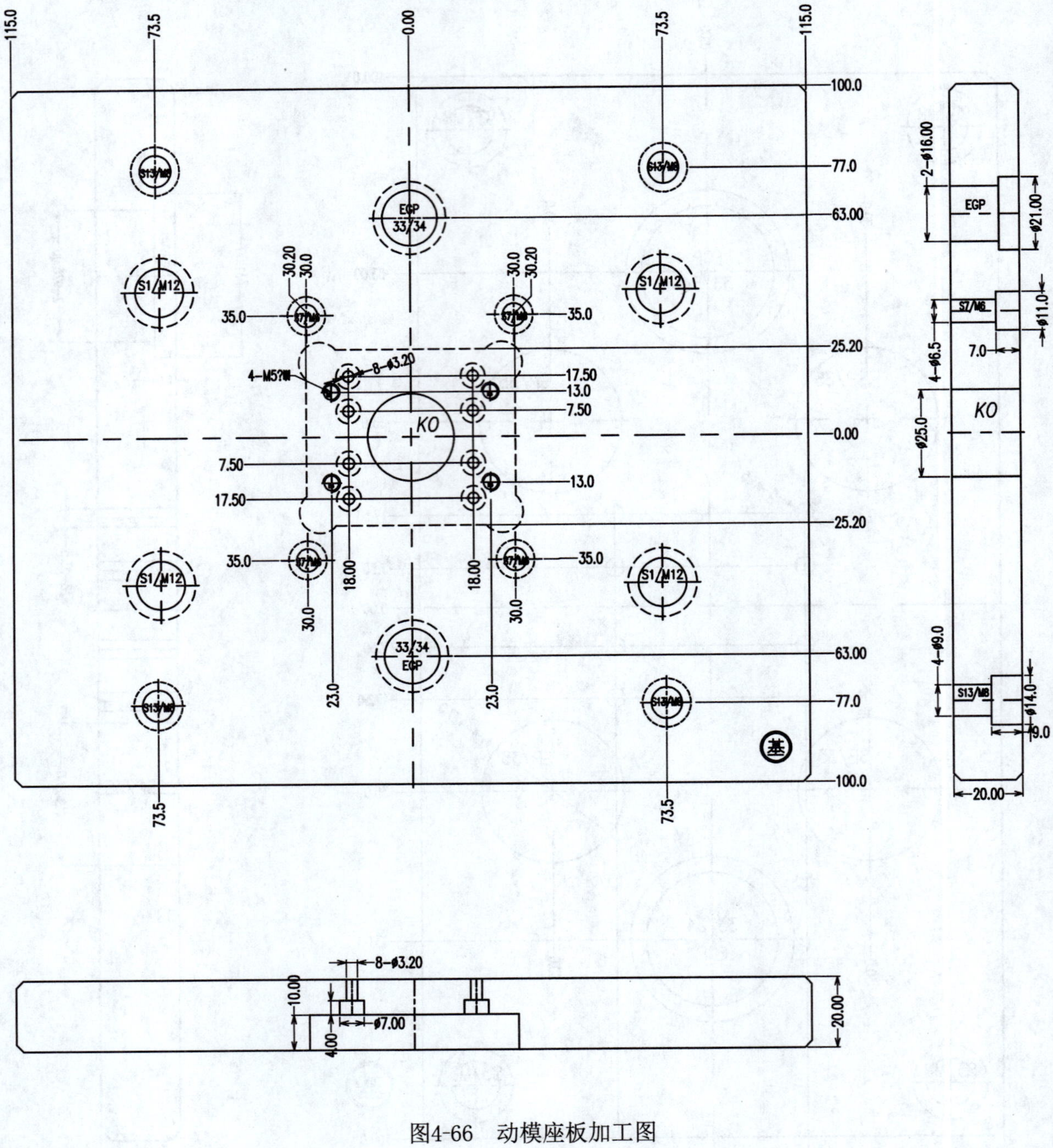

图4-66　动模座板加工图

8.顶针

动模板、承板的顶针孔直径大于顶针直径1 mm，上顶针板顶针孔径大于顶针直径0.5 mm，若有套筒入子时，下顶针板的孔径可尽量加大。固定型芯的螺钉孔在允许的情况下尽量加大直径，防止螺孔偏位或丝孔斜掉。

9.模板型腔加工时，注意直角处要逃（去）料，在逃料时注意定位块的装配方向，在精修型腔加工时，最好采用新刀，避免型腔壁不平或让刀现象。

（二）模板清理时要做的工作

模板加工完以后，清理动作有倒角、攻螺纹、去毛刺、打水孔、模板研磨、相关尺寸的确认、模板上配件的实配等。

1.倒角

前面已经叙述。

2.模板的研磨

（1）去除模板的余量使其达到公差要求。

（2）保证好平面度，若平面度不好到时开出来的模框底都是斜面，影响靠破。

（3）模板研磨加工完后要将水，铁屑抹干净并打上防锈油。

3.模板相关尺寸的确认

模板加工完毕后，相关尺寸一定要认真确认，以免到最后组立时影响实际配合，一旦发现异常要从头再确认。

（1）动，定模板的确认（注：位置尺寸都以基准为准来确认尺寸）。

（2）其他板的确认 其他板包括动，定模座板，剥料板，支承板，上下顶针板，模脚等，首先研磨规格尺寸，再确认其加工部位是否遗漏；确认所加工部位是否遗漏，尺寸是否到位。请参照图纸；确认实配组装部位，是否偏位，精度是否到位。相配合的部位，实配松紧程度如何，是否错位（上，下顶针板，动模座板，支承板）；确认顶针板，支承板或动模板顶针孔是否错位等。

4.模板厚度调整和模板检查

（1）模板在加工之前要厚度取至整数-0.01至-0.02。

（2）模板在加工完后对应图面检查，有无漏加工。

（3）定模板注入口有无加工，无则发线切割（WE）加工。

（4）动模板斜销过孔有无加工，无则发线切割（WE）加工。顶针过孔有无漏加工，否则发线切割加工。

5.模板配件清理

（1）模板配件（垃圾钉等）清理攻牙，倒角。

（2）配件与模板实配，支撑柱比模脚高0.05～0.08 mm。

（3）挡尘板及定位拉板固定螺纹孔的加工等。

6.模板清理其他注意事项

1）当一套模板加工完后，首先把加工过后留下的毛刺残渣去除干净，确认所有工部位是否遗漏，尺寸是否到位，需照图面一一检查，确认实配组装部位是否偏位，精度是否到位。相配合的部位实配松紧程度如何，上、下顶针板，承板或动模板顶针孔是否错位。

2）模板上配件的实配主要针对动、定模板上的配件，例如斜销，斜压块，滑块，滑块压块，定位Pin等，斜压块，滑块实配时不可随意修改尺寸，实配不好要确实找出原因，对症下药，一步一步确认，实配滑块，型芯，请先用块规检测尺寸、宽度，然后实配，要用手来控制运动，严禁猛敲、硬砸，保证能够畅通无阻，只有做到斜压块滑块实配好后，才能保证靠破没有问题，型芯组装才不会偏位。

（三）动、定模仁（型芯）的清理

如图4-67和图4-68所示。

1.动、定模型芯清理（需要样品，制品图）

（1）所有模仁回来应仔细检查模仁有无缺角，对应2D（或3D）图纸仔细检查有无漏加工。

（2）模仁堵水路。侧面管螺纹孔用相应螺塞缠生胶带拧紧，并全部堵塞后检查其气密性，无漏气方可。

（3）动模型芯实配顶针孔。

（4）雕刻穴号（针对于一模多腔的模具型芯）。

（5）动、定模型芯，配镶块、滑块斜销等。

（6）倒角，非型芯成形面处，需倒角。倒角好处：a.安全，避免刮伤手，b.可当逃气通道。

（7）勾配。很深的入子与型芯（模仁）靠破处需做勾配。

（8）运动面开油槽。如滑块、压块、直径较大的顶针等。开油槽的好处：可以聚油，长时间润滑作动面，防止作动处卡死。

（9）复杂型芯主要尺寸检测。便于装配、靠破，定模注入口的研磨及位置大小确认等。

2.动、定模型芯（模仁）的实配

（1）模仁是一套模具的核心，把模仁保护好及模仁处理好，整套模具已经完成了三分之二。模仁做得好要取决于加工单位，所以组立装配操作者在装配前对模仁加工精度的确认，一定要认真，要求一定要严格。

（2）在实配靠破时，特别是对插破时，一定不能实配太紧。该倒角的一定要倒角，否则在模具大量生产时会产生入子断掉或刮伤，不过插破不能太松，这样会产生毛边，尺寸偏差。

（3）型芯（模仁）靠破好后实配顶针，一套模具顶针实配的好，在大量生产中就不会卡死，制品上也不会有毛边，不过，制品的形状，取决于制品脱模要用什么形式，本模具顶件的方式是顶针顶出，另外常用的顶出方式还有套筒顶出，顶板顶出，斜顶顶出等。

（4）模仁实配工艺过程如下：

1）清理集合。组模之前要先了解模仁的结构是否有滑块，要清理配件模板、模仁。清理完后，把模仁整全部模仁整理拼凑，看一下各靠破地方的形状及高度是否正确。

2）模仁倒角。斜销和配件该倒角的倒角，确认模仁哪些地方该倒角与否。

3）小型芯（入子）实配。角倒好后，可进行实配，模仁的间隙不能过大，与模板的间隙控制在0.01 mm左右，必须保证入子进出自由，最好能用手压进去。有对插入子时，一定要配好后才能装模。

4）顶针实配。全部模仁配好后，试穿顶针，如顶针穿不进对应孔，则要对孔线切割处理。

5）整理组装。全部模仁退磁后组装。对逃气信道、塑料浇注信道进行抛光。

6）试合模（靠破）。如模仁有定位块，可先将凸、凹模仁靠破，注意动作要轻，以免撞伤模仁。穿顶针时，注意顶针要与其对应孔相配，以防错位。

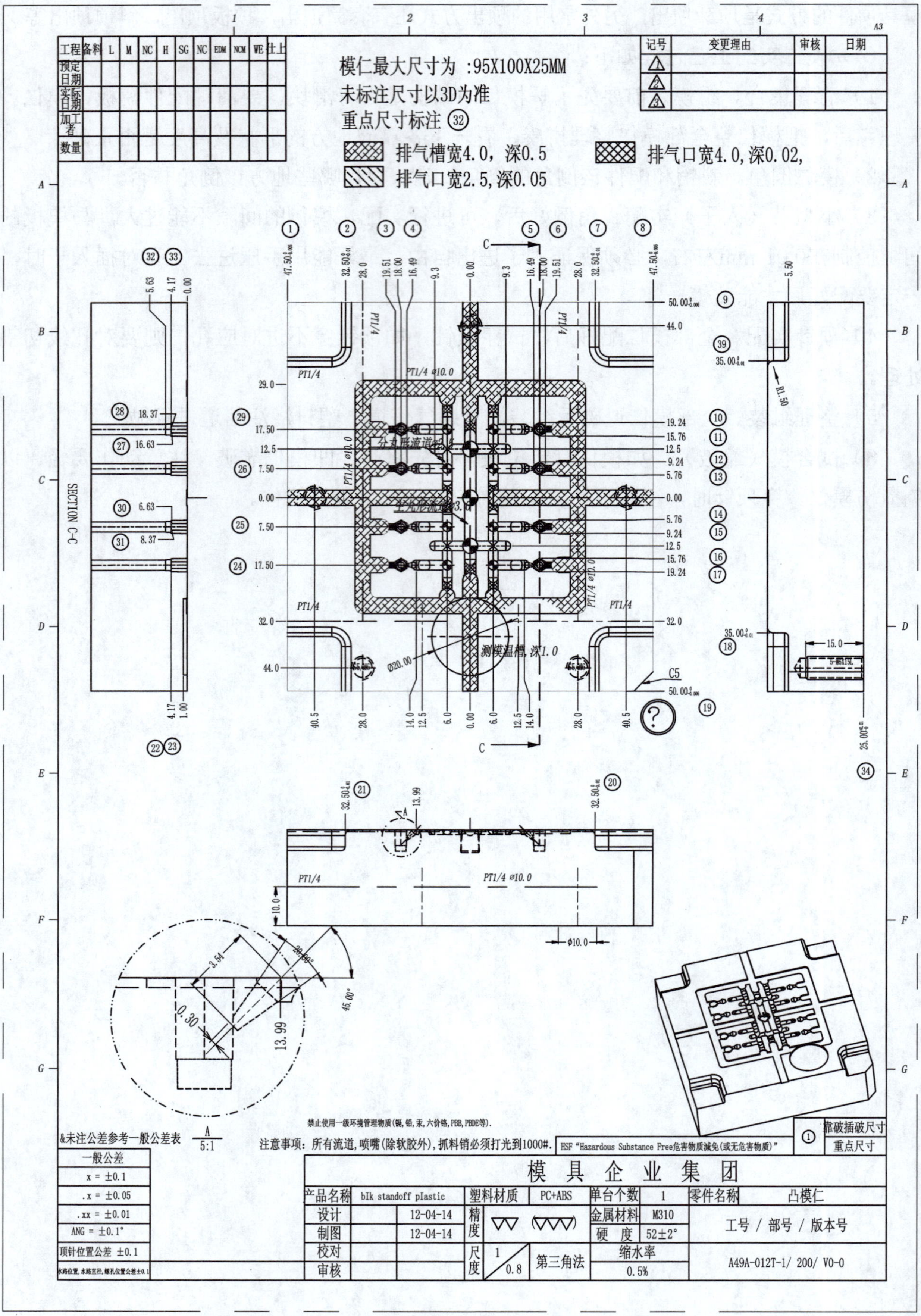

图4-67　动模型芯加工示意图

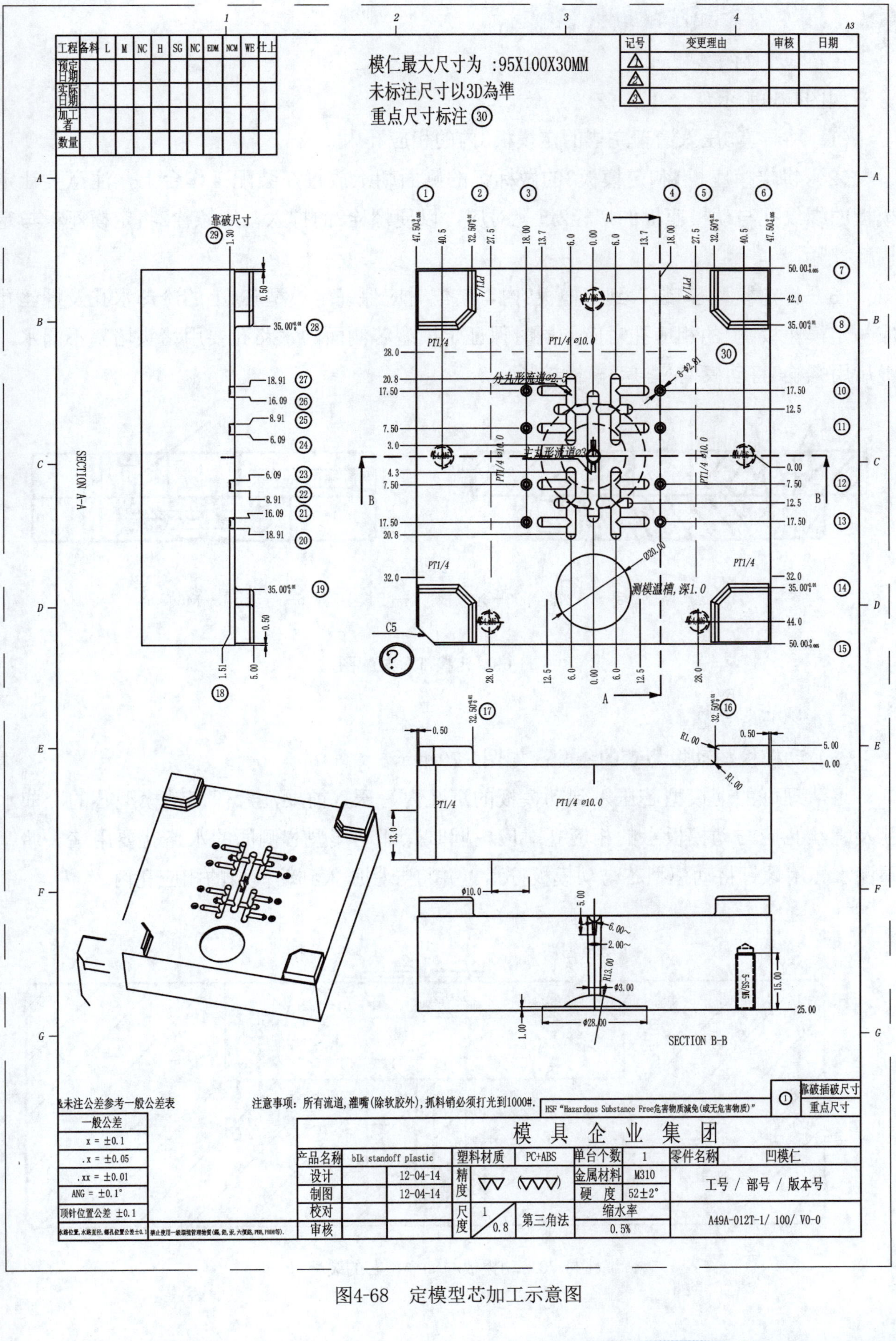

图4-68 定模型芯加工示意图

（四）两板模的零部件装配

1.定模部件的装配

如图4-69所示

（1）将导套5压入清理完毕的定模板3内的相应孔内。

（2）将定模座板1和定模板3的做标记的侧面朝上放置在装配工作台上，注意要让定模板的螺纹孔与动模座板的螺栓2过孔对应，以便螺栓2的拧入，用螺栓2将定模座板与定模板拧紧。

（3）将定模型芯4装入到定模板3内，装配时应保证定模型芯4上的冷却水孔及螺丝孔应与定模座板1上的相应孔对应，同时保证定模型芯侧面的水路孔要用堵头堵塞不漏水。最后用螺栓6将动模型芯与动模板拧紧。

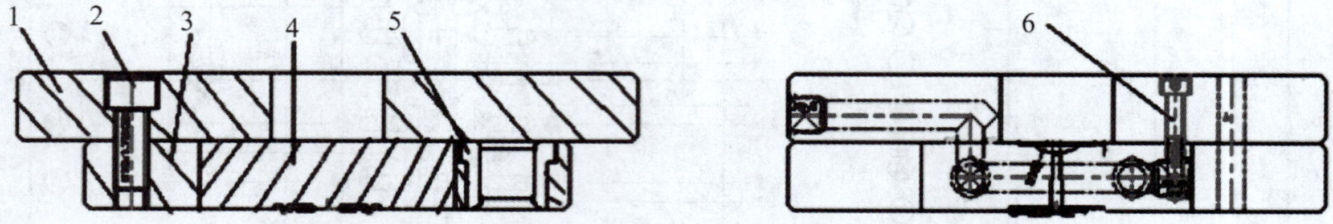

1—定模座板；2—M12螺栓；3—定模板；4—定模型芯；5—导套；6—M6螺栓

图4-69　定模部分装配图

2.动模部件装配

（1）动模板与动模型芯的装配：如图4-70所示。

将清理好的动模型芯压入到动模板的沉孔内，压入前要注意保证动模型芯的冷却水孔及螺丝孔应与动模板上的相应孔对应，同时保证动模型芯侧面的水路孔要用堵头堵塞不漏水。用螺钉将动模型芯与动模板拧紧。并将导柱压入到动模板的相应孔内。

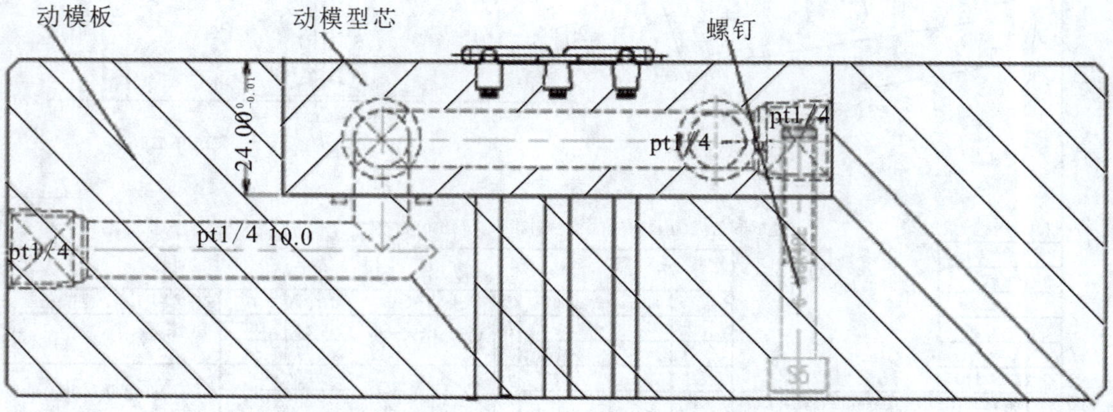

图4-70　动模板与动模型芯的装配

（3）顶出机构装配。如图4-71所示。

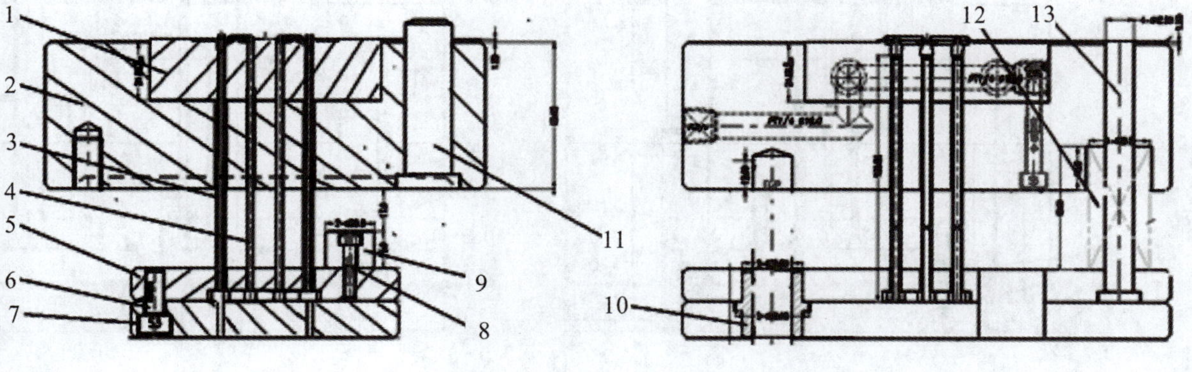

1—动模型芯；2—动模板；3—司筒（推管）；4—顶料杆；5—顶杆固定板；6—螺钉；
7—推板；8—螺钉；9—限位块；10—导套；11—导柱；12—弹簧；13—复位杆

图4-71　顶件机构的装配

装配过程如下：

1）把检查无误，清理好的顶杆固定板5取出，将顶杆4、司筒3和复位杆13（穿弹簧12）分别放入顶杆固定板5的相应孔中。同时将限位块9用螺钉8固定在顶杆固定板的相应位置。

2）将上述部件装配到动模板2相应的孔内，在动模板的上面用螺杆、垫块将复位杆拉紧使复位杆的上平面露出定模板的上平面1 mm，然后用手轻轻将顶杆4、司筒3往上推至推不动为止。

3）将导套10压入到检查无误，清理好的推板7相应孔内，然后与顶杆固定板5通过导套10连接，最后用螺钉6拧紧。

（4）动模部件的其他装配如图4-72所示。

1）动模座板与支撑柱的装配：将带轴向螺纹孔的支撑柱9通过螺钉10与动模座板13拧紧，同时将导柱11压入动模座板13中。

2）将模脚2通过螺钉5与动模座板13连接紧固。

3）将动模座板13和模脚2通过螺栓1与顶出机构连接紧固。

4）用胶带将顶出机构部分密封，钻攻M6的螺纹孔（两面都作），通过螺钉8将隔尘板固定在顶出机构的两侧，防止废物的进入。

5）将成形顶针3穿入到司筒的相应孔内，用压板4通过螺钉6压紧。

6）将拧在复位杆上的螺杆及压块取下，完成动模部分的装配。

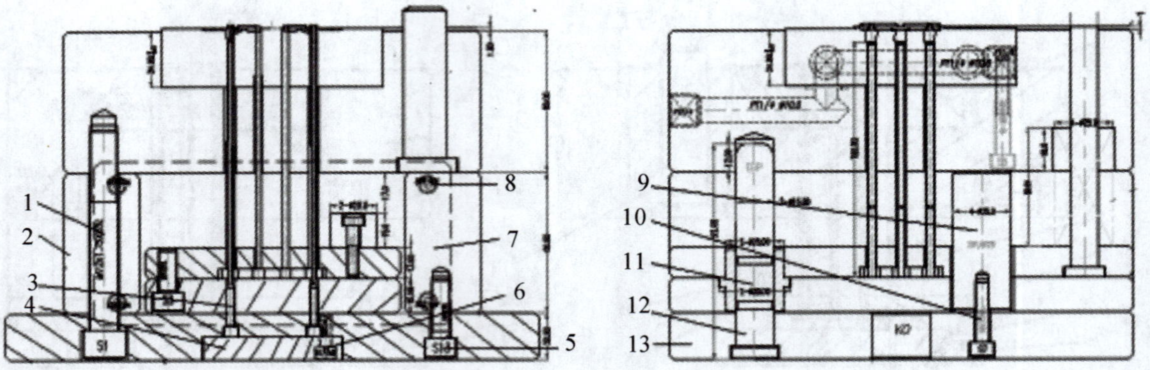

1—螺钉；2—模脚；3—成形顶针；4—压板；5—螺钉；6—螺钉；7—防尘板；
8—螺钉；9—支撑柱；10—螺钉；11—导套；12—导柱；13—动模座板

图4-72　动模部件装配图

3.动模与定模的合模

如图4-58（1）（2）。

（1）合模前检查各模板做标记的面是否一致，有无遗漏零件。

（2）检查动、定模部件的装配高度是否符合装配要求，有异常应作出相应调整。

（3）小型模具在钳工装配台上通过导柱用铜棒轻轻敲击定模部分与动模合模，大型模具用吊车分别将动、定模部分吊到合模机上合模。

4.将合模好的模具用吊车吊到钳工装配台上，用字头在水路孔处打上“IN”表示进水口，“OUT”表示出水口。

5.把装配好模具的信息及时报告试模部门，并将模具调运到待试模区等待试模。

五、检查与评议

表4-6　热固性塑料注射模的装配

班级________　姓名________　学号________　总分________

序号	考核项目	考核要求	配分	评分标准	实测记录	得分
1	装配前的准备	模具结构图的识图，选择合理的装配方法和装配顺序，准备好必要的标准件，如销钉、螺钉及装配用的辅助工具等	10	具备模具结构知识及识图能力		
2	模架的清理与加工	模架各模板的尺寸确认及相应部位的加工	15	清理完全，形状尺寸符合图纸要求		

续表

序号	考核项目	考核要求	配分	评分标准	实测记录	得分
3	定模部分的装配	按组装图要求装配，满足形状、尺寸和位置公差要求，零件无遗漏	15	操作熟练，目的明确，保证精度，保证安全		
4	动模部分的装配	按组装图要求装配，满足形状、尺寸和位置公差要求，零件无遗漏	15	操作熟练，目的明确，保证精度，保证安全		
5	动、定模的合模	按组装图要求装配，满足形状、尺寸和位置公差要求，零件无遗漏	15	操作熟练，目的明确，保证精度，保证安全		
6	合模后续加工	做水路标记，安装合模拉板等	10	符合装配图纸要求，无遗漏项目		
7	试 模	将装配好的信息及时通知试模部门，等待试模，并做好试模记录	10	认真落实试模记录，做出维修方案		
8	操作安全	模具安全、人身安全、设备安全	10	操作熟练，目的明确，保证精度，保证安全		

六、思考与练习

1.在装配图与零件图识读时应注意哪些问题？

2.注射模装配顺序选择的原则是什么？

3.简述模架的拆装的内容与方法。

4.简述模架清理的内容和注意事项。

5.简述定模型芯清理的内容和注意事项。

6.简述动模型芯清理的内容和注意事项。

7.简述定模部分的装配内容和注意事项。

8.简述动模部分的装配内容和注意事项。

9.简述合模时注意事项。

10.合模后的辅助工作的内容是什么？

11.试模前要做哪些辅助工作？

任务四 热塑性塑料注射模的装配

一、任务描述

本任务主要介绍热塑性塑料注射模的装配。通过本任务的学习，应在巩固热固性塑料注射模装配工艺过程的同时，重点掌握侧型芯、滑块的加工以及滑块抽芯结构的装配方法。

二、任务分析

如图所示4-73的塑件在成形时除了在合模方向上的型芯与型腔外，还要有侧向的成形机构才能满足成形的需要。合模、固化成形完毕后，要实现自动分型，塑件要实现在开模方向的型腔、型芯脱离，必须让成形侧面的型芯先脱离，这样才能实现整个模具的脱模。如图4-74所示的模具结构图满足以上要求。

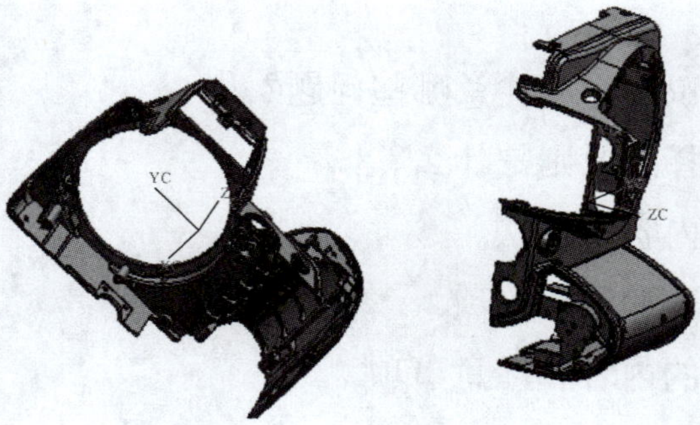

图4-73 相机外壳

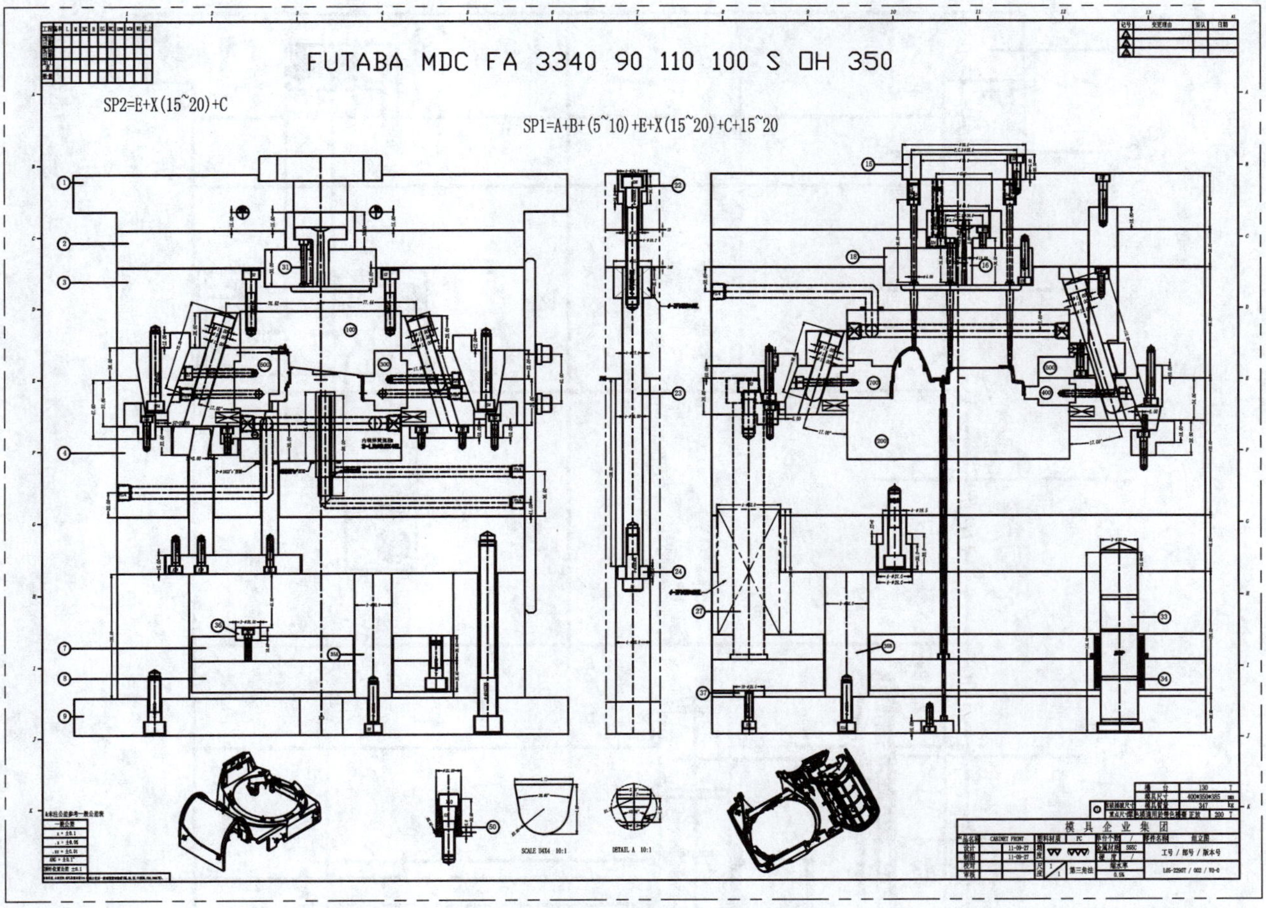

图4-74　组立装配图

三、相关知识

1.装配图的识读

认真阅读装配图的相关内容，了解模具的总体尺寸，各零件的相互位置关系，装配的技术要求的内容及标题栏的相关内容。

2.认真阅读组成模具的各零件图，装配时要求具备判断加工后的零件是否符合模具装配要求的能力。

3.装配相关工具的使用方法及注意事项

例如高度规、二次元等测量工具、吊车操作规程，各种拆装工具的使用方法等。

4.普钳的基本技能要求，如划线、钻孔、锉削及抛研等操作方法及注意事项。

四、任务实施

1.模架的拆卸与加工

如图4-75所示。

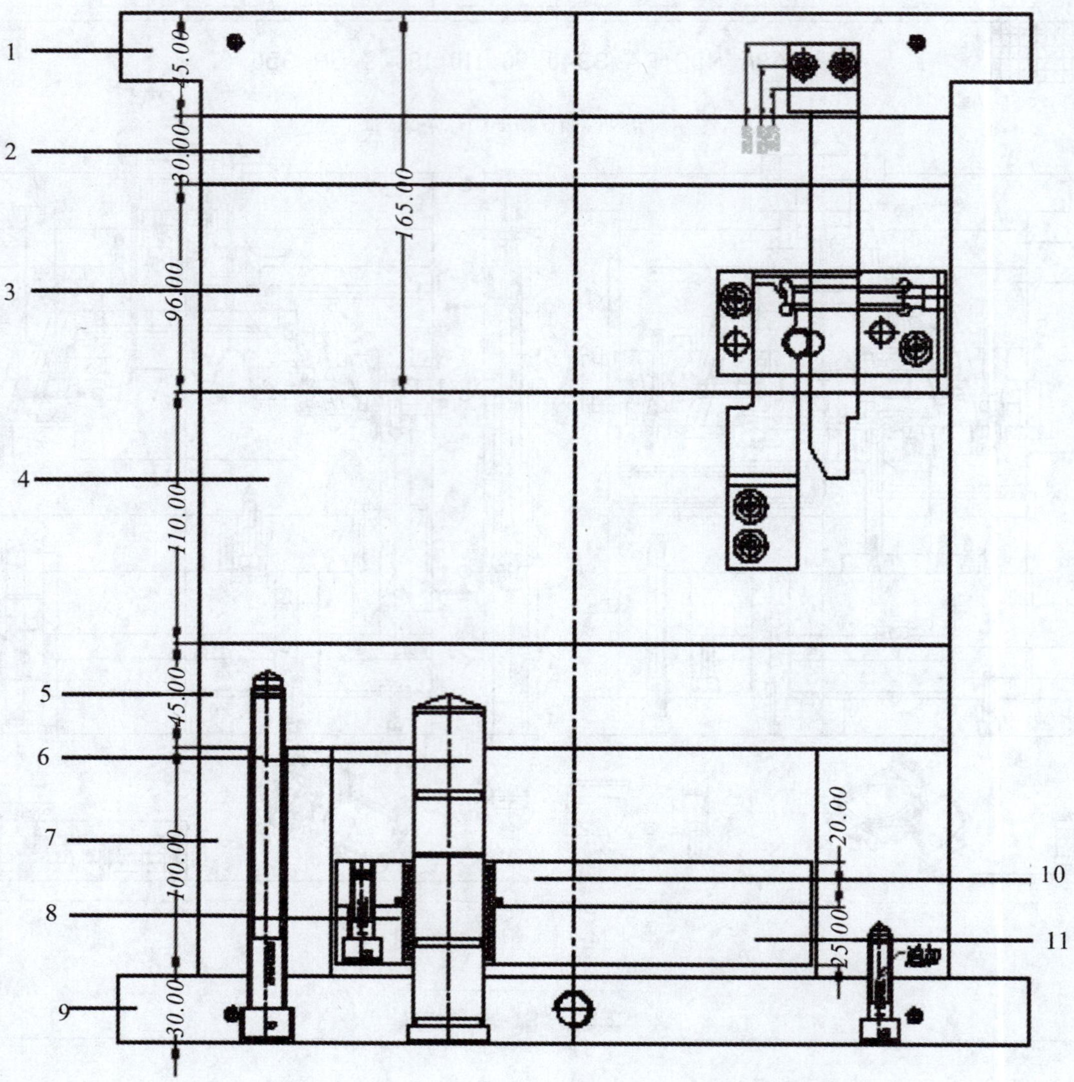

1—定模座板；2—剥料板；3—定模板；4—定模板；5—支承板；
6—导柱；7—模脚；8—导套；9—动模座板；10—顶板；11—顶杆固定板

图4-75　模架的结构图

（1）模架的打字头做标记　如图4-75所示，在吊装方向的模架左侧做模具工号、右侧做模板序号。

（2）模架的拆卸　按两板模的拆卸方法将图4-75所示的模架各模板拆卸下来，并量取各模板的厚度是否符合图纸要求，将厚度大的送平面磨床加工符合要求。将其他组件（螺钉、导柱、导套等）放在特定的盛物盒内。

（3）将各模板与相应图纸一起转各个加工单位。其中动模座板、剥料板、动模板、上、下顶针板送数控或线切割，定模板、模脚、动模座板送铣床加工。

（4）清理拆卸现场，模架配件放在定点、安全的地方。并把包装杂物清理干净。

2.模板清理

（1）定模座板的清理 如图4-76所示。

1）按图纸仔细检查定模座板的各个尺寸、形状是否符合图纸要求，有无漏、错加工现象。

2）打毛刺，倒角。去除铣加工产生的尖边、毛刺并在螺纹所在的底孔处倒角。

3）划线，打样冲眼在钻床钻水路冷却孔∅10 贯穿，保证尺寸距中心线62、67，18符合图纸要求。

4）根据图纸要求钻攻2—M6（正面）、4—M6（侧面2处）、4—M8、3—M10螺纹孔及4—PT/4的管螺纹孔。攻水路螺牙1/4PT，深不小于15 mm

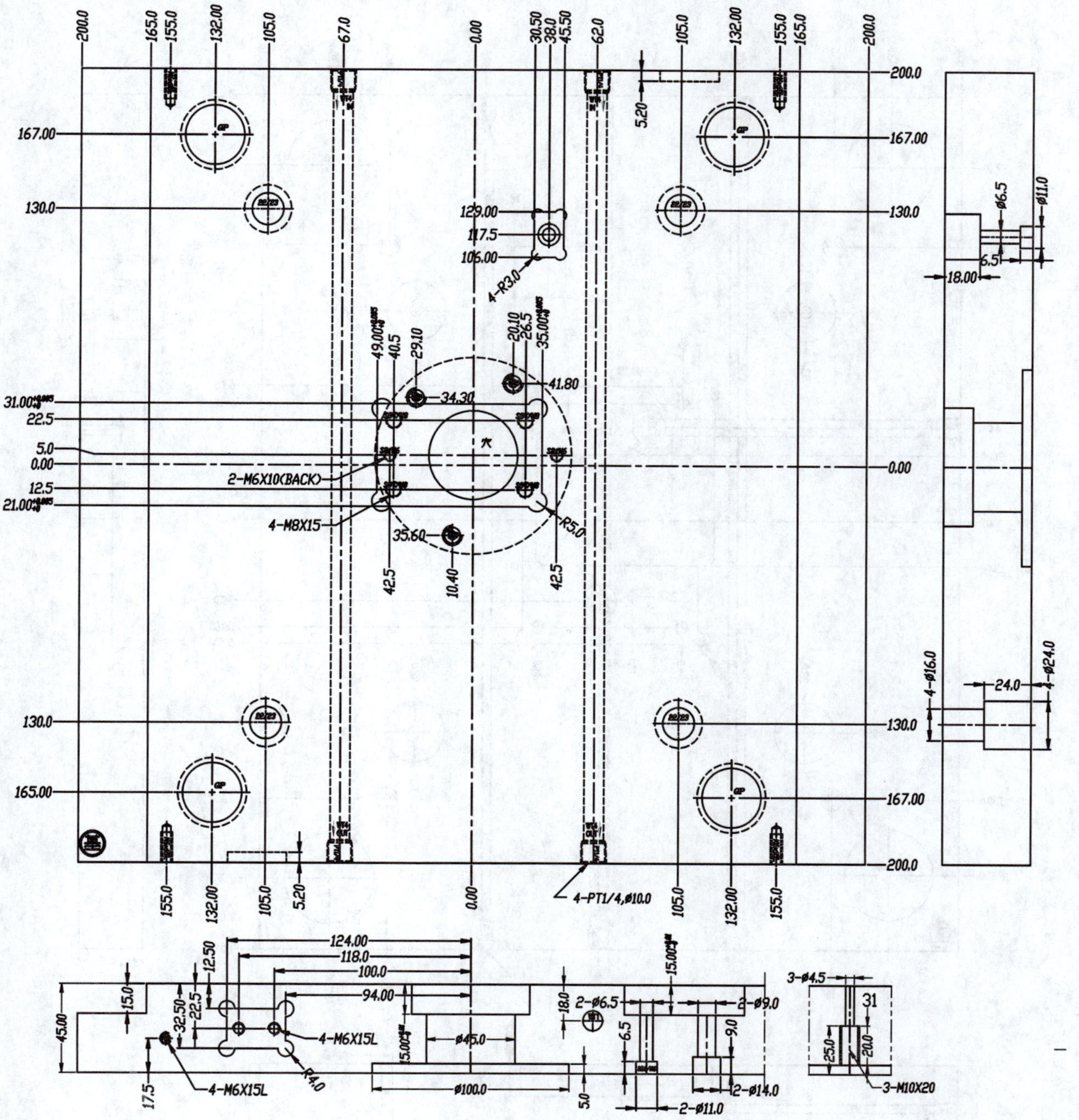

图4-76 定模座板加工示意图

（2）剥料板清理项目 如图4-77所示。

1）按图纸仔细检查定模座板的各个尺寸、形状是否符合图纸要求，有无漏、错加工现象。

2）打毛刺，倒角。去除铣加工产生的尖边、毛刺并在螺纹所在的底孔处倒角。

3）划线，打样冲眼在钻床钻水路冷却孔∅8与铣加工的带环形槽孔贯穿，保证尺寸距中心线44、5，及60、10符合图纸要求。

4）根据图纸要求钻攻4—M6×15、PT/8的管螺纹孔。保证水路螺牙深不小于15 mm。

5）拉料销实配和灌嘴实配，如实配过紧可用铰刀铰顺。

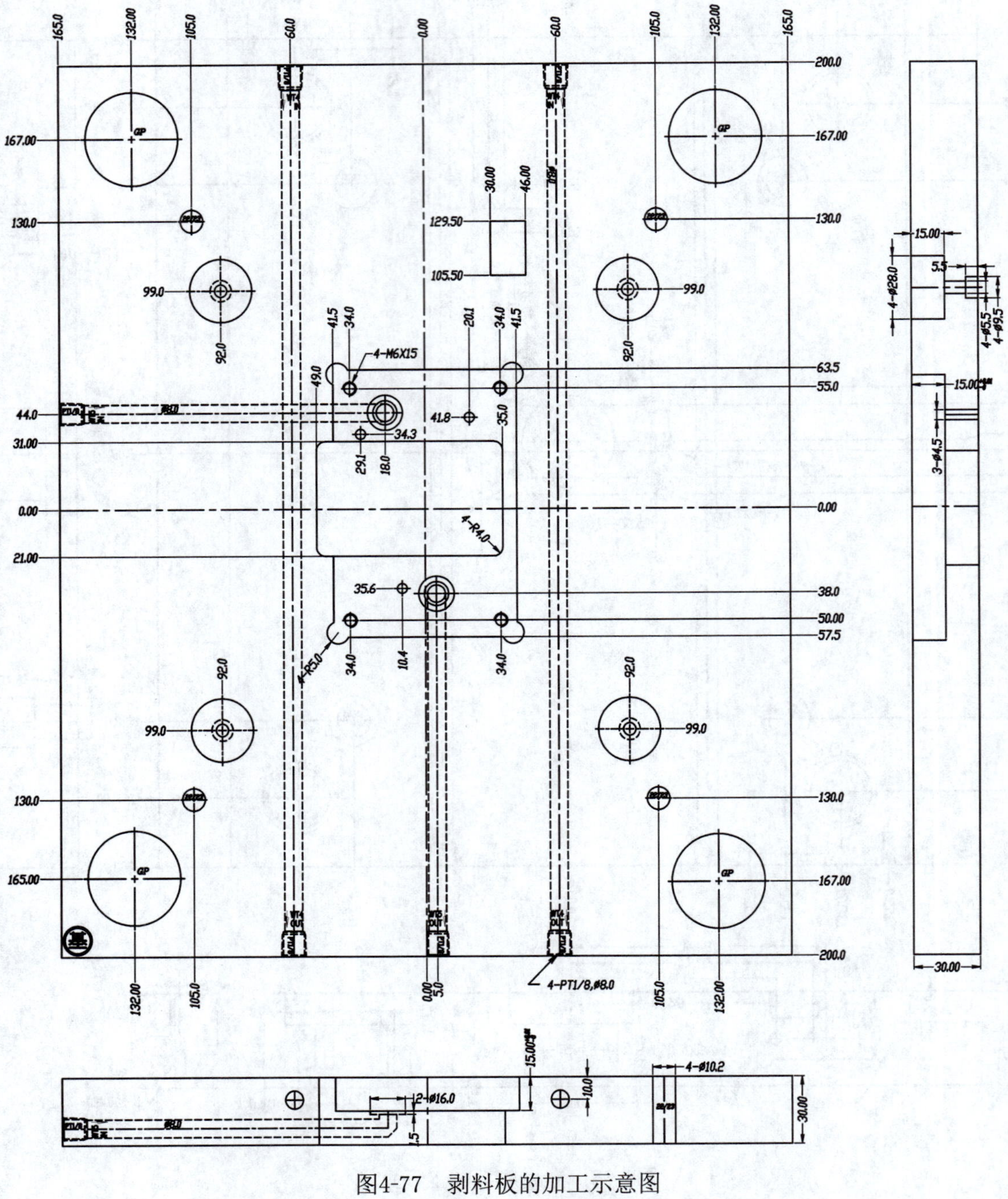

图4-77 剥料板的加工示意图

（3）定模板清理项目 如图4-78所示。

1）按图纸仔细检查定模座板的各个尺寸、形状是否符合图纸要求，有无漏、错加工现象。

2）打毛刺，倒角。去除铣床和数控（NC）铣床开框后的边缘毛刺等。并把各螺纹底孔倒角。

3）划线，打样冲眼在钻床钻水路冷却孔∅8与铣加工的带环形槽孔贯穿，保证尺寸距中心线22、22及15符合图纸要求。

4）攻牙，按图纸要求（钻、攻固定孔螺牙6—M8，斜导柱固定螺牙4—M8，水路螺牙PT/4，外拉杆固定螺牙4—M5等）。

5）流道抛光和注入口抛光（注意注入口前端不能倒角）。

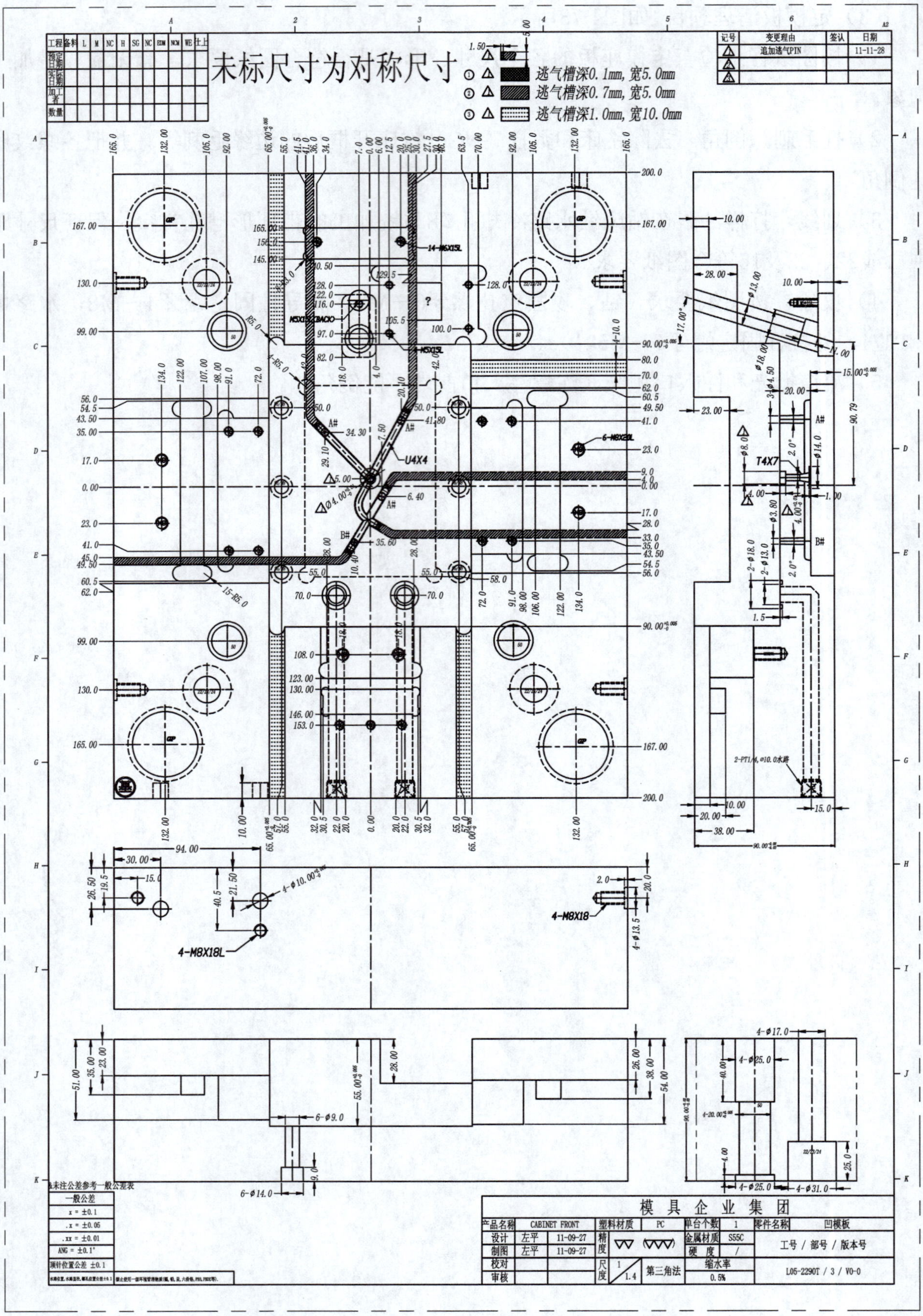

图4-78　定模板加工示意图

（4）动模板清理项目 如图4-79所示。

1）按图纸仔细检查定模座板的各个尺寸、形状是否符合图纸要求，有无漏、错加工现象。

2）打毛刺，倒角。去除铣床和数控（NC）铣床开框和滑座槽后的边缘毛刺等。并把各螺纹底孔倒角。

3）划线，打样冲眼在钻床钻水路冷却孔∅10与铣加工的带环形槽孔贯穿，保证尺寸距中心线7、50及20符合图纸要求。

4）按图纸要求攻牙（滑座导轨固定螺牙24—M5、6—M8，开闭器固定螺牙4—M8×12，外拉杆固定螺牙4—M8×18，斜销垫块固定螺牙，耐磨板固定螺牙4—M1以及水路螺牙PT/4等）。

5）粗配滑座和定位镶块、耐磨板，将相关的零件对应找齐去除毛刺。

6）研磨顶针过孔（必要时）。

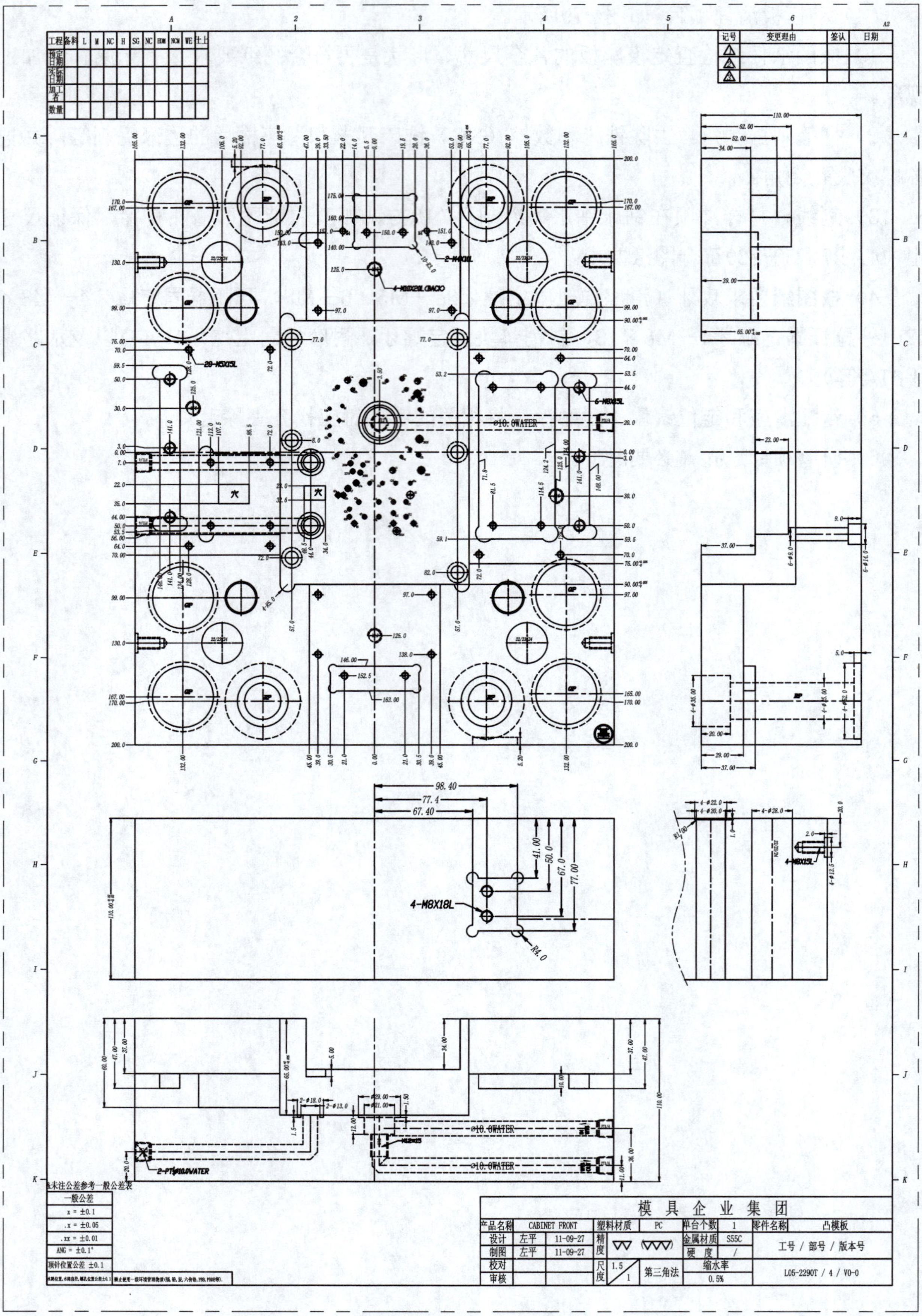

图4-79　动模板的加工示意图

（5）支承板的清理 如图4-80所示。

1）去除数控（NC）及线切割加工所产生的毛刺。

2）钻攻螺纹孔4—M6×15。

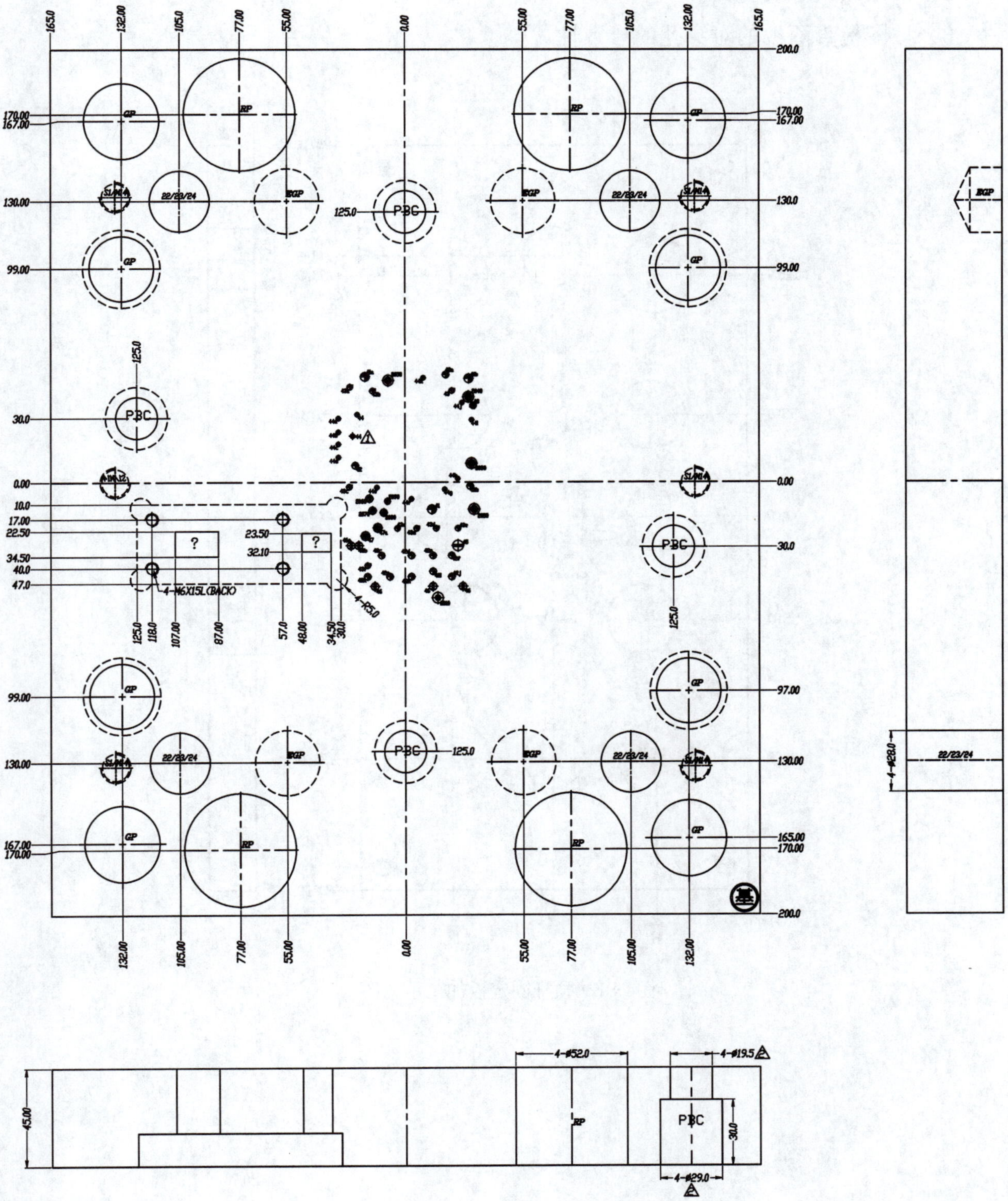

图4-80　支承板的加工图

（6）模脚的清理 模脚的高度平磨至整数，铣加工缺口以免支撑柱干涉。

（7）顶杆固定板与顶板的清理 如图4-81所示及图4-82所示。

1）去除数控（NC）及线切割（GE）加工所产生的尖边，毛刺。

2）钻攻顶板螺纹孔。

3）按图检查两板的对穿孔的一致性。

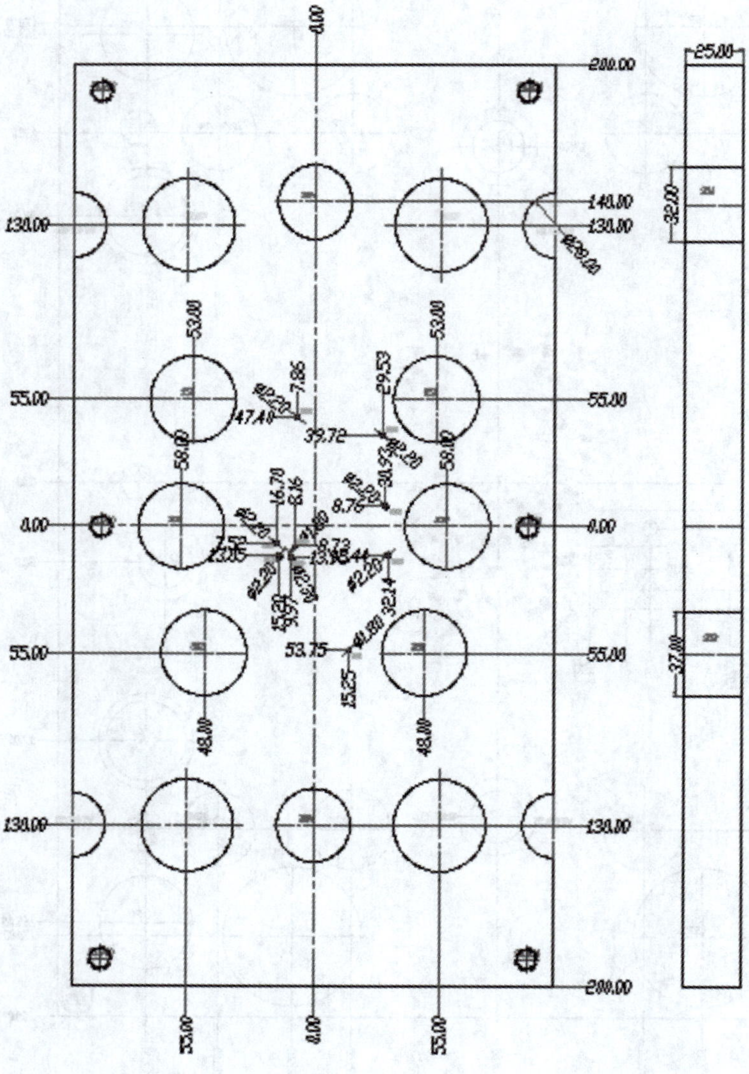

图4-81 顶杆固定板加工示意图

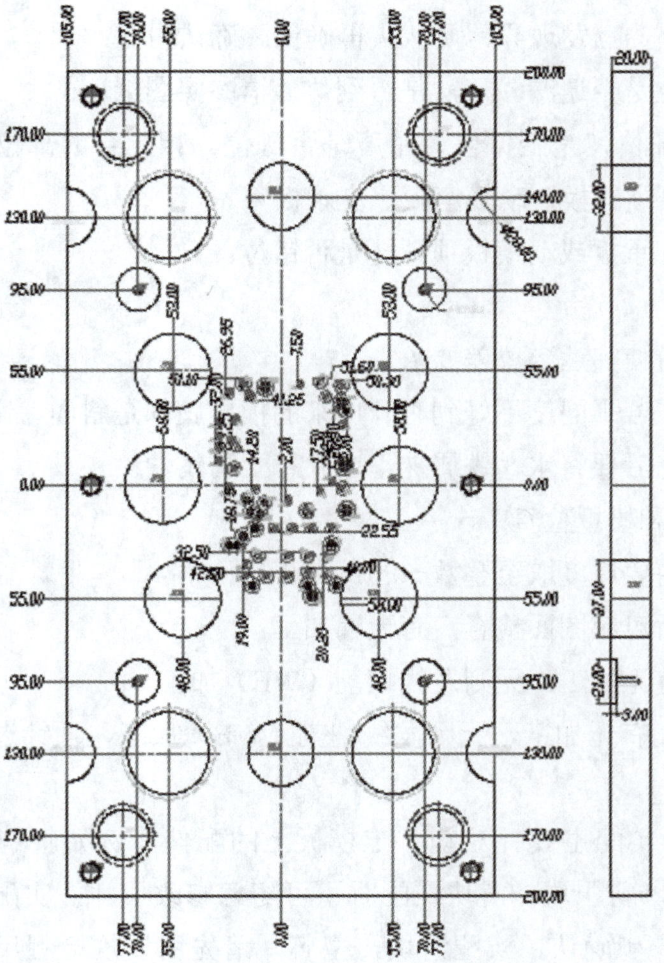

图4-82　顶板加工示意图

（8）动模座板的清理　如图4-83所示。

1）去除铣加工或线切割所产生的尖边、毛刺，并把需攻螺纹的底孔倒角。

2）攻牙　隔尘板固定用螺纹4—M6。

（9）模板配件清理

1）模板配件的清理。垃圾钉、支撑柱及拉杆等的攻牙，倒角。

2）配件与模板实配，支撑柱比模脚高0.05～0.08 mm。

3）挡尘板及定位拉板固定螺纹孔的加工等。

（10）模板清理其他注意事项

1）当一套模板加工完后，首先把加工过后留下的毛刺残渣去除干净，确认所有工部位是否遗漏，尺寸是否到位，需按照图纸一一检查，确认实配组装部位是否偏位，精度是否到位。相配合的部位实配松紧程度如何，上、下顶针板，承板或动模板顶针孔是否错位。

2）模板相关尺寸的确认。模板加工完毕后，相关尺寸一定要认真确认，以免到最后组立时影响实际配合，一旦发现异常要从头再确认。确认内容：

①确认所加工部位是否遗漏，尺寸是否到位，请参照图纸。

②确认实配组装部位，是否偏位，精度是否到位。相配合的部位，实配松紧程度如何，是否错位（上，下顶针板，动模座板，支承板）。

③确认顶针板，支承板或动模板顶针孔是否错位。

3）模板的研磨

①去除模板的余量使其达到公差要求。

②保证好平面度，若平面度不好到时开出来的模框底都是斜面，影响靠破。

③模板研磨加工完后要将水，铁屑抹干净并打上防锈油。

4）模板厚度调整和模板检查

①模板在加工之前要厚度取至整数-0.01至-0.02。

②模板在加工完后对应图面检查，有无漏加工。

③定模板注入口有无加工，无则发线切割（WE）加工。

④动模板斜销过孔有无加工，无则发线切割（WE）加工，顶针过孔有无漏加工，无则发线切割加工。

5）模板上配件的实配主要针对动、定模板上的配件，例如斜销，斜压块，滑块，滑块压块，定位Pin等，斜压块，滑块实配时不可随意修改尺寸，实配不好要确实找出原因，对症下药，一步一步确认，实配滑块，型芯，请先用块规检测尺寸、宽度，然后实配，要用手来控制运动，严禁猛敲、硬砸，保证能够畅通无阻，只有做到斜压块滑块实配好后，才能保证靠破没有问题，型芯组装才不会偏位。

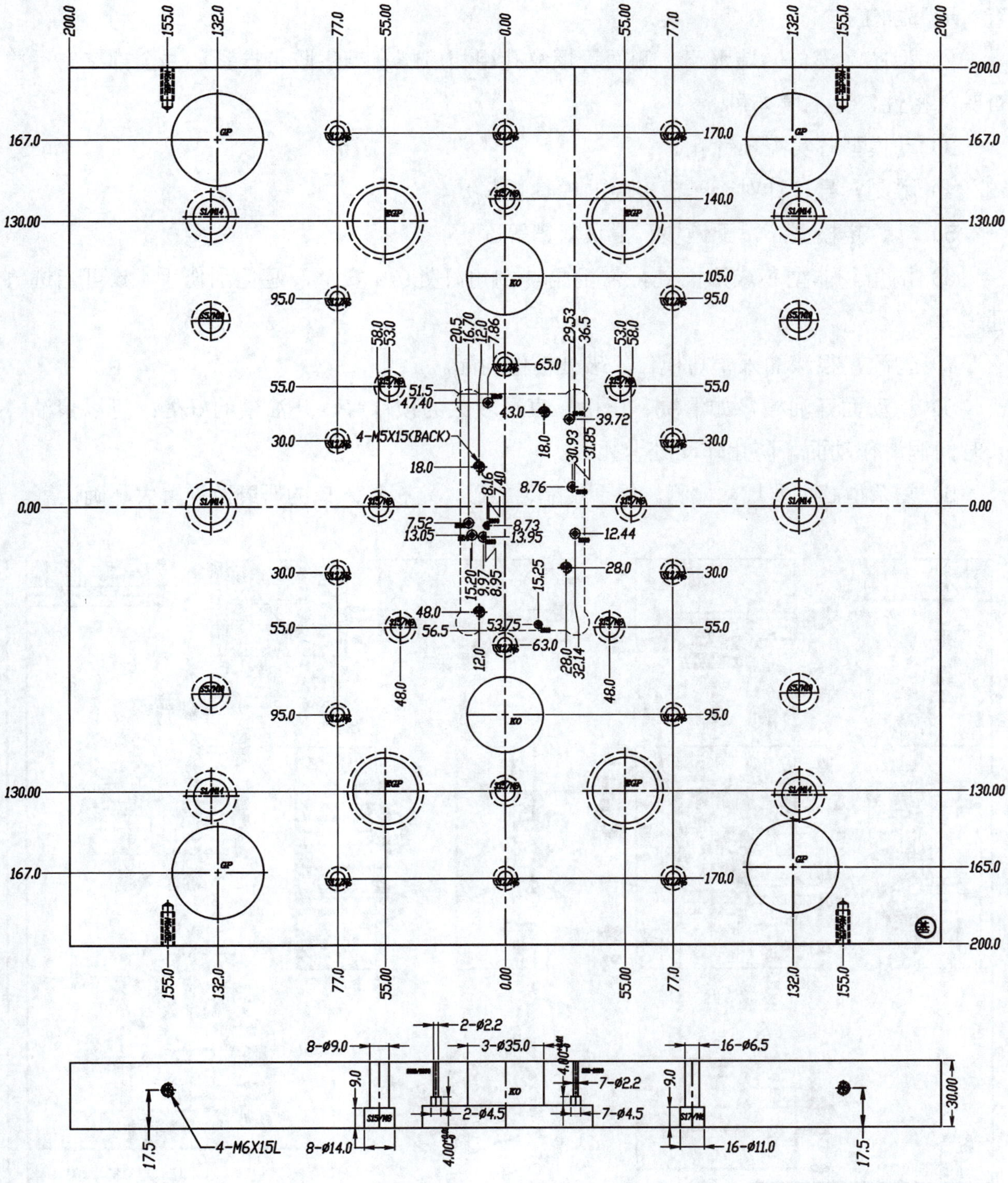

图4-83 动模座板加工示意图

3.动、定型芯（模仁）的清理

如图4-84和图4-85所示。

（1）动、定模型芯清理（需要样品，制品图）

1）所有型芯（模仁）回来应仔细检查模仁有无缺角，对应2D（或3D）图纸仔细检查有无漏加工。

2）型芯（模仁）堵水路。侧面管螺纹孔用相应螺塞缠生胶带拧紧，并全部堵塞后检查其气密性，无漏气方可。

3）动模型芯实配顶针孔。

4）雕刻穴号（针对于一模多腔的模具型芯）。

5）动、定模型芯，配镶块、滑块斜销等。

6）倒角。非型芯成形面处，需倒角。倒角好处：a.安全，避免刮伤手，b.可当逃气通道。

7）勾配，很深的入子与模仁靠破处需做勾配。

8）运动面开油槽，如滑块、压块、直径较大的顶针等。开油槽的好处：可以聚油，长时间润滑作动面，防止作动处卡死。

9）复杂型芯主要尺寸检测。便于装配、靠破，定模注入口的研磨及位置大小确认等。

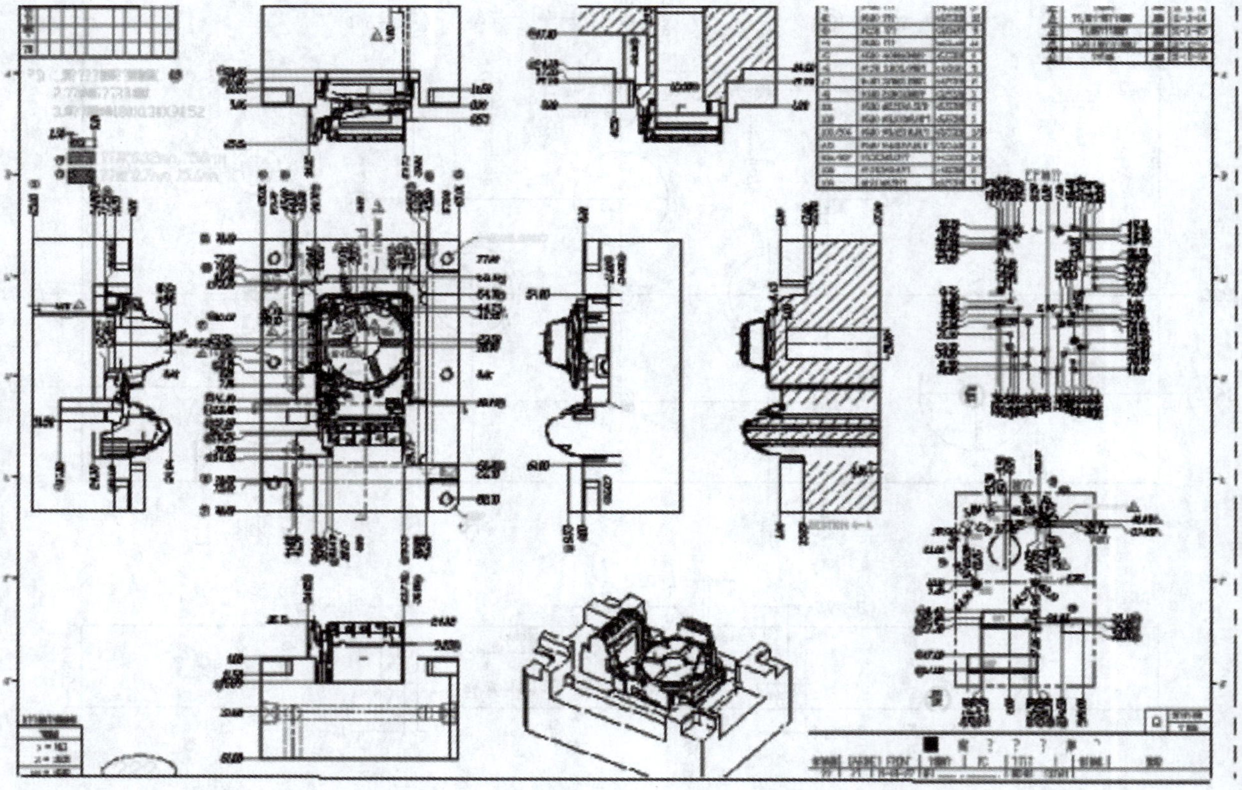

图4-84　动模型芯加工示意图（1）

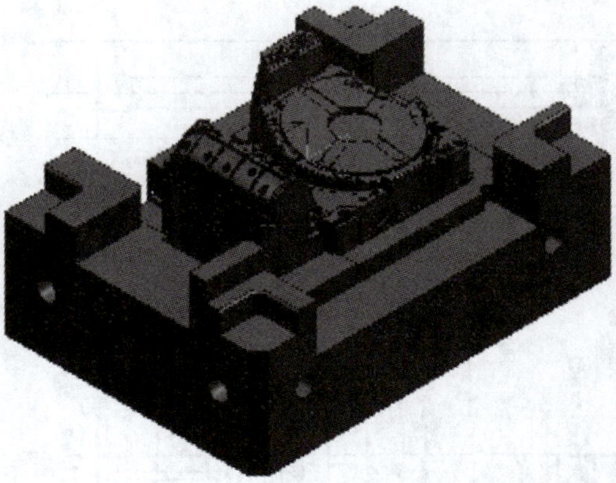

图4-84　动模型芯立体图（2）

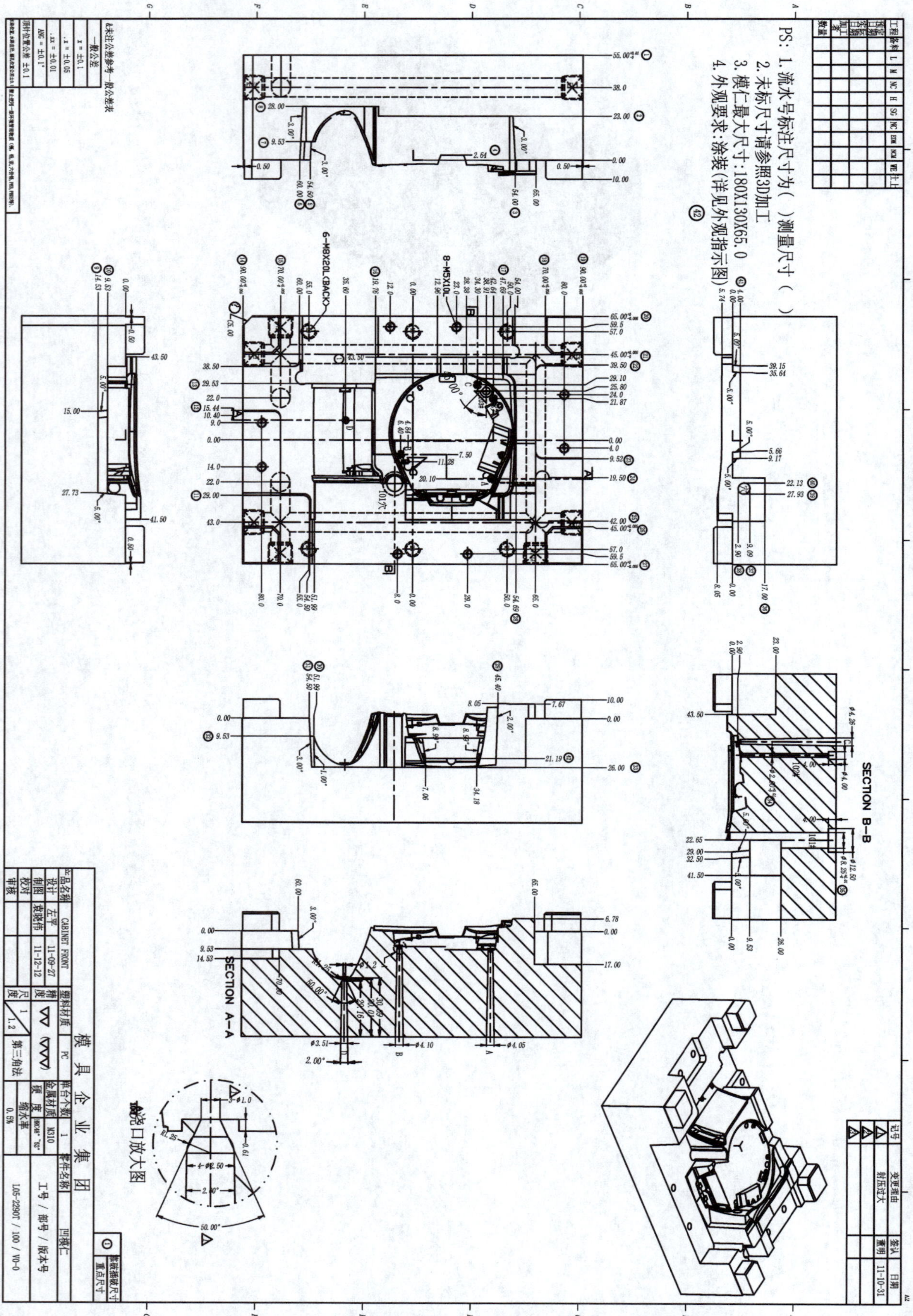

图4-85　定模型芯加工示意图

2.动、定模型芯（模仁）的实配

（1）模仁是一套模具的核心，把模仁保护好及处理好模仁，整套模具就已经完成了三分之二了。

模仁做得好要取决于加工单位，所以组立装配操作者在装配前对模仁加工精度的确认，一定要认真，要求一定要严格。

（2）在实配靠破时，特别是对插破时，一定不能实配太紧，该倒角的一定要倒角，否则在模具大量生产时会产生入子断掉或刮伤，不过插破也不能太松，这样会产生毛边，尺寸偏差。

（3）模仁靠破好后实配顶针，一套模具顶针实配的好，在大量生产中就不会卡死，制品上也不会有毛边，不过，制品的形状，取决于制品脱模要用什么形式，本模具顶件的方式是顶针顶出，另外常用的顶出方式还有套筒顶出，顶板顶出，斜顶顶出等。不同形式的实配方法与要求也不一样。

1）方孔 小型芯（入子）孔实配。如图4-86所示。小型芯（入子）孔实配一般都是线割挖穴，小平磨床（SG）备料或WE备料入子进行实配，如是方孔入子需对应入子孔线割转角R处对入子进行倒角处理，且先试配入子长，宽，方向尺寸是否正确，是否可以塞入线割孔，如可以则在倒好入子角，去掉孔内线头的情况下，保证入子和孔内干净的情况下，将入子配入孔内，严禁敲入以防卡死或刮伤，对入子和模仁造成损伤。应用大拇指按进孔内且入子不自动掉落为最佳状况，取出只需小铜棒顶出即可，对3D入子实配标准也同入子一样，注意倒角面视入子在孔内的实配作用而定倒几处角，有些有相关入子或顶针孔不可倒角。

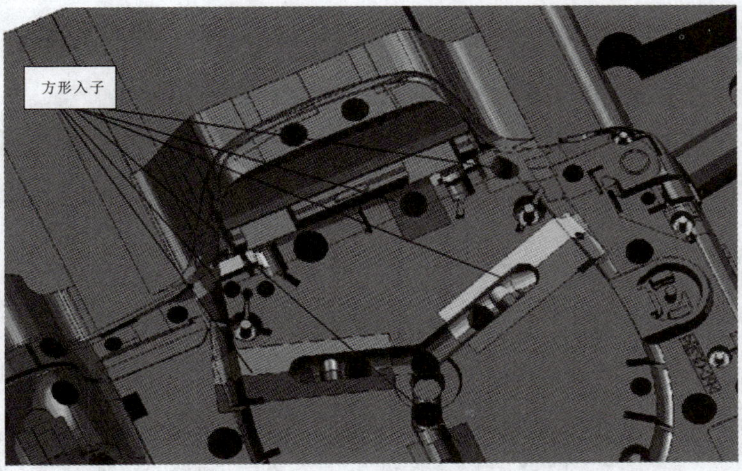

图4-86　方形小型芯（入子）实配

2）对插孔长扣位实配。在线切割（EDM）加工完后，要测量其寸法，应以+0.005～-0.01公差要求放电，对插孔位尺寸，一般入子尺寸平磨（SG）加工都比较准，在入子对插入模具孔内时，不可用铜块来敲击，应在孔内或入子抹红丹用手或小木块敲击入子，根据四周及顶部红丹贴合状况来修正。判定标准，如入子或孔相结合部位红丹均匀附合，无擦黑印，入子无松动，用手可拔出为最佳状况（在入子对插孔相应部位，入子需作适当倒角处理）如图4-87所示。

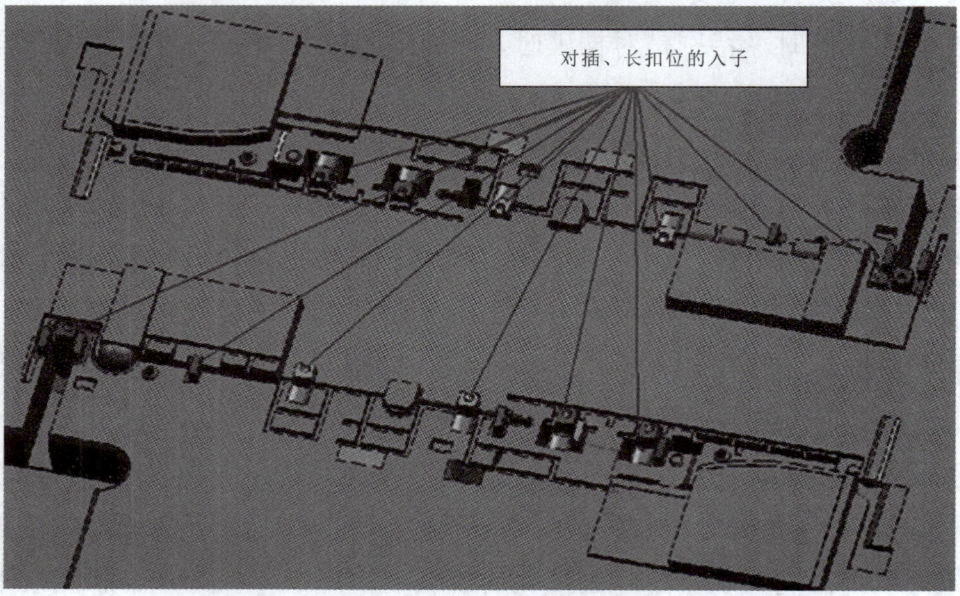

图4-87　对插、长扣位实配

3）斜销实配。一直以来斜销实配都是个大问题，经常发生斜销断裂卡死，毛边，其本上每套模具都会发生，主要是因为实配没有做好，具体实配结合上述方法进行，如图4-88所示。

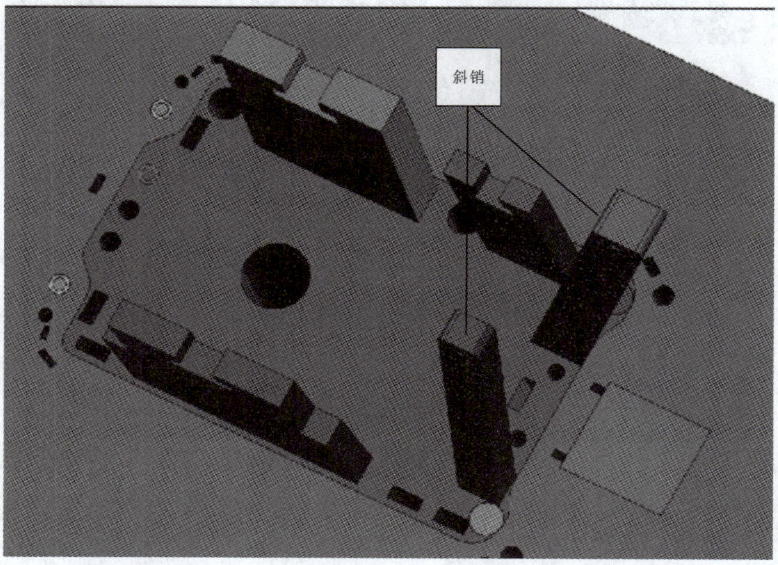

图4—88　斜销实配图

4）目前滑块作动不顺畅，螺丝不能拧紧，易造成卡死，长伤，滑块，产品段差毛边结合线不稳定，滑块小型芯（入子）断裂等，在实际的工作中会经常遇到。

综上所述及图解总结。入子顶针，斜销滑块相对运动的面应加开油槽，保持运动顺畅，加工及实配尺寸后以图面设计要求为准，这样实配的模具才可保证有量产性，我们要严格要求自己，要抱有一定实配好，按要求尺寸去做好的态度来做事，才可以装配一套好的模具。

（4）型芯（模仁）实配工艺过程

1）清理集合。组模之前要先了解模仁的结构是否有滑块，要清理配件模板、模仁。清理完后，把全部模仁整理拼凑，看一下各靠破地方的形状及高度是否正确。

2）模仁倒角。斜销和配件该倒角的倒角，确认模仁哪些地方应该倒角。

3）入子实配。角倒好后，可进行实配，模仁的间隙不能过大，与模板的间隙控制在0.01 mm左右，必须保证入子进出自由，最好用手压进去。有对插入子时，一定要配好后才能装模。

4）顶针实配。全部模仁配好后，试穿顶针，如顶针穿不进对应孔，则要对孔进行线切割处理。

5）整理组装。全部模仁退磁后组装。对逃气道、塑料浇注道进行抛光。

（5）试合模（靠破） 见图4-89所示，若模仁有定位块，可先将凸、凹模仁靠破，注意动作要轻，以免撞伤模仁。穿顶针时，注意顶针要与其对应孔相配，以防错位。

凸模型芯

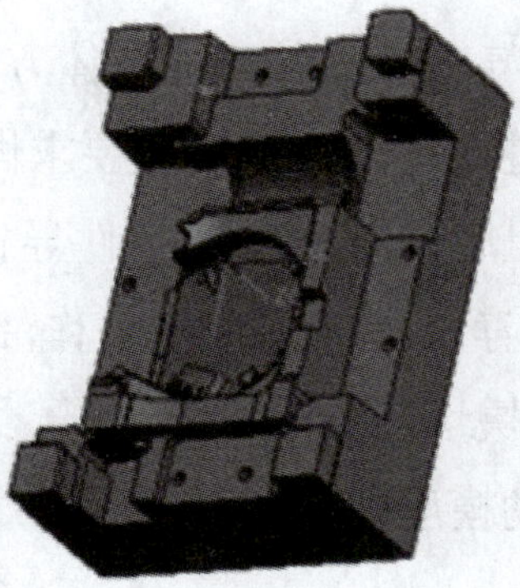
凹模型芯

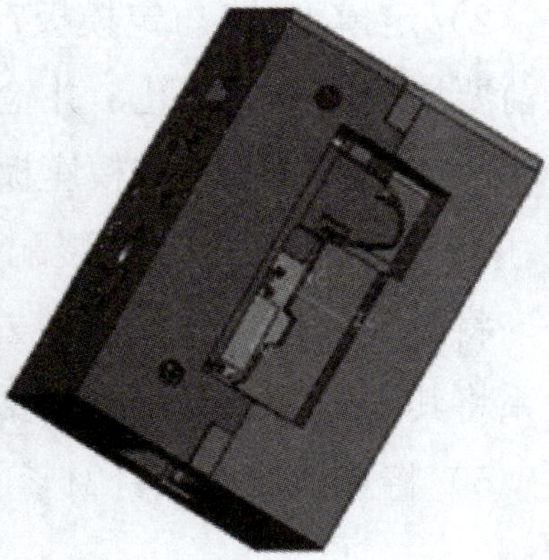
合空模

图4-89 凸、凹模型芯的合模

4.热塑性塑料注射模具的装配

（1）定模部分装配 如图4-90所示。

1）定模座板与剥料板的装配

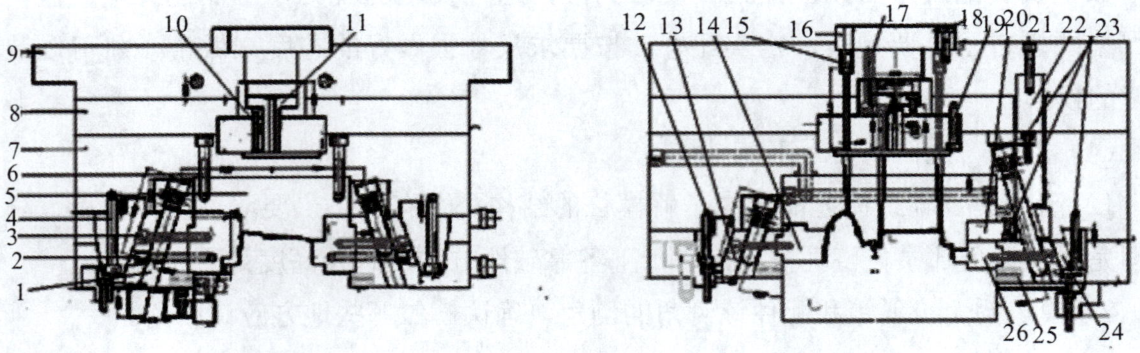

1—斜导柱；2-4螺钉—楔紧块；5—定模型芯；6—螺钉；7—定模板；8—剥料板；9—定模座板；10—拉料销；11—浇口套；12—螺钉；13—滑块；14—成形型芯；15—螺塞；16—压环；17-18—螺钉；19—浇道压板；20-压块；21 —螺钉；22—弯销；23—螺钉；24—楔紧块；25—滑块；26—成形型芯

图4-90 定模部分装配示意图

①将剥料板8用螺钉17与动模座板9固定在一起。

②将浇口套11、拉料销10放入相应孔内，并用螺塞15将拉料销10拧紧，用螺钉将浇口套11 固定在剥料板8上。

③将注压环16用螺钉18固定在动模座板9上，将浇注压板19用螺钉固定在剥料板8上。

2）定模型芯5与定模板7的装配 两者是通过螺钉6的连接进行固定装配的。型芯5装入前要堵侧面冷却水孔，并检查其气密性，并注意整体方向。

3）将定模板7与定模座板9通过螺钉固定连接。要求做标记的侧面朝上。

4）侧向抽芯结构的装配 将组成抽芯结构的零件导柱、滑块、楔紧块、压块等选配好，将各零件的尖角、毛刺去除干净，相对运动部位作油槽，按图4—90、91所示的位置关系将其固定在定模板上，要求滑块运动灵活，无卡滞、无干涉。

5）将弯销22用螺钉21紧固在动模座板9上。

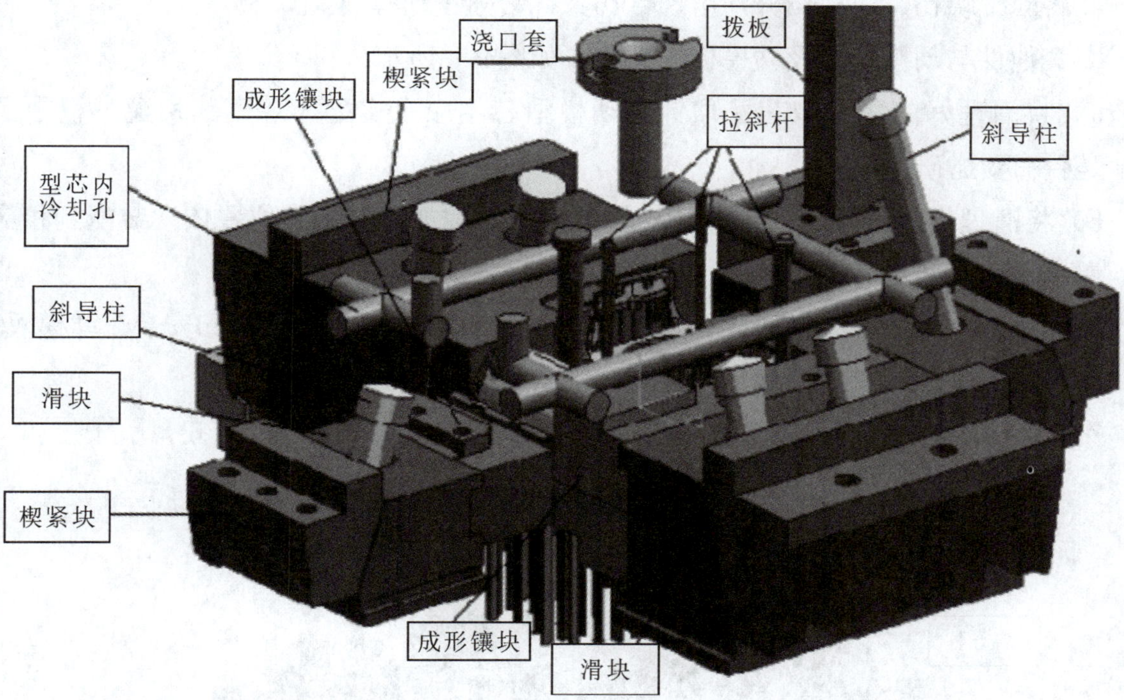

4-91 定模部件立体图

（2）动模部分装配 如图4-92所示。

1）动模型芯与动模板的装配

① 将清理好的动模型芯12按设定的方向压入到动模板9中。

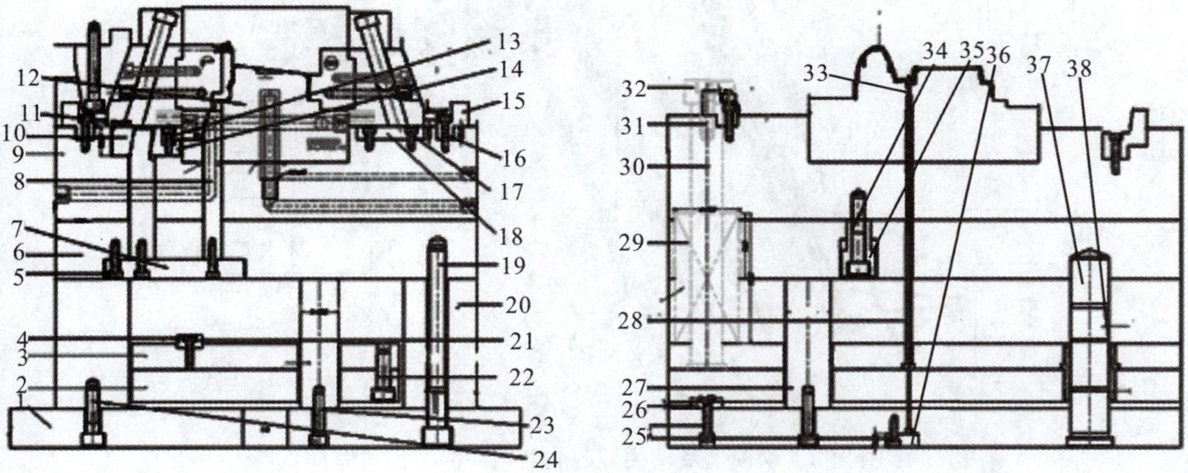

1—动模座板；2—推板；3—推杆固定板；4-5—螺钉；6—支承板；7—压板；8—斜销；9—动模板；10—滑块；11—螺钉；12—动模型芯；13—螺钉；14—斜滑块；15—限位块；16—螺钉；17—螺钉；18—压板；19—螺杆；20—模脚；21—限位销；22-25—螺钉；26—垃圾钉；27—支撑柱；28—司筒；29—弹簧；30—复位杆；31—螺钉；32—开闭器；33—成形顶针；34—螺钉；35—压套；36—压板；37—导柱；38—导套

图4-92 动模部分装配示意图

②将限位块15、压板18分别用螺钉16、17紧固在动模板9上。

③其他件与动模型芯及动模板的装配。如图4-93所示。

a）将清理好的成形型芯及顶针与动模型芯相应孔实配，观察其相配过程中是否顺畅，是否需要抛研等。

b）将清理好的滑块、限位块、挡块及压板等按如图所示的位置依次装配到相应的位置。保证滑块运动灵活、无卡滞。

2）动模板与支承板的装配　将清理好的支承板6用螺钉34及压套35安装在动模板9上。

3）将清理好的斜销8用螺钉5及压板7固定在支承板6上。

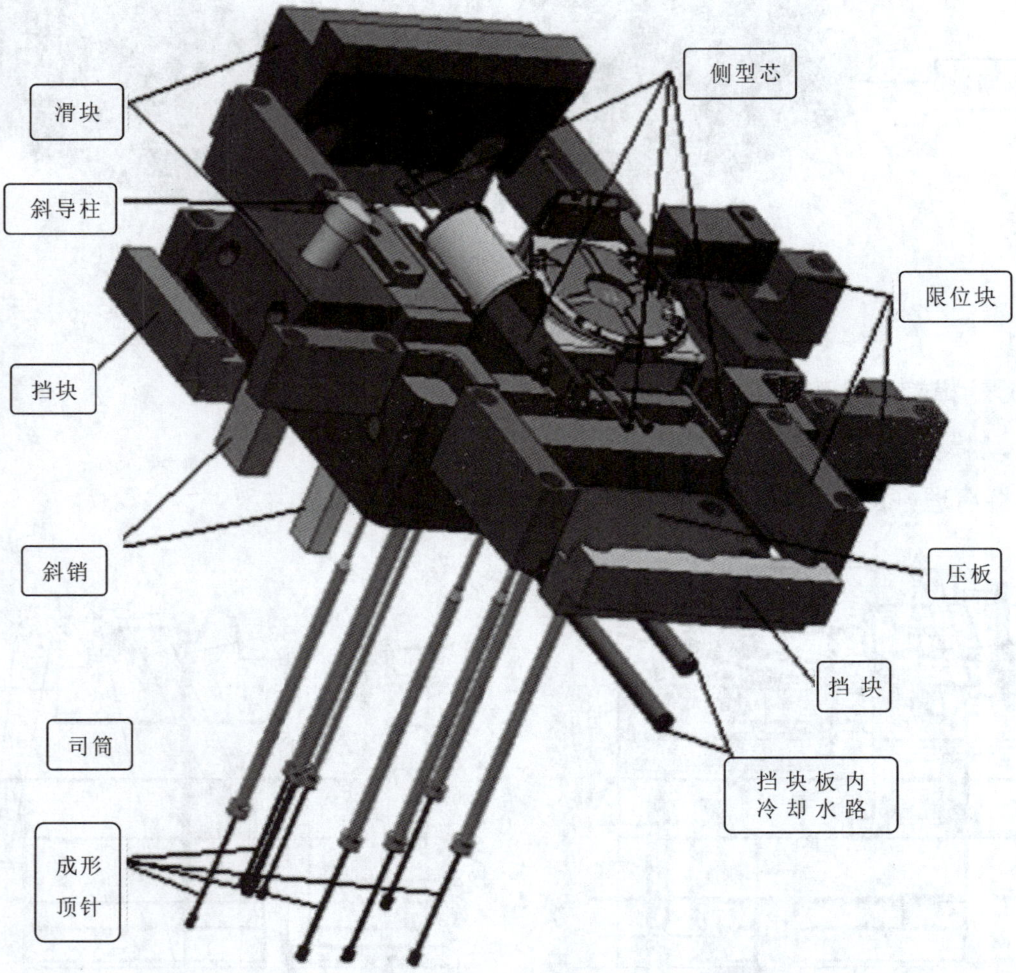

图4-93　动模板及动模型芯的其他件的装配关系图

（3）顶杆固定板与推板的装配

1）将限位销21用螺钉4固定在顶杆固定板3上，注意方向。

2）将清理好的顶针、套筒按图4-94所示的位置依次穿过顶杆固定板3、支承板6及动模板9。位置数量符合图示要求，严禁漏装、错位等，用手轻轻插入，若插入不顺畅，要退出查明原因并修复，严禁猛敲、工具打击硬性插入。

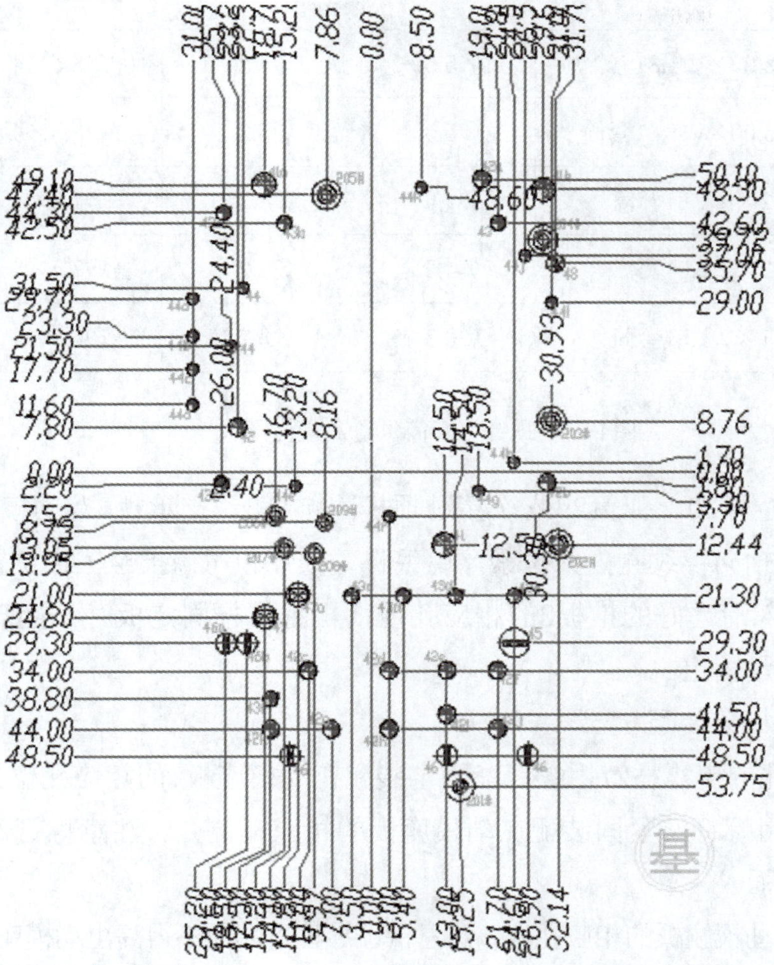

项目	规格（名称）	支承板	顶标题固定板	顶板	数量
41	∅4.00（圆顶针）	∅4.5	∅4.2	∅7.5×4	3
42	∅3.00（圆顶针）	∅3.5	∅3.2	∅6.5×4	12
43	∅2.50（圆顶针）	∅3.0	∅2.7	∅5.5×4	9
44	∅2.00（圆顶针）	∅2.5	∅2.2	∅4.5×4	13
45	∅5.00 4.00×1.00方顶针	∅5.5	∅5.2	∅8.5×4	1
46	∅3.50 3.00×1.00方顶针	∅4.0	∅3.7	∅7.5×4	5
47	∅4.00 3.00×2.00方顶针	∅4.5	∅4.2	∅7.5×4	2
48	∅3.00 2.00×1.00方顶针	∅3.5	∅3.2	∅6.5×4	1
201	∅5.00 ∅2.51×∅1.51套筒	∅5.5	∅5.2	∅8.5×4	1
202	∅5.00 ∅3.20×∅2.00套筒	∅5.5	∅5.2	∅8.5×4	1

续表

203/204	∅5.00 3.32×∅1.81套筒	∅5.5	∅5.2	∅8.5×4	1/1
205	∅5.00 3.00×∅1.81套筒	∅5.5	∅5.2	∅8.5×4	1
206/207	∅3.32×∅1.81套筒	∅4.5	∅4.2	∅7.5×4	1/1
208	∅3.32×∅2.01套筒	∅4.5	∅4.2	∅7.5×4	1
209	∅2.81×∅1.51套筒	∅3.5	∅3.2	∅6.5×4	1

图4-94 顶针、套筒位置及规格图

3）将清理好的拉杆30、弹簧29依次穿过顶杆固定板3、支承板6及动模板9、用螺杆及垫块拧入拉杆30的轴向螺纹孔内并拉紧，用手将各顶针和司筒推至工作位置。

4）将导套38压入清理好的推板2的相应孔内，再把推杆固定板3沿导套38与推板2装配，然后用螺钉22拧紧固定。

（4）动模座板的相关装配

1）将钻、攻丝孔的支撑柱27用螺钉23固定装配在动模座板1的相应孔位处。

2）将垃圾钉26用螺钉25紧固装配在动模座板的相应孔位处。注意螺钉25的上端不得露出垃圾钉26的上表面。

3）将导柱37压入动模座板的相应孔内。注意保证导柱下端面不得高出动模座板1下表面。

4）将清理好的模脚20分别用螺钉24固定在动模座板1上。注意方向参考侧面字头。

5）将动模座板连同模脚用螺杆19与支承板拧紧固定。保证支撑柱、导柱与相应零件的对穿性。

6）将成形顶针33分别装入相应的司筒内，然后用压板36和螺钉25紧固。注意压板厚度不得高于动模座板下表面。

7）将复位杆上的螺纹拉杆及垫块取下，把开模器32用螺钉31紧固。

3.动模与定模的合模

（1）合模前检查各模板做标记的面是否一致，有无遗漏零件。

（2）检查动、定模部件的装配高度是否符合装配要求，有异常应作出相应调整。

（3）用吊车分别将动、定模部分吊到合模机上合模。

4.将合模好的模具用吊车吊到钳工装配台上，用字头在水路孔处打上“IN”表示进水口，”OUT”表示出水口。

5.把装配好模具的信息及时报告试模部门，并将模具调运到待试模区等待试模。

五、检查与评议

表4-7　侧向分型抽芯机构塑料模具的装配

班级______ 姓名______ 学号______ 总分______

序号	考核项目	考核要求	配分	评分标准	实测记录	得分
1	装配前的准备	模具结构图的识图，选择合理的装配方法和装配顺序，准备好必要的标准件，如销钉、螺钉及装配用的辅助工具等	15	具备模具结构知识及识图能力		
2	模架的清理与加工	模架各模板的尺寸确认及相应部位的加工	15	清理完全，形状尺寸符合图纸要求		
3	滑块的清理与加工	各滑块的尺寸确认及相应部位的加工	10	清理完全，形状尺寸符合图纸要求		
4	浇口套及流道的抛光与清理	各相应部位的抛光符合要求	5	清理完全，光洁度符合图纸要求		
5	定模部分的装配	按组装图要求装配，满足形状、尺寸和位置公差要求，零件无遗漏	15	操作熟练，目的明确，保证精度，保证安全		
6	动模部分的装配	按组装图要求装配，满足形状、尺寸和位置公差要求，零件无遗漏	15	操作熟练，目的明确，保证精度，保证安全		
7	动、定模的合模	按组装图要求装配，满足形状、尺寸和位置公差要求，零件无遗漏	10	操作熟练，目的明确，保证精度，保证安全		
8	合模后续加工	做水路标记，安装合模拉板等	5	符合装配图纸要求，无遗漏项目		
9	试模	将装配好的信息及时通知试模部门，等待试模，并做好试模记录	10	认真落实试模记录，做出维修方案		
10	操作安全	模具安全、人身安全、设备安全	10	操作熟练，目的明确，保证精度，保证安全		

六、思考与练习

1.简述热塑性塑料注射模模架拆卸的方法及注意事项。

2.模架清理的项目有哪些？

3.模板清理的内容及注意事项有哪些？

4.简述动、定模型芯实配的方法及注意事项。

5.简述方孔、小型芯实配注意事项。

6.简述斜销孔实配的注意事项。

7.简述定模部件的装配方法及注意事项。

8.简述动模部件的装配方法及注意事项。

9.简述顶针固定板与推板装配方法及注意事项。

10.简述动模座板装配的相关内容及注意事项。

项目五

注射模具的试模与型修

知识目标

1.注射机的主要参数
2.试模的目的、意义和方法
3.影响产品质量的因素

技能目标

1.模具的安装
2.注射机工艺参数的设定与调整
3.掌握产品缺陷的型修思路和方法

一、任务描述

本任务主要介绍试模的目的、内容及意义。通过本任务的学习，了解试模前、试模中和试模后应做的各项工作，对模具制造中可能存在的缺陷进行检查，初步具备对试模中产生的问题进行分析、解决的能力。

二、任务分析

新模具装配完成以后，必须经过试模，试模的目的有两个：其一是检查模具在制造上存在的缺陷，并查明原因加以排除；其二是可以对模具设计的合理性进行评定并对成形工艺条件进行探索，这样才能证实模具的实际使用性能是否满足生产需要。具体讲，试模可以了解如下问题：

1.检查验证该模具所生产的制件在形状、尺寸精度、表面质量等方面是否符合该产品的设计要求；

2.检查验证该模具在顶出系统、冷却系统、浇注系统、定位系统、侧向分型抽芯机构等和安全生产方面是否非常可靠，能否进行生产性使用；

3.检查验证该产品设计制定的工艺流程是否合理；

4.检查验证所采用的注塑设备是否正确，包括冲压力是否足够，设备吨位或容量是否合适，辅助设备是否适当，模具是否能顺利地装到设备上使用；

5.在试模中了解模具的综合情况，为模具设计部门和制造部门反馈信息，以便改进模具结构及制造工艺等不合理的地方；

6.为模具投入正常生产做准备，因为在试模中暴露的各种问题解决后，模具才会更趋完善、合理，才能正式用于生产。

由此可见，新模具装配完成后，工作并没有结束，通过试模找出影响制品质量的因素，并加以解决是模具钳工在模具装配过程中的一项重要工作内容。而且对于精密模具来说，因为模具结构复杂，制件精度要求高，模具很少能够一次成功成形出符合要求的塑料制件，再加上客户有时会临时提出变更设计的要求，所以一般需要试模、修模、再试模的多次反复。通常情况下，一副模具最少需要两到三次试模。

三、相关知识

塑料制品在生产过程中产生缺陷的种类很多，原因也很复杂，与塑料原料、成形设备及成形工艺、模具制造、模具设计等几个方面都可能有关系。如果是原材料或成形的原因，通常比较容易解决，所以一般会首先考虑；如果是模具设计或制造的原因，通常会对模具进行再加工（即为型修），不但增加成本并且会延长模具交付期。所以在型修前，应当根据制件出现的不良现象的实际情况，进行细致分析研究，避免判断失误，找出造成制件缺陷的准确原因后提出适宜的解决办法。下面就介绍影响塑料制品质量的几种因素。

1.塑料原料的原因

成形制件的原材料是各种塑料，从供应商处购进时通常为颗粒状或粉状，不同的塑料有不同的成形特性，包括流动性、收缩性、结晶性、吸水性、热性能、固化速度、比容和压缩比、挥发物含量等。塑料品种的不同、产地不同，就是同一种塑料也有不同的特点，所以试模时应尽量满足模具设计图样中要求的原料。常见的有以下一些问题。

（1）塑料纯度不足，有杂质或加的料头等回收料太多　出于成本考虑，在满足质量要求，客户认可的前提下，一般工厂都会在塑料原料中加入一定比例的浇道凝料或回收的不良品（俗称再生料）。如果原料在储存或运输过程中混入杂质，或加入的再生料太多，就会对制件的质量造成影响。

（2）塑料含水率超标，或含有挥发性物质　一些具有吸湿或粘附水分的塑料，如果水分含量超过一定的限度，在成形过程中，水分就会在成形机械的高温料筒中变成气体，阻碍注射填充，造成成形后的制件产生缺陷，严重时还会引起塑料降解，影响制品的外观和内在质量。因此，成形前必须对这些塑料原料进行干燥处理。

（3）塑料原料粒度不均匀　塑料粒度不均匀会使制品的收缩率不稳定或充填不满。

2.成形设备及成形工艺的原因

大多数成形产品的缺陷是在塑化和注塑阶段造成的，一旦对注射机的参数设置出现偏差，即使很微小，也可能会导致最终产品的质量远远超出所允许的误差范围。

（1）合模参数

1）合模力。合模力的调整将直接影响制品的表面质量和尺寸精度。如果合模力不足，会导致模具离缝，产生溢料；而合模力太大会使模具变形，增加能量消耗。

注塑制品时所需的合模力简称工艺合模力。为了保证可靠的锁模，工艺合模力必须小于注射机的额定合模力，一般取0.8～0.9额定合模力。工艺合模力可根据模腔压力和制品投影面积来确定。

2）顶出力。当制品从模具上脱模时，需要一定的外力来克服制品与模具的附着力，该外力即为顶出力。顶出力太小，制品不能从模具上脱下；顶出力太大，会使制品产生翘曲变形，甚至会顶坏制品。

此外，顶出速度和顶出行程也同样影响顶出过程。顶出速度快，制品易翘曲变形或损坏；顶出行程短，制品不易脱下。

（2）温控参数

1）料筒温度。料筒温度是指料筒表面的加热温度。料筒分三段加热，从料斗到喷嘴前依次由低到高，使塑料材料逐步熔融、塑化。料筒温度的设定与所加工塑料的特性有关，对制品的性能有直接影响：料筒温度过高，会造成塑料的降解。但料筒温度提高后，制品的表面质量、冲击强度及成形时熔体的流动长度提高了，而注塑压力降低，制品的收缩率、内应力减少。因此，在允许的情况下，可适当提高料筒温度。

对于薄壁、形状复杂、带有嵌件或熔体充模流程较长、曲折较多的，由于熔体充模的阻力大，冷却快，为了提高熔体流动性，便于充满型腔，料筒温度应选择高一些。反之，则取低一些。

2）喷嘴温度。喷嘴具有加速熔体流动、调整熔体温度和使物料均化的作用。在注塑过程中，喷嘴与较低温度的模具接触后，会使喷嘴温度很快下降，导致熔料在喷嘴处冷凝而阻塞喷嘴孔或模具的浇注系统，而且冷凝料注入模具后也会影响制品的表面质量和性能；若喷嘴温度过高，会使塑料发生分解，反而影响制品质量。

料筒温度和喷嘴温度的设定还与注射成形中的其他工艺参数有关。如：当注射压力较低时，为保证物料流动，应适当提高料筒和喷嘴的温度；反之，则应降低料筒和喷嘴温度。

3）模具温度。模具温度是指与制品接触的模腔表面温度。不管采用何种方式对模具温度怎样调节，对热塑性塑料熔体来说都是冷却过程，因为模具温度的恒定值低于塑料的熔解温度或热变形温度，只有这样，才能使塑料定型并有利于脱模。

模具温度的高低主要取决于塑料特性（是否结晶）、制品的结构与尺寸、制品的性能要求及其他工艺参数（如熔体的温度、注射压力、注射速度、成形周期等）。模具温度的选择与设定对制品的性能有很大的影响：适当提高模具温度，可增加熔体流动长度，提高制品表面光洁度、结晶度和密度，减小内应力和充模压力；但由于冷却时间延长，生产效率降低，制品的收缩率也会随之增大。

4）金属嵌件的温度。由于金属嵌件与塑料的热性能差异很大，导致两者的收缩率不同，因此在嵌件的周围易产生裂纹或缩水，影响制品的强度或表面质量。解决此问题的办法除了在设计时加大嵌件周围塑料的厚度外，可以对金属嵌件进行预热，减少塑料熔体与嵌件的温差，使嵌件周围的塑料熔体冷却变慢，收缩均匀并产生一定的熔料补缩作用，以防止嵌件周围产生较大的内应力，有利于消除制品的开裂现象。

（3）成形周期完成一次注射模塑过程所需要的时间称为成形周期。成形周期包括以下几部分，如表5-1所示。

表5-1注射成形周期

<table>
<tr><td rowspan="4">成形周期</td><td rowspan="2">注射时间</td><td>充模时间——柱塞或螺杆前进的时间</td><td></td></tr>
<tr><td>保压时间——柱塞或螺杆停留在前进位置的时间</td><td rowspan="2">总冷却时间</td></tr>
<tr><td>模内冷却时间</td><td>柱塞后撤或螺杆旋转后退的冷却时间</td></tr>
<tr><td>其他时间</td><td>开模、脱模、喷涂脱模剂、安放嵌件和闭模的时间</td><td></td></tr>
</table>

在整个成形周期中，以注射时间和模内冷却时间的设定最重要，它们对制品的质量起决定性作用。

1）充模时间。注射时间中的充模时间越短，则注射速率越快。此时，熔体的密度高、温差小，有利于提高制品的精度，但制品上易产生溢边、银纹、气泡等缺陷。通常充模时间为3～5s。对熔体黏度高、玻璃化温度高、冷却速率快的大型、薄壁、精密制品以及玻璃纤维增强制品、低发泡制品等，应采用快速注射。

2）保压时间。保压时间就是对型腔内塑料的压实、补缩时间，在整个注射时间内所占的比例较大，一般为20～120s。在浇口处熔体冻结之前，保压时间的长短对制品质量有较大影响。若保压时间短，则制品的密度低，尺寸偏小、易出现缩孔；而保压时间长，则制品的内应力大、强度低、脱模困难。此外，保压时间还与料温、模温、主流道及浇口尺寸等有关。

3）总的冷却时间。设定时主要取决于制品的厚度、塑料的热性能以及模具的温度等，以保证制品脱模时不变形为原则。如果冷却时间过长，不仅会降低生产效率，而且会使复杂制品脱模困难，强行脱模时将会产生较大的脱模应力，严重时可能损坏制品。

浇口冻结后的冷却时间与螺杆后退后制品在模内的冷却时间从理论上讲应该一致，但实际生产中往往并不一致。一般来说，螺杆后退是在浇口冻结后才开始，否则将会产生倒流。浇口冻结后的冷却时间与制品性能的关系很大：如果时间过短，制品易产生内应力，易变形，脱模困难；如果时间过长，制品会变脆。

（4）压力

1）注射压力。注射压力的作用是克服塑料熔体从料筒流向模具型腔的流动阻力，给予熔体一定的充模速度及对熔体进行压实、补缩。这些作用不仅与制品的质量、产量有密切联系，而且还受塑料品种、注射机类型、制品和模具的结构以及其他工艺参数等的影响。注射时要克服的流动阻力，主要来自两方面：首先是流道。流道长、几何形状复杂时，熔体流动阻力大，需要较高的注射压力才能保证熔体顺利充模；其次是塑料的摩擦系数和熔体的黏度。因为润滑性差的物料，摩擦系数大，大分子中分子间作用力大的熔体黏度高，此时，流动阻力也较大，同样需要较高的注射压力。另一方面由于塑料在柱塞式注射机料筒内压力损失大，所以柱塞式注射机所用的注射压力也比螺杆式的大。

注射压力在一定程度上决定了塑料的充模速率，并影响制品的质量。在充模阶段，当注射压力较低时，塑料熔体流速平稳缓慢，但延长了注射时间，制品易产生熔接痕、密度不均等缺陷；当注射压力较高，而浇口又偏小时，熔体为喷射式流动，易将空气带入制品中，形成气泡、银纹等缺陷，严重时还会灼伤制品。适当提高充模阶段的注射压力，可以提高充模速率、增加熔体的流动长度和制品的熔接痕强度，制品密实、收缩率下降，但内应力增加。

2）保压压力。保压是指在模腔充满后，对模内熔体进行压实、补缩的过程。处于该阶段的注射压力称为保压压力。

实际生产中，保压压力的设定，可与注射压力相等，一般稍低于注射压力。当保压压力较高时，制品的收缩率减小，表面光洁度、密度增加，熔接痕强度提高，制品尺寸稳定。缺点是：脱模时制品中的残余应力较大，易产生溢边。

3）背压（塑化压力）。螺杆头部熔料在螺杆转动后退时所受到的压力称为背压或塑化压力。其大小与塑化质量、驱动功率、反流和漏流以及塑化能力等有关。

背压对熔体温度影响是非常明显的：对不同物料，在一定工艺参数下，熔体温度随背压的增加而提高。

背压提高有助于螺槽中物料的密实，驱赶走物料中的气体；背压的增加使系统阻力加大，螺杆退回速度减慢，延长了物料在螺杆中的热历程，塑化质量也得到改善。但是过大的背压会增加计量段螺杆熔体的反流和漏流，降低了熔体输送能力，减少了塑化量，而且增加功率消耗；过高的背压会使剪切热过高或剪切应力过大，使高分子物料发生降解而严重影响到制品质量。

注塑热敏性塑料，如PVC、POM等，背压提高，熔体温度升高，制品表面质量较好，但有可能引起制品变色、性能劣化、造成降解；注射熔体黏度较高的塑料，如PC、PSF、PPO等，背压太高，易引起动力过载；注塑熔体黏度特别低的塑料，如PA等，背压太高，一方面易流延，另一方面塑化能力大大下降。以上情况，背压选择都不宜太高。

表5-2　常见制品缺陷与非模具因素的关系

缺陷原因	制件不足	溢边	凹痕	银丝	熔接痕	气泡	裂纹	翘曲变形
料筒温度太高		●	●	●		●		●
料筒温度太低	●				●		●	
注射压力太高		●					●	●
注射压力太低	●		●		●	●		
模具温度太高			●					●
模具温度太低	●		●		●	●	●	
注射速度太慢	●							
注射时间太长				●	●		●	
注射时间太短	●		●		●			
成形周期太长		●		●				
加料太多		●						
加料太少	●		●					
原料含水分过多			●					
成形机能力不足	●		●	●				
成形机锁模力不足		●						

3.模具设计和制造的原因

试模的过程是一个发现问题的过程，试模的目的也在于使模具得到进一步的完善。对模具提出准确而行之有效的改进方案是十分重要的。当然，在讨论模具设计或制造的问题时，要假设试模的原材料、成形设备及工艺参数基本合理，那么，分析模具存在的问题大致在以下几方面。

（1）模具结构及尺寸的不合理　如果模具整体设计有严重的问题，那么试模中很难得到完整的样品。反之，可以提供完整样品，可视为该模具整体设计上基本合理。但是，也经常存在一些不理想的地方，最常见的有以下问题。

1）浇注系统不合理。浇注系统存在的问题大致发生在两个方面，第一是浇口位置、数量上的问题。这种情况较为麻烦，要进行改正往往要对模具的成形重新估算甚至要上机床重新加工；第二是主流道及分流道尺寸大小的问题。制品形状的特点决定了浇口的方式，但是尺寸方面的不合理也会严重地影响着成形效果。尤其像潜伏式浇口、针浇口等类，对尺寸要求十分严格，它们的小孔尺寸也绝不是越大越好，而是要经过实际注射逐步进行调整。

2）模具分型面的保护不当。中、小型模具可以靠顶出杆和型腔镶块缝隙进行排气，分型面也是一个良好的排气通道。可是大、中型模具的分型面是动模和定模两大部件的分界线，同时又是型腔与型芯的基准面。若分型面保护不善，则会使制件产生毛刺、飞边等。通常保护分型面的措施有以下几个方面。

①对分型面沿口处进行局部淬火。小型模具可直接将型腔零件进行淬火处理以提高分型面的硬度。

②在分型面上应尽量避免暴露出螺纹孔，以便清理残余料渣，并防止合模时压坏分型面。要求装配用螺纹孔尽量不钻透分型面，应做成盲孔。

③分型面上的导柱孔，回程杆过孔及拉料杆的配合孔，必须在分型面的入口处倒角，否则容易出现导柱与回程杆及拉料杆被拉伤、肯坏和卡死现象，如图5-1所示。

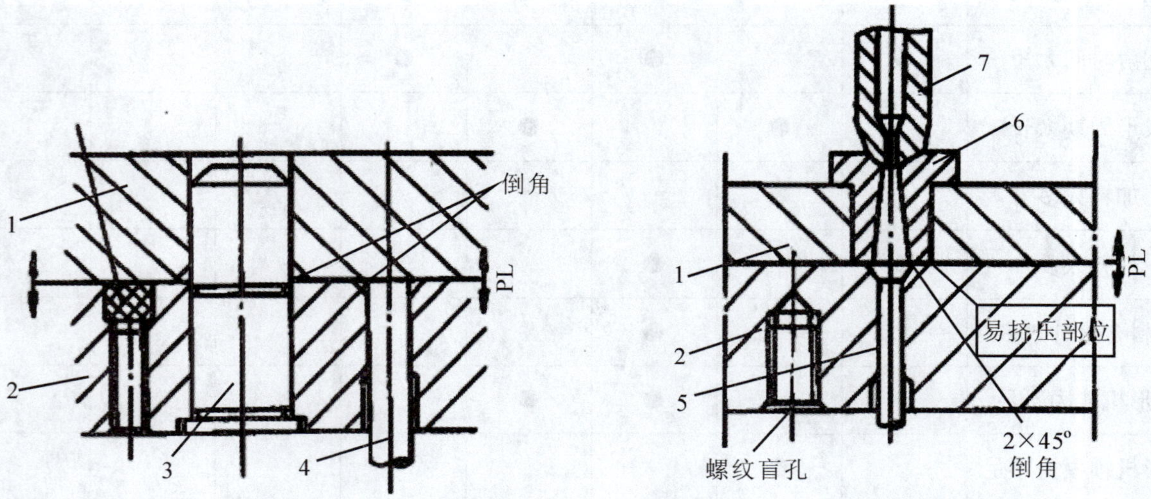

a）导柱孔与回程杆的倒角　　b）拉料杆孔的倒角

1—定模；2—动模；3—导柱；4—回程杆；5—料杆；6—浇口套；7—喷嘴

图5-1　分型面上的滑动配合孔均应倒角

④分型面上孔穴位置的布局应尽量避免影响到型腔的刚度和强度。

3）脱模困难。在试模过程中，本来设计已经很合理的脱模距离和脱模机构，在实际脱模中却难以将制品脱出。这并不是脱模距离不够，而是收缩变形产生的影响，制品在脱出型腔的瞬间，由于外界温度环境不同，收缩状况也不相同。见图5-3所示。制品脱出一定距离后，所获得的间隙一定要大于制品本身横向收缩量，否则制品无法脱出。尤其是脱模斜度较小的制品要更引起重视。

4）抽拔力不足。机械动作的抽芯及脱模是依靠动、定模的相对动作来完成的。但是，如果是由液压油缸来完成的动作，常常产生抽拔力不足的现象。如果采用的是先进注射机，可以调整抽芯系统的油压来弥补、增大力量。如果采用的是普通注射机，抽芯油压与系统压力相同，无法单独调整，只有更换油缸，以实现预期动作。

模具设计方面存在的问题，在试模中能够充分暴露，需要认真地加以分析，去透过各种现象，找出本质性的根源，采取行之有效的措施加以改进，使下一次试模顺利，减少试模次数。

5）制造精度不符合要求。

6）型腔尺寸精度超差。在模具制造中，非配合尺寸可以按照模具设计的尺寸加工。而配合尺寸，通常留有一定的修正余量，以便在塑件完成试模后，相互配合组装，确认尺寸公差，进行二次加工。外径尺寸留正公差，内径尺寸留负公差，孔距尺寸限制在一定的公差范围内，给后续修配加工预留余量。

要求较为严格的孔距一般采用数控或数显机床加工，其公差一般都符合要求。但是，孔位置相对于制品某一部位相对尺寸，除了正常收缩产生变量外，还会因制品的不规则变形而产生误差。试模中对于这种超差现象要认真分析，找出根源，视不同现象而采取不同方法加以解决，决不可一概而论。

7）导向精度不佳。模具的导柱、回程杆、止口等定位配件的加工精度直接影响了模具的制造精度。定位件尺寸超差，会导致型腔错位，导向不灵；尺寸公差过紧，会导致开、合模困难；定位件位置超差，会导致拉伤部件。

试模中常见的导柱拉伤，型腔错位，制件壁厚不均、拉伤等问题，均有可能是导向和定位不佳所致。这部分的精度不佳，直接影响了模具的使用寿命。

8）错腔。错腔是模具加工中常见的问题，主要原因在于模具工艺不合理，没能保证动模和定模的可靠定位，型芯、型腔加工基准错位也会造成错腔。修正方法要因模具结构的不同而采用不同的措施。如果是单面错腔，可以将一侧壁厚加大，使上下型对齐；如果是单腔错腔，可以氩焊后再加工或将单个型腔全部切除，再镶上镶块重新开型。

9）脱模斜度不合理。在初次试模中，制品很难顶出甚至无法顶出，其很重要的原因是制品的脱模斜度设计不合理。在型腔侧表面，刀具等加工痕迹及不平度都会影响脱模效果，起到削弱脱模斜度的作用。有些模具结构的设计，要求型腔内存在倒拔斜度，使制品准确地留在预计动（定）模一方，这时，脱模斜度的使用就与通常的方法不同了。有些要在该面上加工阻力纹理，以增大倒拔斜度。这种加工一般是在试模过程中逐步加工，边试边做。

2.配套部分不完善

模具的配套部分主要包括热流道、液压或气动部分、易损部件。随着模具复杂程度的提高，配套部分所占的比重越来越大。

在热流道系统中，温度控制箱、加热元件、热传感器、接线盒等，在每次试模中要临近接线调整，当确认功能完全正常之后，再进行整齐，并安排合适的位置固定，使模具外观整齐，并且各种元器件得到应有的保护。

在液压或气动机构中，离不开行程开关及电磁阀等液压气动元件。通过试模要确认安装位置，认真调整行程，加以固定。行程开关的失灵可以直接造成模具的损坏。因此，保证辅助元件动作灵活可靠十分重要。

模具的备品备件主要包括耐磨件、易损件、加热元件等。其中：成形芯等耐磨件备一件，可留研合磨量；顶杆为30%备件；顶针、顶管为50%备件；加热为30%～50%备件。拉钩、行程开关等标准件可各备一件，以防意外事故发生时，能在短时间内迅速恢复生产。

试模后，设计人员对所发现的问题提出修改方案，要形成文字。操作者需要逐步落实，逐条修正。防止下一次试模过程中再发生类似问题。并且将预计可能发生的问题也加以解决，力争减少试模次数。修模水平的高低，不仅直接影响了模具的质量，同时也影响着模具的生产周期。模具的生产周期过长，一个很重要的原因就是试模时间长。此类问题决不可掉以轻心。

四、任务实施

试模是根据塑料制品所设计的模具在相应的塑料注射机上实验的过程。试模是模具设计、模具制造、试模三大环节中最后一个环节，是对前两个环节进行综合的检验。

（一）试模的步骤

1.注射机的选用

（1）合模力和注射量合模力是指注射机合模机构对模具所能施加的最大夹紧力。合模力机构的作用在于模具在运行中可靠的启闭，在注射、保压时保证足够的锁紧力和开模后实现制品的顶出。因此，在选用注射机时，要对其合模力进行校核。

注塑机的合模力与注射量的关系见表5-3所示：

表5-3　注塑机的合模力与注射量的关系

注射量 / cm	10～60	100～500	1000～3000	4000～7000	≥10000
合模力 / KN	150～500	800～3500	4500～6300	8000～12000	≥12000

2.顶出机构的选用

试模前，根据模具结构特点及动作要求，了解注射机的顶出动作原理，合理地选择顶出制品方式十分重要。顶出机构大致可分为机械顶出和液压顶出两大类。此外，按照模具设计结构的不同，也可以依照模具上配置的装置完成气压顶出、液压顶出及反向顶出等动作。

（1）机械顶出 注射机的机械顶出杆直接作用于模具的顶板上，因而，顶出制品的速度完全由动模的速度来决定。如果开模速度过快，常常使制件在顶出瞬间受损；如果开模速度过慢，则会影响生产效率。为解决这一矛盾，一般选用快速开模，然后慢速运行时顶出制品。

注射机的顶出杆通常被固定在一定的位置上，相对位置无法调整。因而，在试模前要注意在模具动底板上留出试模用的顶出杆孔，其相对位置与尺寸依照注射机原有尺寸而定，使顶杆可直接作用于模具顶板上，否则将无法实现顶出动作。

（2）液压顶出 这是靠安装在注射机动模板上的油缸进行顶出。液压顶出力、速度、行程均可通过注射机液压系统和控制系统调节，在开模中或者开模后完成顶出制品动作时，顶出杆可以先复位。此种机构能适合多种场合，有利于自动化生产，并能缩短循环周期，应用范围广，尤其在大、中型注射机中被广泛采用。

（3）其他顶出方法 有气动顶出和反向顶出。

3.定位环的配置

依照确认的注射机进行模具设计，模具与注射机的定位环尺寸必定相符。但是，如果选用规格型号不同的注射机进行试模，其尺寸相异的情况时有发生。

4.注射机空行程实验

在模具安装前，必须对注射机进行全面检查，避免模具安装后发现注射机存在问题，给注射机维修带来麻烦。排除注射机存在的故障后，可缩小在试模中出现问题的范围，便于查找问题所在。注射机开动前，首先要检查以下方面。

（1）注射机各个部位（拉杆、导轨、油缸等）表面是否清洁，有无异物，以免拉伤工作表面。

（2）要检查所有应当润滑的表面是否有足够的润滑剂，要将脏污的润滑剂擦去，重新进行润滑剂加注，以防止运动件在运行中出现拉伤或咬死现象。

（3）检查紧固件有无松动，加热组件是否与加热部件正确接触，电路、水管有无明显损坏。

（4）检查液压系统油压及工作油量是否满足要求。

（5）检查动模板运行是否正常，调整运行速度，一般快速运行在30～35 m / min范围内，慢速运行在0.3～3 m / min范围内。

（6）螺杆空转。预加热时，未加料可检查螺杆转动是否正常，一般空转速度在50 r / min以下。待加料后，可将螺杆转速提高到适当的速度。

（7）注射机各指示仪表有无失灵、不准确现象。要及时排除控制仪器误差过大的状况。检查上述几方面的问题后，可以仿照整个注射过程，使注射机在规定的条件下进行连续运转。确定无任何不适状态后，可以对注射机进行预热。预热时间可根据实际情况确定，一般在0.5～3小时左右，注射机料筒温度达到设定的温度并保温一段时间，视为预热结束。注射机预热期间，可以同时安装模具，并对模具进行预热。当两者温度均适宜时，可视为准备工作结束、试注射开始。

（二）模具的安装

模具的安装是指将模具从制造地点运至注射机所在地并安装在指定注射机上的过程。在模具安装过程中，要注意将注射机按钮选择在“调整”的位置上，使注射机的全部功能置于调试者手动控制之下。在吊装模具时，要将电源关闭，避免接触开关时产生突然动作以及由此而引起意外事故的发生。

注射模一般安装在卧式、角式、立式注射机上。现以卧式注射机为例，说明其模具的安装方法及安装程序，如图5-2所示。

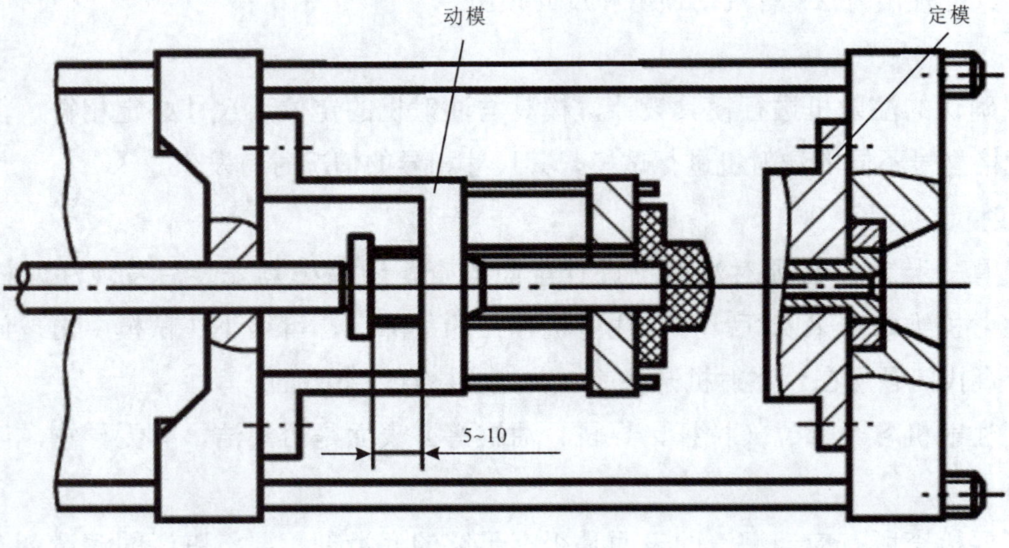

图5-2　注射模具的安装方法

（1）清理模板平面及模具安装面上的油污及杂物。

（2）模具的安装。对于小型模具，先在机床下面两根导柱上垫好木板，模具从侧面送入机架内，将定模装入定位孔并摆正位置，慢速闭合模板将模具压紧。然后，用压板及螺钉压紧定模，并初步固定动模。再慢速开启模具，找准动模位置。并在保证开、闭模具时动作平稳、灵活、无卡紧现象后再将动模用压板螺钉紧固。

动模与定模压紧应平稳可靠，压紧面要大，压板不得倾斜，要对角压紧。压板尽量要靠近模脚。注意在合模时，动、定模压板不能相撞。

（3）调节锁模机构，以保证机器有足够的开模力和锁模力。

（4）调节顶出装置，保证顶出距离。调整后，顶板不得直接与模体相碰，应留有

5～10 mm间隙。开合模具时，顶出机构应动作平稳、灵活，复位机构应协调可靠。

（5）校正喷嘴与浇口套的位置及弧面接触情况。

校正时，可用白纸放在喷嘴及浇口套之间，观察两者接触情况。校正后，拧紧注射定位螺钉，进行紧固。

（6）接通冷却水路及电加热器。

冷却水路要通畅、无泄露；电加热器应接通，并应有调温、控温装置，动作灵敏可靠。

（7）先开车空运转，观察各部位是否正常，然后可进行试模，一定要将工作场地清理干净，并注意安全。

在注射模具具体安装过程中还应注意以下问题。

1.模具的预检

模具在试模组装前，操作者应当重新查看模具装配图，对于装配图中提出的技术要求逐条落实，并通过总装配图了解模具的基本结构、动作过程及注意事项等。依照图样对模具进行检查，主要内容包括：

（1）模具的总体高度及外形尺寸是否符合已选定的注射机的尺寸条件。

（2）模具闭合后有无专用的吊环或吊环孔。吊环孔的位置是否可以使模具处于平衡吊装状态。

（3）如果模具有气动或液压机构，其配件是否齐全。阀门、行程开关、油嘴等控制组件是否灵活。

（4）模具闭合状态必须有锁紧板，以防吊装时模具开启，造成意外事故发生。

2.调整锁模机构

（1）液压式合模系统的动模板行程是由工作油缸的行程决定的。调整机构是利用合模油缸来实现的。对模具的厚度不严格限制，一般规定为：模板间的最大距离，其值大约为最小厚度的3～4倍。

（2）液压肘杆式合模系统的调模机构中，一般将动模板与定模板之间的距离调整在模厚+（1～2）mm，然后处于开启状态，准备吊装。

3.模具吊装

一般模具吊装需要2～3人，大型模具吊装时需要人更多。现场操作时，要选一名具有吊装经验的人作现场指导。条件许可的情况下，尽量将模具整体起吊，如果起重设备受限制，也可以进行分体吊装。其基本操作方法大致分以下几个方面。

（1）注意模具安装方向　在模具总图上，一般以吊装方向为图样上主视图的上方，也有另标示出起吊孔位置及方向，以说明模具起吊方向的。按照总装图所示起吊，符合设计思想。如果图样无明确表示或因其他原因无明确规定时，模具吊装方向的选择应本着如下几个原则：

1）模具中有侧向滑动的机构时，尽量将其运动方向与水平相平行，或者向下开启，切忌放在向上开启的方向。能够有效地保护侧滑块的安装复位，防止碰伤侧芯。

2）当模具长度与宽度尺寸相差较大时，应尽可能将较长边与水平方向平行，可以有效地减轻导柱拉杆或导杆在开模时的负载，并使因模具重量而造成导向件产生的弹性变形控制在最小范围内。

3）模具带有液压油路接头、气压接头、热流道组件接线板时，尽可能放置在非操作侧面，以方便操作。

（2）吊装方式　一般情况是将模具从注塑机上方吊进注塑机拉杆模板之间，如果模具水平方向的尺寸大于拉杆水平距离时，可以从注塑机拉杆侧面滑进。这种方法比较适合中、小型模具。另一种方式为：将模具长方向平行于拉杆轴线（模厚小于拉杆水平距离），吊入拉杆之间后，旋转90°，即可使模具定位环与注射机定位孔相吻合，当然，这时模具短方向尺寸必须小于拉杆垂直方向的距离。

1）模具整体吊装。将模具吊入注射机拉杆模板间后，调整方位，使定模上的定位环进入固定板上的定位孔，并且放正，慢速闭合动模板，然后用压板或螺钉压紧定模，并初步固定动模，再慢速微量开启动模3～5次，检查模具在闭合过程中是否平稳、灵活，有无卡滞现象，最后固定动模板。

2）模具分体吊装。先将定模吊入模板与拉杆之间，定位找正，使定位环进入定位孔后，用螺钉压紧，然后将动模吊入，依靠模具导柱或导杆，将动模与定模闭合，注射机动模板要以微量前推，闭合后，初步压紧动模。以后操作方法同上。

4.模具 的紧固（如图5-3）

注射模具动模和定模固定板要分别安装在注射机动模板和定模板上，模具在注射机上的固定方法有两种：一种是用螺钉直接固定，模具固定板与注射机模板上的螺孔应完全吻合，对于质量较大的大型模具，采用螺钉直接固定较为安全；另一种是用螺钉、压板固定。只要在模具固定板需安放压板的位置外侧附近有螺孔就能固定，因此，压板固定具有较大的灵活性。

（1）紧固螺钉的数量　采用螺钉将模具紧固在模板上，要求平稳可靠。中、小型模具（注射量在500cm³以下的注射机所使用的模具）采用四块压板压紧动模或定模，大、中型模具要采用六块或八块压板压紧。压板位置要尽量对称，受力均匀。大型模具紧固时，模具下方要加支撑压板，螺钉距模具与支撑块中间的位置要合适，避免压板工作点受力不足。

（2）紧固螺钉的种类　紧固螺钉通常选用普通六角螺钉和内六角螺钉，其尺寸大小依照注射机模板孔尺寸而定。使用六角螺钉安装方便，但要求压脚处要有足够的位置进行锁紧，尤其是直接紧固形式时，只有在锁紧空间受限制的情况下，才采用内六角螺钉。

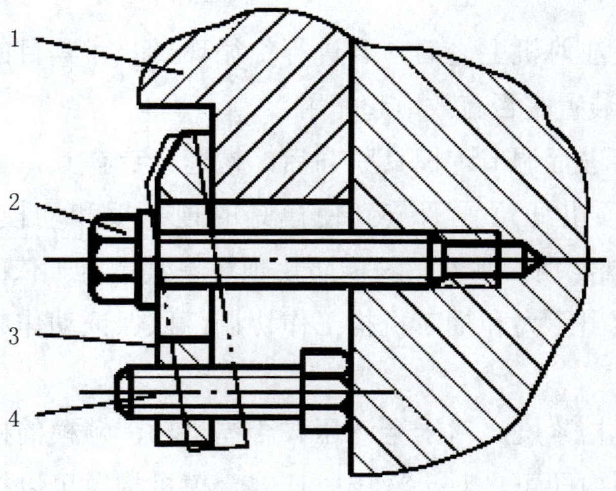

1—座板；2—压紧螺钉；3—压板；4—调节螺钉

图5-3　模具的紧固

（3）紧固的形式　根据模具压脚结构的不同，大致可分为两种锁紧形式，见图5-4所示，压板垫块的高度必须大于等于压脚高度。如果是长期使用的压板，压板的厚度一般在25～40mm左右，长度和宽度可以根据模具而定，其长度一般不超过注射机螺钉孔距的1／2。

需要指出的是，大型或超大型模具，在紧固时下方采用的支承压板结构不同，这种压板在防止模具松动产生下滑，或者协助其他螺钉进行依托支承时效果显著，推荐使用。

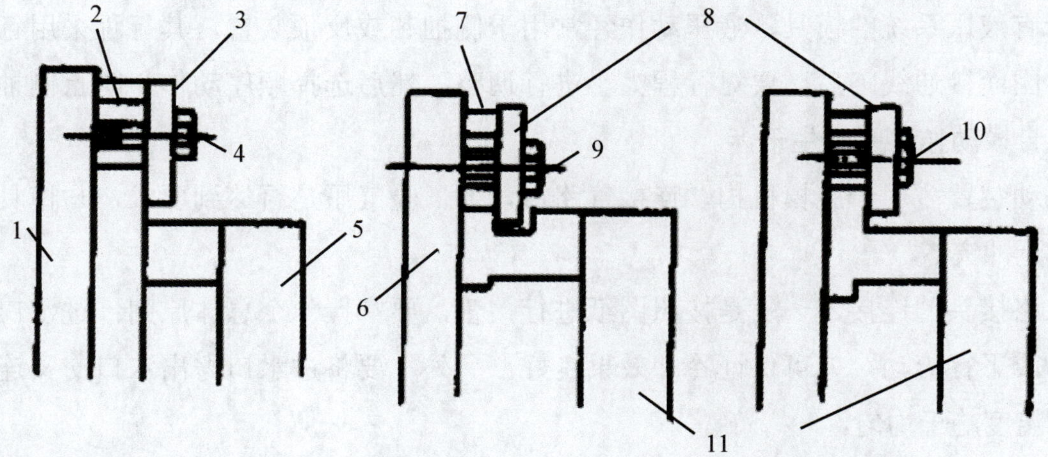

a）压模板固定模具　　　　b）压板模固定模具

1、6—机床模板；2、7—垫块；3、8—压板；4、9、10—螺钉；5、11—模具

图5-4　压板固定模具

5.模具的空循环试验

模具的主体安装在注射机上之后，要进行空循环试验，其目的在于检验模具上各运行机构是否灵活，定位装置是否有效地起作用。

首先，对顶出距离进行调节。模具紧固后，慢速开启模具，直到动模板停止后退，将注射机顶出机构的顶出杆位置调节到使模具的顶出板和动模板之间距离尚有不小于5 mm的间隙，做到既能顶出制件，又能防止顶坏模具。对于依靠顶出力和开模力实现抽芯的模具，应注意顶出距离和抽芯机构工作协调，以保证动作起止、定位、行程的准确，避免发生干涉现象。

其次，要观察锁模松紧度。对于全液压式合模机构，锁模的松紧度只要观察锁模力是否在预定的工艺范围内即可。对于液压肘杆式合模机构，可以根据锁模压力的大小或经验来判断。通常既要保证锁模后注射不产生飞边，又要保证有足够的排气间隙。采用合适的锁模力，还可以延长模具的使用寿命。

6.模具配套部分的安装

当模具主体部分安装在注射机上以后，通过空循环运行确认动作正常，就可以进行配套部分的安装。配套部分主要包括：热流道组件及电气组件的接线；电控部分的调整；液压回路的连接；气压回路的连接；冷却水路的连接等辅助部分的安装。

带有热流道浇注系统的模具要注意加热组件的电流接线和温控表的调试，尤其是有两个以上的浇口时，温度控制与热电偶的连接要对号，并且逐个调试，然后按照试模选用的原料特性将表指针调至合适的温度，进行加温。

带有液压系统的模具，液压动作经常用于侧抽芯或反顶装置，其行程采用行程开关控制。因而接通线路后，要对行程大小进行调整，然后选择顺序动作，防止侧抽芯与开启、闭合模动作之间产生干涉。

气动装置多用于脱模机构，连接气路后，要试验气压是否达到要求，与模具的机构动作有无冲突。

水路接头的连接，一般是按照图纸进行接管，要掌握一个总体原则：进水口要低于出水口或平行流动，方可保证冷却效果良好。另外，要将进水口与出水口交叉连接，使冷却水温度趋于均匀。

7.模具的预热

模具安装完毕，试模前，要对模具进行预热。模具预热的方法大致有两种，第一，利用模具本身的冷却水孔，通入热水进行加温，目前，国内外有模具加温器被大量采用是模具加温的一种好办法，但消耗热量大。对于北方寒冷的冬季比较适合。

对于只中、小型模具可以靠注射料的热量来太提高模温。采用注射不困难的原料也无需进行模具预热。但是，对于大、中型模具，采用高温料，高压力将熔料强行注射至模腔内，尽管也可以得到试模的制品，但实际对模具损伤比较严重，又浪费能源，同时所得到的制品内应力大，变形严重，其尺寸很不稳定，因而，这种方法不宜采用。

模具安装后预热的同时，注塑机塑料也在加温，当两者均符合要求时，即模具温度达30～60℃以上时，料筒内塑料已呈熔融状态时，并塑化均匀，视为温度适合，即具备了试模注射条件，试模可以进入注射阶段。

（三）试模用塑料原料的选择和注射工艺参数的设定

1.试模用塑料材料的选用

试模中用料力求与制品设计要求一致。这样便于注塑及对样品的检查和验收。在试模时难以寻求牌号完全一致的原料，也可以使用代用料完成试模，但须掌握一个原则：原料的性能基本接近；收缩率基本相同。

2.试模工艺参数设定

原料选定后，如果是易吸湿的塑料，则必须进行干燥。千万不能认为试模所提供的制品只是样品不是产品而不干燥处理。

试模的目的之一是要寻找合理的注射工艺参数。然而，因为是试模过程，在模具方面可能存在着许多不利于注塑的因素。当成形结果不理想时，有时难以判断是注射工艺参数问题还是模具设计制造问题，因为成形条件容易改变，所以一般的做法是先变更成形条件，不能解决问题时才会考虑修理模具。为此，在首次注射时，要根据制件的特点及选用的原料，尽量选择理论方面趋于合理的工艺参数。要从基本工艺条件入手，假定模具结构及尺寸是合理的，试注射中，针对模具特点，对工艺参数逐步进行调整。

如果试模前已经有样件，可以根据样件的质量及原料的密度获得注射量。在没有样件的情况下，可以根据产品图，估算出成形制品的体积再进行核算。此种方法简便易作，是试模中注射量选择的常用方法。当完成一次试模后，所选用的注射量应当作详细的记录，以便为下一次试模或正式生产中计算螺杆移动距离及调整工艺参数提供准确的参考数据。

（四）试模时的注射方式

1.余料的清理

在注射前，对料筒中不符合要求的残余料要进行清理。对于螺杆式注射机，一般采用换料法清理料筒。

2.试模工艺参数的倾向性

针对塑料制品形状结构不同，应该采取不同的注射方式，依靠改变工艺中的某个参数来弥补因制品的特点而造成的成形困难。

（1）板状制品　板状制品的特征是成形面积大，型腔浅，需要很大的合模力来保证注塑。因而，这类制品在注塑前，必须认真地校核合模力是否符合实际需要。

（2）框架形制品　框架式制品的特点是成形投影面积不大，但是型腔复杂，依靠各类加强肋使整体强度得到加强。在首次试注塑中，推荐用高料温、低中压注塑工艺参数。反之，如果采用高压注塑，很易造成填充过实过量，镶件缝内充入原料，使肋、条等被夹在型腔内无法继续进行试模。

（3）深腔制品　型腔深度大于制品长边的2／3时，被称为深腔制品。这种制品的特点是工作面可能是内腔，也可能是外腔，模具开启后制品有可能留在动模侧，也可能留在定模侧。因此，注塑方式应有所考虑。

当需要制品留在定模一侧时，依靠安装在定模上的反顶脱模装置将其推出型腔，这时必须采用一次性注满型腔，使制品尽可能完整。反之，制品缺料过多，会导致脱模板无法起作用；当需要制品留在动模一侧时，情况不同，即使有不完整的制品留在动模型芯上，清理比较方便，所以不一定要过量注射。

总之，制品的形状多种多样，模具整体结构和镶拼方式各不相同，巧妙地选用工艺参数及特点，可以使试模进行顺利，并且保护模具不受损坏。采用各种方式试模，都要掌握一个基本原则，即每一次注塑隔离时间尽可能短，以力求注塑连续性。一方面可以利于寻找注塑工艺参数的不合理处，另一方面可在短时间内使模具达到理想状态，便于尽快取得理想的制品。

3.改换工艺参数试注射

当选用了工艺参数和注塑方式时，注射成形效果仍不理想，可以在一定范围内进行工艺参数选用的探索。在调换工艺参数进行试注射时，要做好详细记录，将制品编号按顺序排列，每次工艺参数的更换，注射3～5个制品，然后将其工艺数据记录下来，在其中寻找最佳制品效果、合理的工艺数据组合、变化的规律特点，从而获得合理的工艺参数。如果在试模过程中对模具有比较成熟的修改意见，应在试模记录中加以详细的说明，为制订模具的修改方案提供第一手素材。

一套模具试2～4次模，有同样次数的试模记录，随着模具结构的不断调整和工艺参数的多次更改，随之将产生一套完整的工艺数据。这是模具的宝贵原始资料，可以为模具在生产中的修改和调整提供可查的数据，也可以作为设计者提高设计水平的技术资料。

（五）试模后的型修

在塑料注射成形过程中，由于塑料的品种不同，设备不一，制件互异，因此所得到制件往往会产生各种各样的问题，有些常见的问题及产生的原因列于表5-4中，以供操作者根据生产当中的具体情况，采取措施。

表5-4　塑料注射成形制件产生问题的原因及采取措施

序　号	不正常现象	产生原因	采取措施
1	注不满	1.机筒及喷嘴温度偏低 2.模具温度偏低 3.加料量不够 4.剩料太多 5.制件超过注射成形机最大注射量 6.注射压力太低 7.注射速度太慢或太快 8.模腔无适当排气孔 9.流道或浇口太小 10.注射时间太短、柱塞式螺杆退回太早 11.杂物堵塞机筒喷嘴或弹簧喷嘴失灵	1.提高机筒及喷嘴温度 2.提高模具温度 3.适当增加下料量 4.减少下料量 5.选用注射量更大的注射机 6.提高注射压力或适当提高温度 7.合理控制注射速度 8.模具开排气孔 9.适当增加浇口尺寸 10.增加注射时间及预塑时间 11.清理喷嘴及更换喷嘴零件
2	制品溢边	1.注射压力太大 2.模具闭合不紧或单向受力 3.模型平面落入异物 4.塑料温度太高 5.制件投影面积超过注射成形机所允许的塑制面积 6.模板变形弯曲	1.适当减小注射压力 2.提高合模力，调整合模装置 3.清理模具 4.降低机筒及模具温度 5.改变制件造型或更换大型注射机 6.检修模板或更换模板
3	气泡	1.原料含水分、溶剂或易挥发物 2.塑料温度太高或受热时间太长，已降解或分解 3.注射压力太小 4.注射柱塞退回太早 5.模具温度太低 6.注射速度太快 7.在机筒加料端混入空气	1.原料进行干燥处理 2.降低成形温度，或拆机换新料 3.提高注射压力 4.延长退回时间或增加预塑时间 5.提高模温 6.降低注射速度 7.适当增加背压排气，或对空注射
4	凹痕	1.流道、浇口太小 2.制品太厚或薄厚悬殊太大 3.浇口位置不适当 4.注射及保压时间太短 5.加料量不够 6.机筒温度太高 7.注射压力太小 8.注射速度太慢	1.增加流道、浇口尺寸 2.改进制件工艺设计，使制件薄厚相差小 3.浇口开在制件的壁厚处，改进浇口位置 4.延长注射及保压时间 5.增加下料量 6.降低机筒温度 7.提高注射压力 8.提高注射速度

续表

序　号	不正常现象	产生原因	采取措施
5	熔接痕	1.塑料温度太低 2.浇口太多 3.脱模剂过量 4.注射速度太慢 5.模具温度太低 6.注射压力太小 7.模具排气不良	1.提高机筒、喷嘴及模具温度 2.减少浇口或改变浇口位置 3.采用雾化脱模剂，减少用量 4.提高注射速度 5.提高模温 6.提高注射压力 7.增加模具排气孔
6	制品表面波纹	1.机筒温度太低 2.注射压力小 3.模具温度低 4.注射速度太慢 5.流道、浇口太小	1.提高机筒温度 2.提高注射压力 3.提高模温 4.提高注射速度 5.增大流道、浇口尺寸
7	黑点及条纹	1.塑料已分解 2.塑料碎屑卡入注射柱塞和机筒之间 3.喷嘴与模具主流道吻合不良，产生积料，并在每次注射时带入模腔 4.模具无排气孔	1.降低机筒温度或换原料 2.提高机筒温度 3.检查喷嘴与模具注口，使之吻合良好 4.增加模具排气孔
8	银纹、斑纹	1.塑料温度太高 2.原材料含水量太大 3.注射压力太低 4.流道、浇口太小 5.树脂中有低挥发物	1.降低模温 2.原材料进行干燥处理 3.提高注射压力 4.增加流道、浇口尺寸 5.原料进行干燥处理
9	制品变形	1.冷却时间不够 2.模具温度太高 3.制件厚薄悬殊过大 4.制件脱模杆位置不当，受力不均 5.模具前后温度不均 6.浇口部分过分的填充作用	1.延长冷却时间2.降低温度 3.改进制件厚薄的工艺设计 4.改变制件与脱模杆的位置，使受力均匀 5.使模具两半的温度一致6.减少垫料
10	裂纹	1.模具温度太低2.制件冷却时间太长 3.制件顶出装置倾斜或不平衡 4.脱模杆截面积太小或数量不够 5.嵌件未预热或温度不够 6.制件斜度不够	1.提高模温 2.减少冷却时间 3.调整顶出装置的位置使制件受力均匀 4.增加脱模杆的截面积或数量 5.提高嵌件预热温度 6.改进制件工艺设计，增加斜度
11	制品脱皮分层	1.不同的塑料混杂 2.同一塑料不同牌号相混 3.塑化不均 4.混入异物	1.采用单一品种的塑料 2.采用同牌号的塑料 3.提高成形温度并使之均匀 4.清理原材料，除去杂质

续表

序 号	不正常现象	产生原因	采取措施
12	制件强度下降	1.塑料降解或分解 2.成形温度太低3.熔接不良 4.塑料回料用次数太多 5.塑料潮湿 6.浇口位置不当（如在受弯曲力处） 7.塑料混入杂质 8.制件设计不良，如有锐角、缺口 9.围绕金属嵌件周围的塑料厚度不够 10.模具温度太低	1.适当降低温度或清理机筒 2.提高成形温度3.提高熔接缝的强度 4.减少回料混入新料的比例 5.原料进行干燥 6.改变浇口位置 7.原料过筛除去杂质和废物 8.改进制件的工艺设计，避免锐角、缺口 9.嵌件设置在壁厚处，改变嵌件位置 10.提高模温

五、检查与评议

表5-5　模具的调整与试模

班级________姓名________学号________总分________

序号	考核项目	考核要求	配分	评分标准	实测记录	得 分
1	图样分析	模具结构图的识图	10	具备模具结构知识及识图能力		
2	塑料性能分析，注射机性能及参数分析	塑料材料知识，注射机性能参数	15	熟悉塑料材料知识和注射机设备		
3	模具在注射机上的安装，模具加压、通水	安装知识，水管是否有渗漏	20	模具安装技能、模具调试系统的设置操作熟练		
4	锁模、开闭模、顶出等参数的设定与调整	注射机工作参数的调整、确认	20	掌握注射机工作状态的调整技能		
5	成形工艺参数的确定	成形工艺参数的确定	20	掌握注射成形工艺参数的设置技能		
6	试模结果分析、调整；参数的汇总、记录	试模、分析技能	15	掌握试模、分析技能		

六、思考与练习

1.注射机选用的基本原则是什么？

2.模具在注射机上安装前应做哪些准备工作？

3.在操作注射机时应遵循哪些基本操作规程？

4.在注射模安装过程中应注意哪些事项？分析若关键步骤误操作时有可能造成什么影响，包括人身安全、设备安全、模具质量及制件质量。

5.注射模调试前对模具外观的检查和模具空运转的检查具体包括哪些内容？

6.注射模调整要点都有哪些？

7.在注射模调试过程中，若出现溢料现象，请分析其产生的原因并提出解决办法。

项目六

模具的维护、保养与修理

知识目标

1.模具保养的意义和内容

2.模具的维修方法

技能目标

1.模具保养的步骤和方法

2.模具常见故障的维修方法

一、任务描述

本任务主要介绍塑料模的维护、保养与修理。通过本任务的学习，了解塑料模具维护、保养与修理的要领、方法和内容，初步具备相关基本技能。在实际模具制造企业内，这项工作是由维护部门来负责实施。其主要目的是为了延长模具的使用寿命并保证能生产出合格的制件。

二、任务分析

塑料模具在完成装配、试模并进行试生产，经过检验成为合格的模具后，即可投入塑料制件的批量生产。在塑料制件批量生产的过程中，如果对模具保养不及时或保养不当，往往会使合格的模具变为不合格的模具，从而使成形的塑料制件成为各种各样的不合格品，严重的情况下还会损坏模具或降低模具使用寿命；如果对模具按照规定进行定期保养，发现问题及时处理，不让问题扩大化，那么不仅能降低生产成本，还可以缩短模具的维修加工周期，提高模具的使用寿命和使用效率。因此，模具的维护已成为各厂家一项重要且必不可少的工作。

1.在生产过程中对模具的维护。包括上模前的维护和下模后的维护。塑料模具最为重要的部位是型腔型芯部分，对成形制件来说具有至关重要的作用，必须保证成形表面的表面粗糙度要求，不能出现刮伤、划伤，要定期清理并作防锈处理；各滑动部位要保证清洁，并加注适量润滑油脂，使其活动灵活顺畅；及时更换模具的易损件。

2.塑料模具的修理。包括使用过程中的维护性修理，以及损坏和磨损后的修理，涉及修理原因、修理方式和修理工具的选择等。模具修理方式常用到堆焊修理、镶件修理（包括追加工）、扩孔修理（包括型芯扩孔）、凿捻修理、增生修理、电镀修理等方法。常用修理工具包括氩弧焊机、激光焊机、放电加工机、CNC数控铣床、线切割、精密研磨机等。

3.模具修理后的试模及检验。包括修理后模具质量的检查、塑料制件质量的检查、修理后缺陷是否消除，能否继续投入生产等。

三、相关知识

1.模具的保养及维护

设计模具时预计的使用寿命，一方面在设计结构、材料选择、热处理安排、加工精度方面给予保证；另一方面就要求在长时间的使用中进行有效的保养与维护。

（1）定期检查、保养上油模具投入正常生产是连续工作，其工作周期在一到几个月之间。这期间，为了保证制品的成批供应，就必须保证模具不间断的正常运转。操作者在交接班时，除了生产制品数量情况的交代外，要对模具的使用状况有一个较详细的交代。

模具上滑动部件、导柱、回程杆、顶杆、型芯等要随时观察，定期检查，并在交接记录上加以说明。接班的操作者要对滑动部件的工作面上油，尤其在夏季温度高的情况下，每个班应上两次油。以防止干摩擦将工作面拉伤。

模具维护技术工人对车间内正在工作的模具，要进行巡回检查，发现有异常情况要及时处理。对于大中型重点模具，要按照维护计划实施，不可疏忽大意酿成大错。

在正常运转中的短时间暂时停车，预计将超过24小时者，要对型腔表面涂油防锈，尤其在潮湿地区或雨季，时间再短也要做。空气中的水分会使模腔表面生锈，造成制品质量下降。

经过抛光的型腔表面防锈工作更为重要，不能随便用手触摸工作面，要使用脱脂棉、棉纱等布品配合专业的去污溶剂来去除污物。

（2）及时清除残余料及污物，保持内外清洁制品在每次脱出型腔时，或多或少会有残余飞刺、毛边留在腔内、缝隙里或其他部位。工作间的尘埃及其他污物也会沾附在型芯、型腔上。原料通过高温注塑时产生的氧化物，也会不同程度地对型腔产生腐蚀作用。因此，及时地清理模腔表面十分必要。对于型腔表面进行了花纹、蚀纹、抛光处理的，更应当保证模腔表面光亮清洁。

如果因注塑过量而产生带毛刺的制品后，下一次注塑前应当对腔内全面检查，查看是否有残余料，并清理干净后再投入生产。

（3）辅助元件的定期检查随着产品的要求日益提高，模具制作的复杂度与精密度的要求也越来越严格。水平和档次的提高，导致模具周边辅助元件日益增多。气动机构元件、液压机构附件、热流道元件附件及控温柜、电线、插座、水管、油管、行程开关等，辅助元件缺一不可。

成形现场的模具维护人员要定期对辅助系统进行检查，油管有无漏油破损，油缸有无失效，控温表是否失灵等，要仔细观察。如油缸漏油可能使密封圈失效，油压不足会造成动作失灵而撞坏型芯，热元件失控会造成料温过高或过低，使制品无法正常生产。

2.塑料模具的检修

（1）塑料模具在使用过程中，应定期维护，如果发现主要部件损坏或失去使用精度时，应进行全面检修。检修人员应仔细观察模具的损坏部位、损坏的特征、损坏的程度，同时应该了解该模具结构及动作原理以及制造使用方面的情况，最后分析损坏和要修理的原因。

（2）模具修理方案的制订是先分析破损原因，再确定修理方法、具体的修理工艺以及根据修理工艺准备必要的专用工具和备件。模具修理常用的工具如图6-1所示。

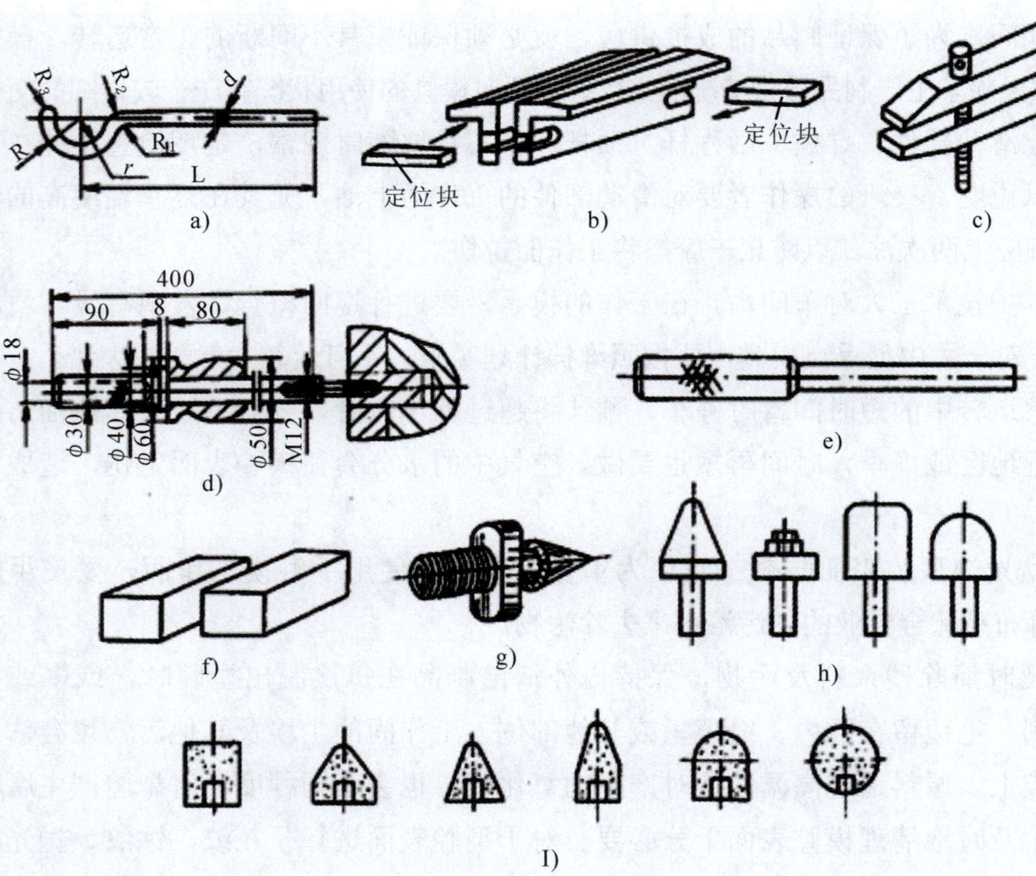

a）撬杠；b）平行夹板；c）卡钳；d）退销棒或拔销器；e）销钉棒；
f）平行垫铁；g）螺钉定位器；h）抛光轮；i）砂轮磨头

图6-1 模具修理常用工具

（3）塑料模具零件的更换一定要符合原图样规定的材料牌号和各项技术要求。

（4）检修后的塑料模具一定要重新试模和调整，直到生产出合格的制件后，方可交付使用。

（5）模具在使用时会发生一些小故障，修理时不必将模具从注塑机上卸下来，可以切断电源后直接在注塑机上进行修理。

3.塑料模不正常损坏的主要原因

（1）操作时，镶件未放稳就合模，使模具局部型腔损坏。

（2）模具的型芯较细，在压制或注射时，被塑料流冲歪或塑件脱模时困难而用锤重力敲击使型芯弯曲，因而难以成形或产品质量不合要求。

（3）分型面使用一段时间后，合模后不严密，溢边太厚，影响了塑件质量。

（4）型腔由于长期受塑件摩擦和热冲击，表面质量下降，使制件表面粗糙度升高。

（5）模具由于长期使用冲击后，紧固零件及定位圆柱销松动，而使模具零件发生位移，影响产品质量。

（6）模具机体内导向零件，推件装置磨损后动作失灵，影响制件质量以及难以脱模。

4.塑料模具的修理

当塑料模在使用过程中，发生上述不正常现象时，一般需进行局部修复。其修复的方法如下。

（1）根据图样更换损坏件。

（2）对于损坏的型腔，若是未淬火的零件，可用铜焊（一般采用黄铜、CO_2、气体保护焊等，焊后进行机械加工或钳工修复抛光）或局部镶嵌的方法修复；若是淬火的零件，则可用环氧树脂进行黏补。

（3）对于皮纹表面的修复，则应采用特殊的工艺进行处理，比如利用模具钢材料的塑料变形修复损坏表面，然后再进行局部腐蚀。

（4）如果分型面不严密、溢料多，可把分型面磨平，再把型腔加工到原来的深度。

（5）模具在工作一段时间后，一定要检查固定零件及定位圆柱销紧固程度。必要时应再重新紧固，以防发生模具零件因松动而产生的位置偏移，影响产品质量与精度。

（6）模具在使用一段时间后，要定期对型腔与型芯进行抛光，以保持原有粗糙等级，不使制品表面质量下降。在有可能的情况下，最好将型腔抛光镀铬，这样会使表面质量收到更好的检修效果。

（7）对于被损坏的型腔和型芯，若未经淬火，可用铜焊或局部镶嵌的方法修复。对经淬火的型腔，可采用环氧树脂黏补的方法修补被损坏部位。但无论采用何种方法，修补后必须要进行修磨、抛光，尽量使其恢复到原来的技术状态。

（8）对于修理无望的模具零件，如细小型芯，弯曲的推料杆等，可更换新的备件。

塑料模具在使用过程中，某些间隙配合的活动零部件较容易磨损，它们在工作中相互摩擦，较易损坏，称为易损件，此类零件均为标准件。如：导柱、导套等导向零件；侧抽滑块和侧抽型芯等抽拔零件；限位、锁紧等定位零件；推杆、回程杆、拉料杆等结构零件。对于一般磨损拉伤的修复，可用油石、砂布打磨即可。而对严重拉伤或啃坏，甚至折断的修复，则必须更换新件。

1.查找导柱和推杆损坏的原因

一般导柱与推杆单面严重拉伤、磨损和断裂的原因有以下几种情况。

（1）导柱与导套或推杆与推杆孔配合太紧，容易拉伤。多根导柱或多根推杆配合松紧不一致，则会导致顶出力不平衡，产生偏载，而引起损坏。

（2）导柱孔或推杆的安装孔与分型面不垂直，使开模时导柱轴线与开模运动方向不平行。推杆顶出时，与顶出运动方向不平行而产生扭力作用，易拉伤、啃坏或折断导柱或推杆，如图6-2所示。

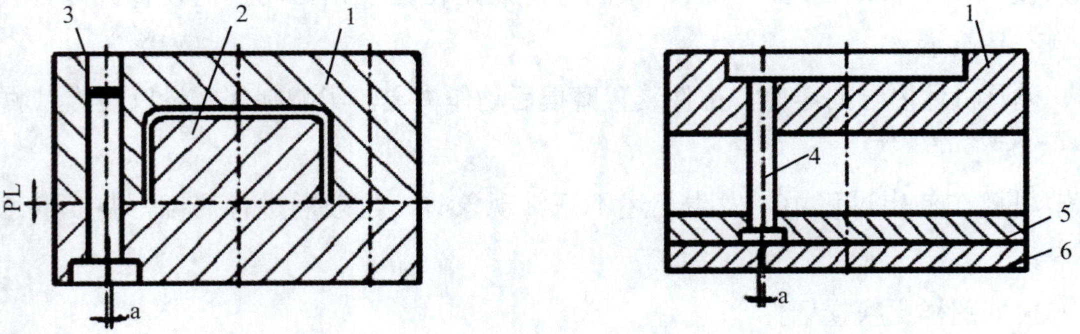

a）导柱孔与分型面不垂直　　b）推杆安装孔与分型面不垂直

1—型腔；2—型芯；3—导柱；4—推杆；5—推杆固定板；6—推板

图6-2 导柱孔和推杆安装孔不垂直

（3）动模部分在注射机上安装时若有下垂现象，则合模时，定模导套孔插入时产生的扭力使导柱或推杆的拉伤、啃坏或折断。

（4）推杆固定板与推板太薄、刚性不够，在顶出制件时会产生弹性或塑性变形，如图6-3所示，引起推杆中心线与顶出运动方向不平行而产生扭力，致使推杆拉伤、啃坏或折断。

（5）在模具分型面上没有设置定位装置，斜分型面上没有设置限位台阶等都会造成导柱拉伤、啃坏和断裂。

（6）推板和推杆固定无导向驱动，在卧式注射机上因自重下垂而产生偏载力矩，推杆易单面磨损，推杆孔上端易被磨成椭圆形，如图6-4所示。

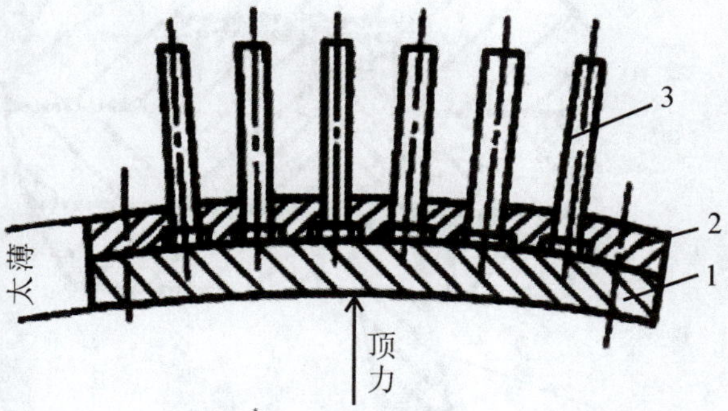

1—推板；2—推杆固定板；3—推杆

图6-3　推杆固定板与推板受顶力产生变形

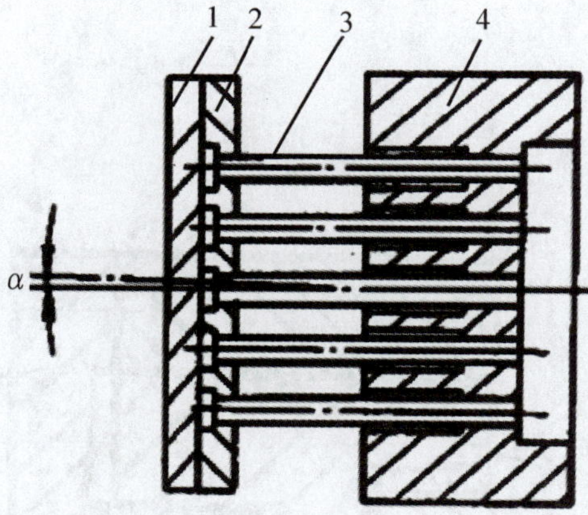

1—推板；2—推杆固定板；3—推杆；4—型腔

图6-4　推杆固定板与推板自重下垂

（7）导柱与推杆的淬火硬度不够而造成损坏。一般要求导柱的硬度不低于55HRC，推杆的硬度不低于45HRC。并要求导套的硬度不低于导柱硬度为宜。

（8）导柱、导套和推杆、推杆孔的配合处有污物或缺少润滑。

2.修理导柱和推杆

（1）调整配合状态，使配合松紧程度一致。当连接部分出现松动时，应随时予以紧固。

（2）调整导柱孔或推杆安装孔与分型面的垂直度，使之符合生产要求。对产生变形的导柱或推杆应进行校正、修直。

（3）推杆固定板和推板必须有足够的厚度和刚度。对淬火硬度达不到要求的导柱或推杆应重新进行热处理或予以更换。

（4）为了保护导柱免受径向应力作用，在模具的分型面上应设定位装置，对斜分型面应设置限位台阶。

（5）注意平时的维护保养，随时对模具进行检查、清理和润滑。

3.查找侧抽机构损坏的原因

侧抽机构损坏主要由两大因素造成，其一是由自然磨损或零件疲劳引起的；其二是侧抽机构动作失灵造成的。

4.修理侧抽机构

对于第一种情况，是属于经常维修保养的问题。其修理的步骤如下。

可通过对滑动部位勤加油，磨损部位进行修补、调节，使滑动件得到精确复位。如图6-5所示，通过对图6-5（a）中的件4锁紧块A面的微量修磨和对图6-5（b）中件5垫块B处用金属片适量垫高，就能补偿件3侧抽件的磨损量。凡是滑动摩擦部位均应淬火，经常易磨损的零件应做备用件。

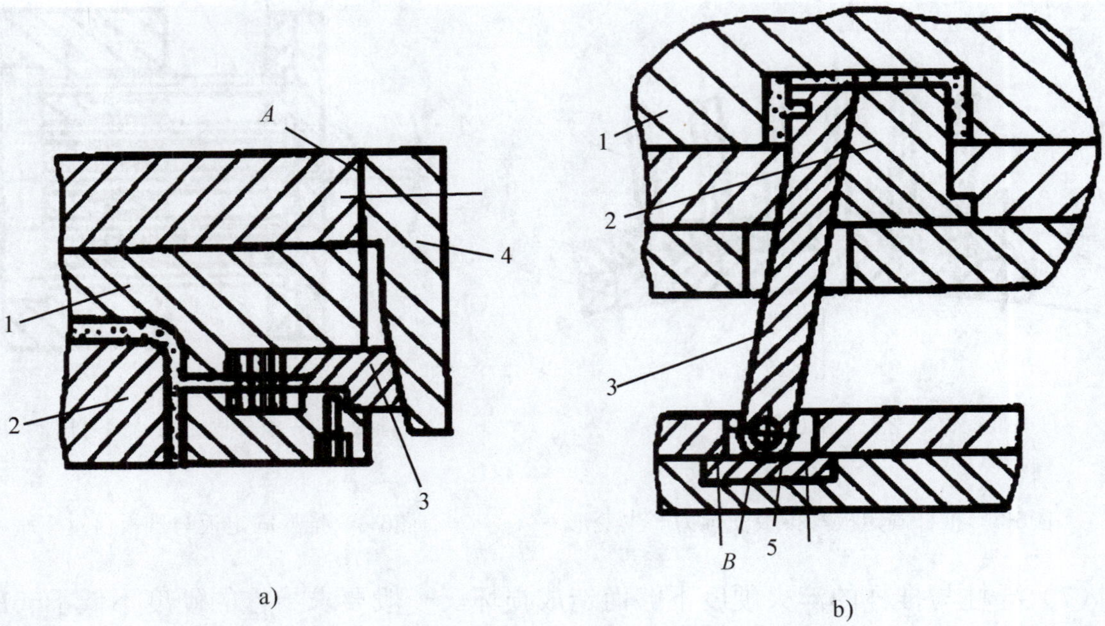

1—型腔；2—型芯；3—侧抽件；4—楔紧块；5—垫块

图6-5 侧抽易损件的微量修复与调整

对于第二种情况，是属于事故隐患。对有侧抽件的模具，其结构较复杂。侧抽越多，其复杂程度也就越高，模具在使用中的事故隐患也就越多。对此，在维修中，应考虑改善模具的结构特点。

5.分型面损坏的原因与修理

模具经过一段时间的使用后，原来很清晰光亮的分型面，会出现凹坑和麻面。尤其是在型腔的沿口处棱角变成了圆角或钝角，使制件产生飞边和毛刺，这表明模具的分型面遭到了损坏。其产生的原因是多方面的，主要有以下几种情况。

（1）由于注射量和注射压力过大，锁模力不够，引起分型面微量胀开。

（2）分型面上有余料或其他微小异物没有清理干净，即进行二次合模，将残余料和异物挤压到分型面上。

（3）取制品或放置金属预埋件时操作不当，对分型面型腔沿口处有磕碰。

（4）长期反复地闭合、开启，对模具分型面产生正常的自然磨损。

6.修理分型面

（1）若分型面磨损的量不大，可将分型面用平面磨床磨去“飞边”的厚度δ（δ为0.1～0.3 mm），如图6-6所示。若磨去微量δ会影响制件外形总高尺寸H的话，则用电极将件1型腔的底部A面往深处切去δ量给予补偿即可。同时把件2型芯的B面用薄片垫高δ值，C处台阶面也铣去δ值。这样修改后的模具，其制件的总高H尺寸与底部壁厚t仍保持不变。

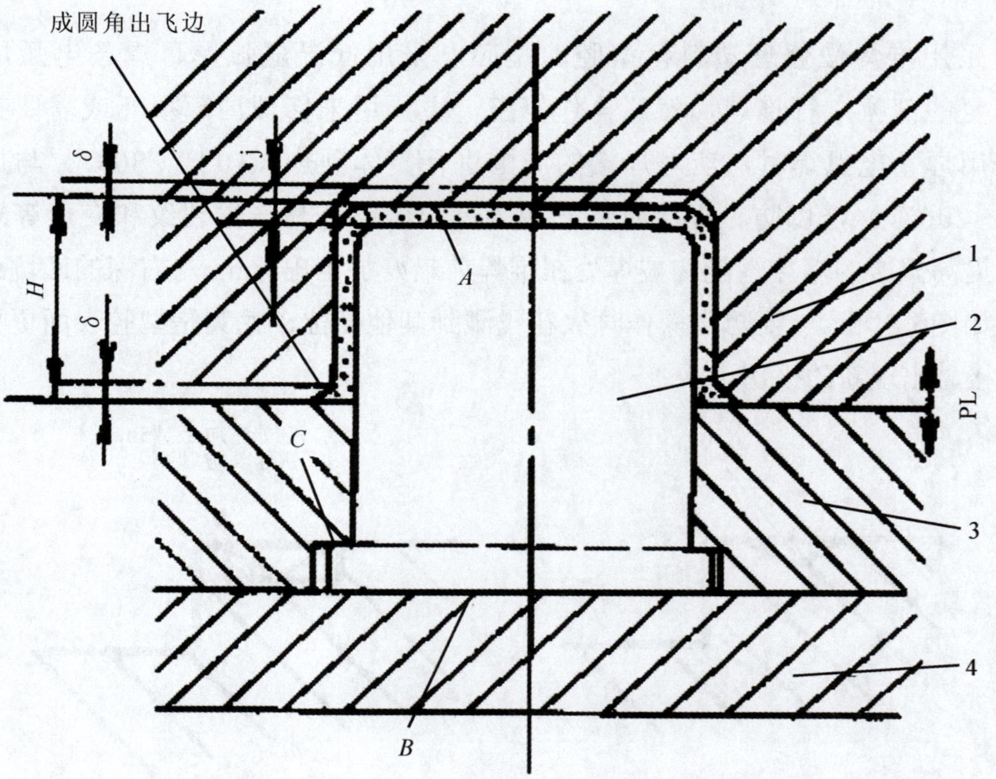

1—型腔；2—型芯；3—型芯固定板；4—支承板

图6-6　分型面出现“飞边”的修理

（2）若分型面的沿口处因不慎碰撞出小缺口时，一般采用焊补的方法把小缺口焊上，由钳工修复即可；若型腔未曾淬火，因材料有一定的延展性，则可用挤胀法在缺口处附近钻一个∅8～∅10 mm的小孔，用小捻子从小孔的另一侧向缺口处冲击碾挤，如图6-7所示。当被碰撞的缺口经碾挤后，向型腔内侧凸起时，观察其凸起量，当达到够修复的量时，就停止碾挤，然后把碾挤变形了的小孔用钻头扩大成正圆，并把孔底修平，然后用圆销将孔填平补好。再把被碾挤凸出的型腔侧壁修复好即可。

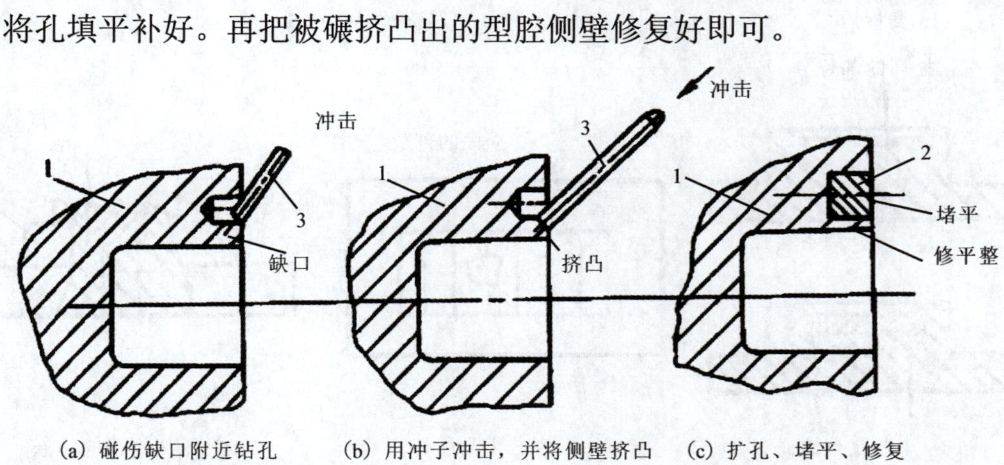

(a) 碰伤缺口附近钻孔　(b) 用冲子冲击，并将侧壁挤凸　(c) 扩孔、堵平、修复

1—型腔；2—圆销（堵块）；3—錾子

图6-7　用錾挤法修复局部碰伤

7.修理塑料模型腔、型芯

（1）采用堆焊法修理塑料模型腔、型芯　采用低温氩弧焊、焊条电弧焊等方法在需要修复的部位进行堆焊，然后再作修整，主要用来修理局部损坏或需要补缺的地方。当采用焊条电弧焊时，应对焊接的周围进行整体预热（40℃～80℃）与局部预热（100℃～200℃），以防止焊接时局部成为高温区而容易产生裂纹和变形等缺陷。此外，为了提高焊接的熔接性能，被焊处在堆焊前最好加工出5 mm左右深的凹坑或用中心钻钻孔，如图6-8所示。要防止操作时火花飞溅到其他部位，尤其是型腔表面更要当心，避免在焊接时出现新的损伤。

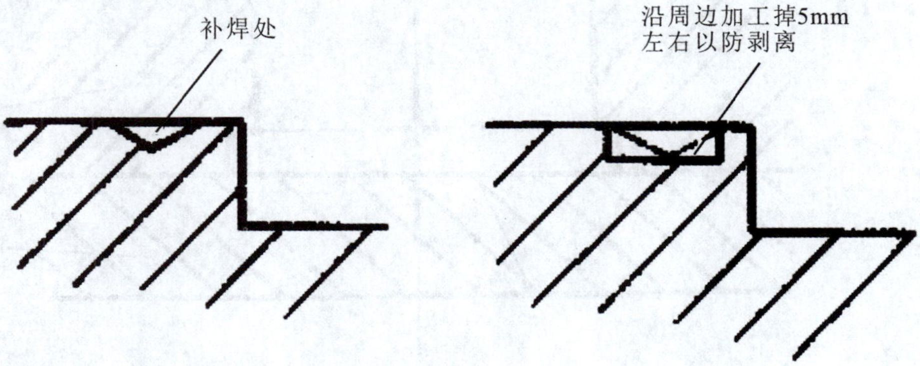

图6-8　需补焊的部位加工出沟槽或凹坑

（2）镶件法　型腔、型芯被挤压损坏后，可用铣削或线切割等加工的方法把损坏处按一定的范围加工出凹坑或通孔后，再修整成形，达到修理的目的，如图6-9所示。

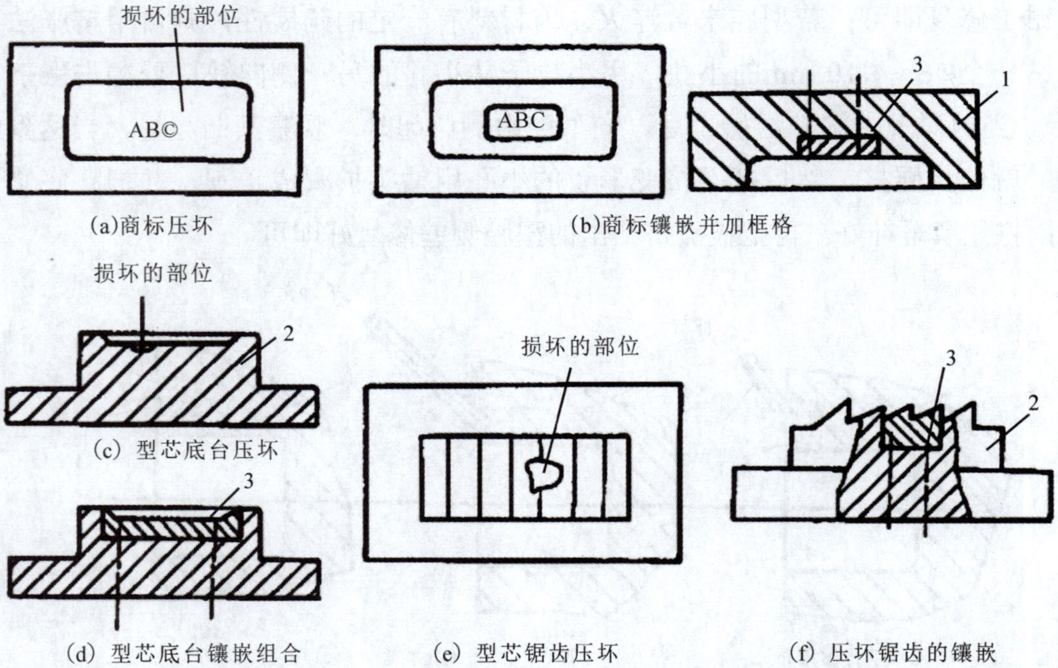

1—型腔；2—型芯；3—修补镶嵌件

图6-9　型芯、型腔镶件修补

（3）镶嵌法　把压坏了的型腔、型芯，在压坑处用凿子凿一个不规则的小坑，如图6-10所示。并用凿子把小坑周边向外翻卷，然后把一把紫铜烧红，退火后取一小段塞在小坑内，用錾子将紫铜錾实，并把小坑四周翻边踩平盖上，将紫铜嵌住，然后钳工将其锉修平整，并用纱布、油石打磨抛光即可。

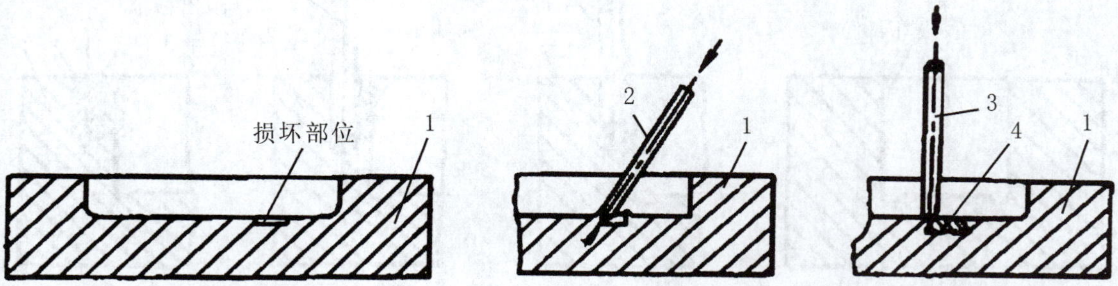

a）型腔受损　　b）用凿子凿坑　　c）镶补紫铜

1—型腔；2— 凿子；3—紫块

图6-10　镶嵌法修补型腔

（4）挤胀法　图6-11所示为一被压坏的型腔，在其损坏部位的背面钻一个大于压坏面积1倍的深孔，深孔距型腔受损面的深度约为所钻孔深度的1/2～2/3，然后用碾子冲击深孔的底部。经冲击后，受损部位型腔底部产生变形凸出、隆起。用一根圆销将深孔堵住，并磨平焊牢（或用螺钉固定住）。最后把型腔底部隆起部分修平、抛光，使型腔恢复原状。这种修理方法称为挤胀法，可使所修型腔表面不留任何修理的痕迹。

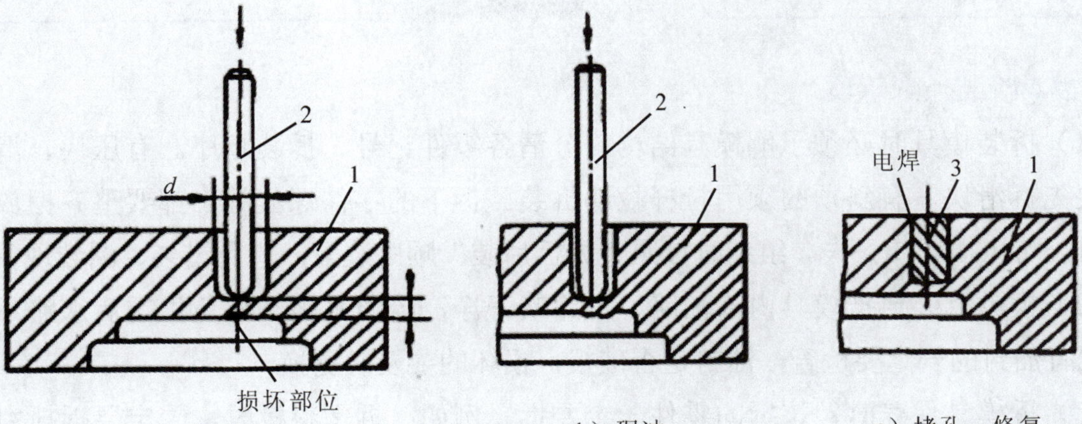

a）钻孔　　b）碾冲　　c）堵孔、修复

1—型腔；2—碾子；3—堵头（圆销）

图6-11　用挤胀法修补型腔

（5）撑胀法　当型腔压损的位置在型腔的侧壁时，如图6-12所示，则采用撑胀法对其进行修复。其原理与挤胀法相同，都属于增生修理的方法。其具体工艺为：在侧壁损坏部位附近钻一个∅10～∅12 mm大的孔，深度略超过被损位置，孔的边缘离型腔壁为

4～5 mm，然后用一把冲头硬且光亮的碾子进行撑挤，使损坏处被撑挤出，再将撑挤的孔扩大、扩平。用一根圆柱销将孔堵死、焊牢固、修平、抛光。这样修复后的型腔不会留下任何痕迹。

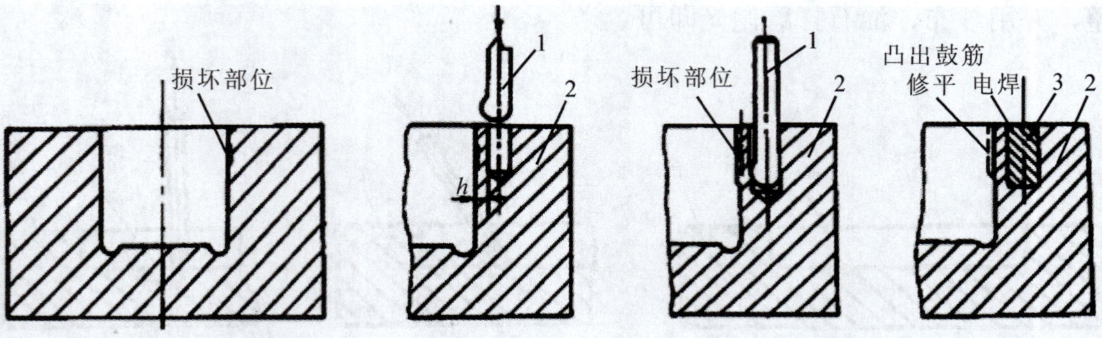

图6-12　用撑胀法修复型腔侧壁损伤

（6）电镀法　采用电镀法可以提高型腔或型芯的表面光度、增加硬度及耐腐蚀性。电镀做为模具修理的一种方法只适用于为了获得整体塑件壁厚适当变小的场合，其主要形式有电镀铬和化学镀镍。

（7）更新新型腔　对于一模多腔的模具，若其中有一腔损坏，一般不必修理，用原电极或原挤压冲头的模具重新挤压一个型腔，把它更换上去即可。

四、任务实施

1.模具拆装注意事项

（1）拆装模具时必须了解模具结构，分清各零件记号、拆装顺序。有压块、滑块的模具要先拆滑块，有斜顶的须用拉杆拉起拆装。拆下的零件螺丝等，都要整齐摆放在塑料盒内，防止损坏或丢失。组装时按照“先拆后装”顺序装配，避免错装、漏装现象。

（2）模具拆装要把模具内部油路、水路吹干净，疏通水路。避免生锈后水路不通，型芯配有油封的一定要检查，油封是否破损，损坏的要及时更换。

（3）拆模具保养时，该拆的零件一定要拆。例如：拆剥料板时，一定要拆抓力销、射嘴、定位环等，避免装剥料板装不进去，撞坏抓力销及零部件；拆导柱时一定要用螺丝拧进相对应柱内敲螺丝，把导柱取出，避免导柱变形。

（4）拆齿轮模具时，一定要用专用治具，以免伤齿。组装时型芯慢慢按进去，不可强行敲打。有定位销的不可强行定位，否则会伤到定位基准，影响组装精度。应先把型芯放正，再放定位销，用小铜棒轻轻敲入，同时模具各零件装好后，要拿制品对照一下，检查无误。

(5)对于一些滑动件组装时，一定要擦一些黄油。原则为“看不见，摸得着”，同时要检查作动是否顺畅。有弹簧一定要装上压块螺丝，确认不松动。镶件组装时，要轻轻用手推入，后面螺丝板先不锁紧，确认不松动，试作动没有问题后再锁紧，再装其他部件。

(6)拆下的型芯要及时打防锈油，避免生锈，以及滑块要摆入整齐。装配时一定要谨慎，装配完毕后要仔细检查，逐步确认，要保证模具组装的准确性。

2.模具的保养

(1)塑料模具的维护和保管　在塑料注塑成形生产中，模具是核心部件，所占的成本和生产周期都比较多，所以在生产时及生产后都需要维护周全。理想的保养方法是把模具按照已定的计划作定期性的检查和预防性保养。若生产时发觉模具的生产情况有任何不正常的现象，须马上停产检查以免模具可能发生进一步的破坏引致维修费用增加。例如若遇到加添润滑剂也不能解决顶杆系统的毛病时，模具必须卸下作全面性的检查和适当的修理。

检查模具时，首先模具各部分先清洁干净，进行详细察查和决定合适的维修方法。如更换新零件、翻修零件或作重新电镀的处理。当一切维修工作完毕后，模具各需要的部位必须加上润滑剂和防锈油，并在维修记录上写上报告。

模具冷却水道的维护也不能忽略。一些附加在冷却液里的化学剂（例如作调节水温用途的添加剂）可能沉积在管道表面，沉积层会降低管道的散热效果。清除沉积层的办法是作定期性的酸性处理，把酸性的化学液在管道内作封闭式的循环运作，化学液内同时添加防锈剂及杀菌剂，用以避免侵蚀水道。

1）使用前要对模具进行检查。为了防止发生错误，要对照工艺文件对模具编号认真核对，看其规格、型号是否与工艺文件的要求相一致。对于新模具，要检查该模具是否经过试模，有无试模样件，检查样件形状尺寸是否符合产品图样要求；对于旧模具，应检查模具的整体性和构件是否完好无损，能否直接用于生产，是否需要作修理或维护。

2）生产开车前，要对模具进行认真的检查，模具成形零件表面若有锈点或胶料斑点，清除时不得使用钢制工具，要用砂纸或砂布进行仔细打磨，或用铜制工具或竹片小刀刮除后再精细抛研。

3）操作者应首先了解所用模具的使用性能、使用方法、结构特点及动作原理。

4）应检查所用设备是否合适，如注塑机的行程、开模距、压射速度等是否与所使用的模具配套。合理选择锁模力，以制品不产生飞边为准，过高的锁模力，既增加动力消耗又容易使模具及传动零件加快损坏速度。

5）在使用过程中必须保证安全，操作要合理，对于有相互接触并作相对运动的金属部件间需要定期加润滑剂进行润滑，这样既可以保证模具灵活的使用功能，又能减少磨损，延长使用寿命。

6）对于型芯镶件、斜销、顶针、滑块等零件，必须认真操作，不得使其碰伤、折断，每次组装都要注意位置和方向。开合模具应该使用铜制的工具，模具的分型面和型腔各面严禁任何划痕和擦伤，大型模具每次开、合模都要在合模机或注射机上进行。

7）模具在开机后，首件应检查合格后再开始生产，若不合格则立即停机检查原因。

8）模具运转时要随时检查，发现异常应立即停机，避免小问题扩大化。

9）模具使用完以后要按照正常操作程序将模具从注塑机上卸下，及时擦拭干净，并在凸模与凹模部分以及导柱等部位涂上防锈油，以防生锈。

10）模具应在模具库保管，模具库应干燥、通风，同时建立保管档案。模具放置要按一定顺序整齐排列，标识向上，利于核对。小模具放在架子上，大模具一般放在地上，垫上木板，以防生锈。

（2）模具保养一般分为短期批量生产保养和长期批量生产保养。

1）短期批量生产（1万模次以内）保养内容

①按照要求对注塑机进行保养（日常，每天或每班）。

②模具周边异物的清除以及成形面积垢的清除，残屑擦拭。

③检查导柱、顶针、滑块等的动作是否正常，有无异常声音，并加注润滑油。

④检查水路是否畅通无阻塞。

2）长期批量生产（1万至2万模次）保养内容

①将凹模和凸模的型芯拆下，并将镶件分解，清除锈迹和积垢。

②对型芯、镶件进行超声波清洗或抛光处理。

③检查顶针、斜销、回位销磨损情况，有无刮伤，动作是否正常，并加注润滑油。

④检查水路，更换油封。

3）成形零件外观面保养。成形零件的外观面一般有：咬花面、镜面、涂装、电镀面、电铸模发线面等。

①咬花面和镜面保养时要用脱脂棉花，不可用布或手擦。

②对电铸模发线面保养时不能用任何东西进行擦拭，只能用白电油冲洗，再用压缩空气吹干。

3.注射模具的维修

模具在使用过程中产生正常磨损，或由于意外事故所造成的损坏，均需要进行维修。

（1）常见磨损及维修　模具初始交付使用时，制品尺寸精度和模具定位精度等各方面均符合要求。使用一段时间后，可能会产生一些不良现象，影响了制品的精度和模具的使用，这时并不是模具需要报废，而是需要适当地进行修复，即可以达到原精度要求。

1）定位元件的磨损。小型模具均以导柱为动、定模之间的定位元件，在长期使用中，反复开启会产生导柱和导套之间的磨损，间隙过大、定位精度超差。这种情况出现后，应仔细检查导柱、导套的磨损情况。

导柱、导套周边均匀磨损时，可换掉导套，重新配置，达到精度要求。

导柱、导套之间有单面磨损过重，一般发生在下方，这是因为导柱固定部位公差过大，使其没有预紧固定，在反复闭合过程中产生松动。此时需要换导柱，使其恢复定位精度。

导柱（套）局部有拉伤现象，可能配合过紧，或有脏污，也可能因导柱（套）之间中心距误差过大造成的。轻者可局部打磨、上光，继续使用。重者需要更换导柱（套），重新寻找定位精度。

2）分型面磨损。模具经过一段时间的使用后，原本很清晰的分型面变成了钝口，使制件产生飞边、毛刺，制品质量难以达到标准，需要人工进行二次修边，造成人力物力上的浪费。这种现象产生的原因是多方面的。①注塑过程中料量过大，产生分型面合模后严密性变差。②分型面边界处黏有残余料没有清理干净，即进行第二次合模。③制品取出时操作不慎，对合模钝边有撞击。④反复合闭、开启及制品脱模，对模具局部的正常磨损。针对这些情况，其解决办法主要采用：第一，将磨损面用激光焊或者氩焊堆焊δ厚度，δ尺寸一般在0.2～0.4mm，然后用精密研磨机来修正平面，制品E面可采用CNC自动铣床做3D电极，再给放电加工修正。对于磨损严重或者是意外事故造成的严重伤痕，常采用模仁整体降面来处理，整体降面工作量大，所耗时间多。小制品多采用线切割镶件再追加工来修整。制品即可在垂直方向变薄，也不妨碍整体要求；第二，可以用挤胀法，将E面挤出后再重新做平，这种方法只限于小型模具局部处理。

如果模具该部位磨损过于严重，或因意外事故造成创伤无法用以上两种方法修复，可以采用切割机床，将型腔切下，然后镶套，效果比较理想。局部创伤部位也可以采用镶块的方法加以解决。

3）镶块松动

①镶块一般是以过盈配合状态镶入模体内，型芯的固定部分也是如此。使用一段时间后，结合缝隙会产生飞刺，使制品脱模困难，并且需要人工二次加工。这时可以尽量采用低压或中压力注塑，并且尽量使料温偏低，可以有所改善。但要从根本上解决问题，主要是对配合处补焊，再进行重新研配。或者更换镶块或型芯，可以达到质量如初的效果。

②模腔内如果有金属嵌件，在开模放置金属嵌件时，由于安放不牢或外斜，或者是由于注射熔料流压力高、流速快，冲倒或改变金属嵌件位置，合模后造成形腔内局部损坏，产生压痕或凹坑。成形部位的压痕或凹痕，应进行补焊或镶嵌，然后再加工至原尺寸。

4）顶杆撞断。模具正常使用中，顶杆被撞断的现象时有发生，其主要原因有如下几种：

①顶杆孔加工直线度较差。当一副模具上有十几个顶出杆甚至几十个顶出杆，在整体动作时产生犟劲现象，是因为孔的加工精度差，孔内粗糙度达不到要求，造成顶杆弯曲以致断裂。

②顶杆为标准件，钉子头部是焊接而成，热处理效果较差，以致在该部位产生断裂，这种情况应由标准件生产厂家改变机加工工艺来解决。购买时也应考察一下生产厂家的机加工工艺。

在合模时，回程弹簧的作用因被折断的顶杆而不能及时退回，使操作者可以及时发现。但是，如果稍有疏忽，折断的顶杆会直接撞到型腔上而使模具产生损伤。这类问题要因撞伤的实际情况来确定修复方案，一般较难处理。因此，操作者要时刻注意顶杆在每次回程时是否动作整齐，以防意外。

5）移动件磨损。模具每次开合过程中，必须产生滑动方可实现动作的部件称为移动部件。由于模具加工工艺所决定的，移动件一般采用中碳钢进行淬火或调质处理。因此，在移动件中，相对应的摩擦部件必然产生磨损，结果使滑动件得不得精确复位，如图6-4所示，内抽芯机构中的件1，在使用了一段时间后就产生了凹槽，件2也会因磨损而使抽芯不能及时复位。

修复的方法为：将F面磨去δ厚，将F面垫δ厚度的金属片，以补偿磨损量，方法简单易作。磨损严重时，可将磨损件更换，按其实际测量尺寸加工配件，效果良好。目前工厂对于滑动部分的模仁材质均采用高强度，高耐磨性材质来避免磨损问题，另外与模仁配合滑动部件也采用不同材质来防止作动时发生咬合。如模仁常用SKD61、M310、M333、NAK80等，滑动部件多采用黄铜镶件。

6）研合面磨损。成形通孔的模具部位通常有研合面，在反复复位过程中会造成端面磨损而使通孔不通，如果平面通孔不通时，可以设法将型芯上提，重新研合；如果是网窗式通孔不通，需要将镶块取下，将该研合面磨平后，重新装配。

透孔边缘出飞边是因为型芯倒边，应当更换型芯，或磨平研合面将型芯前提后重新研合。

（2）意外事故造成损坏的修复与预防

1）由于异物掉入造成形腔被损坏。这是意外事故中较为常见的一种。如果是掉入残余料，对型腔的破坏程度轻，如果掉入金属零件，会使型腔受到较严重的破坏。尤其是在纹面或抛光面的型腔，给修复带来许多困难。

因损坏的形式和程度不同，修复的方法也不尽相同，主要靠镶块、焊补、挤胀等方法来解决，一般型腔遇到破坏后，想恢复如初是不太可能的。因此，要立足于预防。

2）残余料未清理干净。注塑过程中因料过量产生的飞边、因断裂产生的残料等，在第二次注塑前，均应清理干净。尽管这些凝固的残余塑料不是金属，但在闭合模具时，却能起到金属的作用破坏模具。故不可对此掉以轻心。

3）顶杆、成形杆折断，损坏型腔。折断的顶杆或成形杆在众多杆件回程中不易发现，而使其撞击在型腔表面上，使模具遭受损伤。这也是常见事故之一。根本的预防方法，除了要在模具制造方面提高精度外，在于操作者认真细致的观察，及时发现折断杆。另外，在每次制品取出时要查看一下制品，有无因断杆而产生的残次点，然后再合模具进行下一个动作。

4）内外型芯机构失灵，损坏型腔。机械动作实现的内外抽芯机构，在注塑过程中，因零件的质量问题，模具结构的不可靠，产生意外的突然断裂、失灵等现象，以磨损件或滑动件损坏居多。常见的原因是零件疲劳破坏、强度降低。

当模具同时设有几个内外抽芯动作时，模具开启要有顺序动作，这种顺序动作指令依靠注塑机的现存程序来完成时，自身备有自锁功能；如果采用半自动或手动操作时，则会因操作上的失误而损坏模具的侧抽芯机构。使用带有侧抽芯机构的模具时，要注意开、合模速度应尽量放慢，不可快速行进；经常对滑动部件上油，清除脏污，保持整洁的滑动表面；经常查看移动件，发现磨损严重要及时更换，不要等到突然失灵再换。

五、检查与评议

表6-1　模具的保养与修理

班级＿＿＿＿＿＿＿＿姓名＿＿＿＿＿＿＿＿学号＿＿＿＿＿＿＿＿总分＿＿＿＿＿＿＿＿

序号	考核项目	考核要求	配分	评分标准	实测记录	得分
1	模具维护和保养的要领	合理、正确、规范地进行成形生产；及时、正确、规范地进行模具的保养和修理；进行必要的日常、定期保养	20	操作合理、目的明确、保证安全		
2	模具维护保养的方法	模具的维护与保养工作贯穿在模具的使用、修理、保管各个环节中	20	操作合理、目的明确、保证安全		
3	模具维护保养的内容	检修部位包括成形零件、浇注系统、导柱导套、推出系统、分型面、动定模板、支撑模板、冷却系统	20	操作合理		
4	塑料模的保养	型腔表面的保养及易损件的更换	20	操作合理、目的明确、保证安全		

续表

序号	考核项目	考核要求	配分	评分标准	实测记录	得分
5	塑料模的修理	堆焊修理、镶件修理、扩孔修理、凿捻修理、增生修理、电镀修理	20	操作合理		

六、思考与练习

1.注射模的维护、保养都包括哪些内容？

2.对注射模进行维修时的工艺过程是怎样的？

3.注射模的一般修理步骤是怎样的？

4.对注射模维护、保养的要点主要有哪些？

5.塑料模维修中常用的设备及工具有哪些？

6.修理塑料模有哪些常用的方法？

参考文献

[1] 许发樾.实用模具设计与制造手册[M].北京：机械工业出版社，2001.
[2] 陈良辉.模具工程技术基础[M].北京：机械工业出版社，2001.
[3] 彭德胜.高级模具钳工工艺与技能训练[M].北京：中国劳动社会保障出版社，2004.
[4] 朱磊，付军 模具装配、调试与维修[M].北京：机械工业出版社，2012.